Claims auf Lebensmitteln und Involvement

T0326554

Europäische Hochschulschriften

Publications Universitaires Européennes
European University Studies

Reihe V
Volks- und Betriebswirtschaft

Série V   Series V
Sciences économiques, gestion d'entreprise
Economics and Management

Bd./Vol. 3334

PETER LANG

Frankfurt am Main · Berlin · Bern · Bruxelles · New York · Oxford · Wien

Jessica Aschemann-Witzel

Claims auf Lebensmitteln und Involvement

Eine Untersuchung
mit Hilfe realitätsnah gestalteter
Choice Experiments

PETER LANG
Internationaler Verlag der Wissenschaften

Bibliografische Information der Deutschen Nationalbibliothek
Die Deutsche Nationalbibliothek verzeichnet diese Publikation in
der Deutschen Nationalbibliografie; detaillierte bibliografische Daten
sind im Internet über <http://www.d-nb.de> abrufbar.

Zugl.: Kassel, Univ., Diss., 2009

Eingereicht unter dem Titel „Der Einfluss nährwert- und
gesundheitsbezogener Angaben (Claims) auf das Kaufverhalten
bei Lebensmitteln unter besonderer Berücksichtigung
der Rolle des Involvements"
Universität Kassel
Fachbereich Ökologische Agrarwissenschaften
Abschluss des Promotionsverfahrens am 27. 02. 2009

Gedruckt auf alterungsbeständigem,
säurefreiem Papier.

D 34
ISSN 0531-7339
ISBN 978-3-631-59017-1

© Peter Lang GmbH
Internationaler Verlag der Wissenschaften
Frankfurt am Main 2009
Alle Rechte vorbehalten.

www.peterlang.de

Danksagung

Bei der Erstellung dieser Arbeit hat mich eine ganze Reihe von Personen unterstützt. Herrn Professor Ulrich Hamm möchte ich für Rat und Einsatzbereitschaft danken, aber auch für seine Einstellung, dass für gute Arbeit auch gutes Geld bezahlt werden sollte und Kinder zu einer funktionierenden Volkswirtschaft selbstverständlich dazugehören. Sein herausragendes Organisationsvermögen und Zeitmanagement, begleitet von einem guten Sinn für Humor, sind mir ein Vorbild und Ansporn. Mein Dank gilt aber auch Herrn Bichler, der mir bereits bei der Vorstudie ‚moralische Unterstützung' geleistet hat und uns jungen Kolleginnen und Kollegen mit seinem Enthusiasmus und Interesse zur Seite stand.

Eine gute Arbeitsatmosphäre zusammen mit netten Kolleginnen und Kollegen, die sich fachlich und privat gegenseitig helfen, zeichnet das Fachgebiet Agrar- und Lebensmittelmarketing aus, dafür möchte ich dem gesamten Team, inklusive natürlich Frau Pohlner, sowie auch allen ‚Ehemaligen' danken.

Grundlage der Arbeit stellt das Projekt „Der Einfluss gesundheitsbezogener Aussagen (Health Claims) auf das Kaufverhalten von Konsumenten bei Lebensmitteln" dar, dessen Finanzierung die Deutsche Forschungsgemeinschaft (DFG) übernommen hat. Der DFG, aber auch allen bei der Erhebung Beteiligten ist das Gelingen dieses Vorhabens mit zu verdanken, so etwa den befragten Personen, den Akquisiteuren und studentischen Hilfskräften.

Genauso wichtig wie eine gute Arbeitsatmosphäre war für das Vorankommen der Dissertation die private ‚Atmosphäre'. Für die Rückenstärkung möchte ich meiner Familie und Freunden danken, besonders aber Thomas, Jesse und Flora. Mit ihnen habe ich die Perspektive für das, was ‚wirklich wichtig' ist, nie verloren.

Witzenhausen, 2009   *Jessica Aschemann-Witzel*

Inhaltsverzeichnis

Abkürzungsverzeichnis

BEUC	Bureau Européen des Unions de Consommateurs
BLL	Bund für Lebensmittelrecht und Lebensmittelkunde
CAC	Codex Alimentarius Kommission
DCE	Discrete Choice Experiments
EFSA	European Food Safety Authority
ELM	Elaboration Likelihood Model
EU	Europäische Union/European Union
EVP	Events per Variable
FDA	Food and Drug Administration
FG	Freiheitsgrade
GLMI	Gesundheitsbezogenes Lebensmittel-Involvement
HC	Health Claim
HL(-Test)	Hosmer-Lemeshow(-Test)
HRRC	Health Risk Reduction Claim
LL	Log-Likelihood
LR(-Test)	Likelihood-Ratio(-Test)
MCC	Maximum Change Criterium
N	Stichprobenumfang
NC	Nutrition Claim
NLEA	Nutrition Labeling and Education Act
p	Irrtumswahrscheinlichkeit
PCC	Proportional Change Criterium
PI	Produkt-Involvement
POS	Point of Sale
SE	Standardfehler
SPSS	Statistical Package for the Social Science (ursprünglich)
SOR-Modell	Stimulus-Organismus-Response-Modell
ß	Regressionskoeffizient
UV	Unabhängige Variable
VIF	Variance-Inflation-Factor
VZBV	Verbraucherzentrale Bundesverband

Abbildungsverzeichnis

Tabellenverzeichnis

1. Einleitung

1.1 Einführung in das Thema

Die Bevölkerung in den wohlhabenden Ländern der Welt wird zunehmend mit Krankheiten konfrontiert, die aus einem bewegungsarmen Lebensstil und falscher Ernährung resultieren. Bei hoher Lebenserwartung wird eine gute Gesundheit zu einem immer mehr geschätzten Gut. Aus diesen Gründen spielt das Argument ‚Gesundheit' bei Konsumentscheidungen eine große Rolle: Dies gilt insbesondere beim Lebensmitteleinkauf. Das starke Wachstum des Öko-Marktes beispielsweise lässt sich zu einem großen Teil auf das Interesse an ‚gesunden Lebensmitteln', zu denen Öko-Produkte aus Sicht der Konsumentinnen und Konsumenten zählen, zurückführen (Hughner et al. 2007, S. 101). Ähnliches gilt für den Bereich der sogenannten Functional Food-Produkte, die einen gesundheitlichen Zusatznutzen versprechen. Diese Produkte zeigen ein enormes Marktwachstum (Bech-Larsen und Scholderer 2007, S. 231) und stellen eine Antwort der Lebensmittelunternehmen auf den Verbraucherwunsch dar, durch die ‚richtige' Lebensmittelauswahl etwas für die Gesundheit zu tun. Verbraucherschutzorganisationen werfen den Herstellerunternehmen jedoch vor, die Verbraucherinnen und Verbraucher ihrer Produkte bezüglich der gesundheitlichen Vor- oder Nachteile dieser Lebensmittel irrezuleiten (BEUC 2006b), da Aussagen auf Lebensmitteln oder in der Werbung den tatsächlichen Gesundheitsstatus der Produkte verschleierten.

Vor diesem Hintergrund wurde in der Europäischen Union (EU) die Verordnung (EC) No 1924/2006 erarbeitet, die die Verwendung sogenannter nährwert- und gesundheitsbezogener Angaben regelt (EU 2006; im Folgenden auch ‚Claims-Verordnung' genannt). Hierzu wurden die Interessenvertretungen der Lebensmittelunternehmen sowie der Verbraucherschutzorganisationen in einen langen politischen Entscheidungsprozess miteinbezogen. Für die Verbraucherinnen und Verbraucher soll die Verordnung sicherstellen, dass jegliche nährwert- und gesundheitsbezogenen Angaben auf Lebensmitteln und in deren Bewerbung verständlich, wahrheitsgemäß und wissenschaftlich erwiesen sind. Den Lebensmittelherstellern wiederum soll die Verordnung einen sowohl gesicherten als auch EU-weit einheitlichen rechtlichen Rahmen bieten. Die Claims-Verordnung stellt eine grundlegende Veränderung des rechtlichen Rahmens von nährwert- und gesundheitsbezogenen Angaben dar, deren Auswirkungen noch nicht in vollem Umfang abzusehen sind.

1.2 Problemstellung

Im Vergleich zu anderen Ländern, etwa den USA und Japan (siehe z.b. Nestle 2002 und Shimizu 2002),[1] werden Lebensmittel in Europa erst seit kurzem in verstärktem Maße mit nährwert- und gesundheitsbezogenen Angaben (im Folgenden auch ‚Claims‘ genannt) gekennzeichnet. Dementsprechend sind Forschungsstudien zu diesem Thema in Europa noch vergleichsweise rar. Der Großteil der Forschung über Konsumentenverhalten angesichts von Claims auf Lebensmitteln erfolgte in den USA. In Europa wurden Claims vor allem im Zusammenhang mit Forschung zur Akzeptanz und Beurteilung von Functional Food sowie seit einigen Jahren im Zuge der Diskussion über eine rechtliche Regelung untersucht. Ergebnisse aus Forschungsstudien in anderen Ländern können jedoch nur eingeschränkt auf den europäischen bzw. deutschen Markt übertragen werden. Die rechtlichen Regelungen in den USA und in Japan unterscheiden sich in wichtigen Punkten grundlegend sowohl voneinander als auch von der europäischen Regelung (Hawkes 2004). Zusätzlich reagieren Konsumentinnen und Konsumenten auf Claims länderspezifisch unterschiedlich (Bech-Larsen et al. 2001; van Trijp und van der Lans 2007). Dies ist möglicherweise bedingt durch einen anderen kulturellen Hintergrund, aber auch durch eine unterschiedliche Gewöhnung an und Bekanntheit von Claims auf Lebensmittelprodukten.

Innerhalb der bestehenden Forschung über Claims und Konsumentenverhalten wurde eine Reihe von Einflussfaktoren untersucht, beispielsweise Glaubwürdigkeit, persönliche Relevanz, Motivation zum Lesen ernährungsrelevanter Informationen, Beurteilung der gesundheitlichen Wirkung, Bekanntheit und Verständlichkeit. Bislang nicht untersucht wurde dagegen der Einfluss von Involvement auf das Konsumentenverhalten bezüglich Claims, obwohl eine enge Verwandtschaft mit den als bedeutend festgestellten Einflussfaktoren – persönliche Relevanz und Motivation – besteht. Lebensmittel werden zwar im Allgemeinen als Produkte niedrigen Involvements eingeordnet. Im Zusammenhang mit Gesundheitsfragen besteht jedoch Grund zu der Annahme, dass Involvement eine Rolle als Einflussfaktor auf die Bewertung von Claims und dem hieraus folgenden Verhalten spielen kann.

Methodisch wurden in Studien über Claims und Konsumentenverhalten verschiedene Methoden der Datenerhebung verwendet, etwa schriftliche oder mündliche Befragungen und Experimente zum Wahlverhalten im Labor. Die durchführenden Forscherinnen und Forscher selbst merkten jedoch an, dass es noch an einer Realitätsnähe des Forschungsdesigns mangele und dass eine verbesserte Realitätsnähe in weiterführender Forschung möglicherweise die externe Validität und

---

[1] Bei der Quelle Nestle 2002 handelt es sich in dieser Arbeit *nicht* um eine Quelle aus dem Hause des Unternehmens Nestlé, sondern um ein Buch der Professorin und Autorin Marion Nestle vom ‚Department of Nutrition, Food Studies, and Public Health‘ an der Universität New York.

somit die Aussagekraft der Ergebnisse erhöhen würde. Dieselbe Kritik wurde auch generell über Forschungsstudien im Bereich des Konsumentenverhaltens geäußert (Liefeld 2002; Grunert 2003). Eine realitätsnah gestaltete Kaufsimulation, methodisch als ein Choice Experiment zur Erzeugung von Stated Preference-Daten einzuordnen, könnte hier eine Weiterentwicklung darstellen.

1.3 Zielsetzung und Vorgehensweise

Zielsetzung der vorliegenden wissenschaftlichen Arbeit ist die Erforschung des Konsumentenverhaltens angesichts von Claims auf Lebensmitteln in Deutschland. Der Schwerpunkt liegt auf der Erforschung der Konsumentenreaktionen im Rahmen der Wahlentscheidung für bzw. gegen ein Produkt mit einem Claim sowie der Einflussfaktoren auf diese Wahlentscheidung. Der besondere Beitrag der Arbeit im Inhaltlichen besteht in der erstmaligen Einbeziehung und vertieften Analyse des Einflussfaktors Involvement. Methodisch leistet die Arbeit einen Beitrag zur Weiterentwicklung der Realitätsnähe von experimentellen Choice Tests.

In Kapitel 2 der Arbeit wird das Untersuchungsthema näher beleuchtet. Hierbei wird zunächst der Begriff ‚Claims‘ definiert und abgegrenzt und es wird ein Überblick über die rechtlichen Rahmenbedingungen von Claims in Deutschland, der EU und international gegeben. Anschließend wird der derzeitige Stand der Forschung zu Konsumentenverhalten und Claims dargestellt. Kapitel 3 widmet sich dem theoretischen Hintergrund zu Involvement. Das Konstrukt Involvement wird definiert, zu anderen Konstrukten des Konsumentenverhaltens abgegrenzt und es werden die verschiedenen Erscheinungsformen und Auswirkungen von Involvement, insbesondere bezüglich von Lebensmitteln, erläutert. Schließlich werden verschiedene Möglichkeiten der Messung von Involvement dargestellt. In Kapitel 4 wird dargelegt und begründet, welche Erhebungs- und Auswertungsmethoden zur Erforschung des Untersuchungsgegenstandes der Claims ausgewählt wurden. Die Auswahl erfolgte unter der Prämisse, zur Verbesserung der externen Validität ein möglichst realistisches Untersuchungsdesign erzielen zu wollen. Es werden die inhaltliche Fragestellung, die hieraus abgeleiteten Hypothesen und das durch Letztere gebildete partielle Erklärungsmodell des Kaufverhaltens bei Lebensmitteln mit Claim erläutert. In Kapitel 5 werden die Umsetzung der ausgewählten Methoden, die Datenerhebung und die erzielten Daten beschrieben, bevor schließlich die Ergebnisse aus der bi- und multivariaten statistischen Auswertung der Daten dargestellt werden. Einen besonderen Schwerpunkt bildet dabei die Erläuterung der Ergebnisse bezüglich der Rolle des Involvements beim Kaufverhalten von Lebensmitteln mit Claim. In Kapitel 6 werden die Ergebnisse vor dem Hintergrund des derzeitigen Forschungsstandes diskutiert und eingeordnet und Schlussfolgerungen hinsichtlich der Verwendung der Ergebnisse in Verbraucherschutz und Marketing sowie bezüglich des Beitrages zur Weiterentwicklung der Forschungsmethoden gezogen.

2. Untersuchungsgegenstand: Claims

2.1 Rechtliche Rahmenbedingungen

2.1.1 Definition und Abgrenzung

Definition von nährwert- und gesundheitsbezogenen Angaben

Unter Claims werden in dieser Arbeit nährwert- und gesundheitsbezogene Angaben auf Lebensmitteln zusammengefasst. Eine nährwertbezogene Angabe (Nutrition Claim) ist nach der Verordnung (EC) No 1924/2006 definiert als (EU 2006, Artikel 2, 2. 4)[2]:

> "... any claim which states, suggests or implies that a food has particular beneficial nutritional properties ..."

Beispiele von Nutrition Claims im Sinne der Claims-Verordnung sind "energy-reduced", "low-fat", "with no added sugars", "source of fibre" oder jegliche Angaben über weitere Nährstoffe oder Substanzen, die beispielsweise mit "high", "contains" oder "increased" beginnen (EU 2006, Annex). Beispiele aus den USA sind etwa "Light in Sodium", "Saturated Fat Free" oder "...% Fat Free" (FDA 2008a, Appendix A).

Im Prinzip ist eine nährwertbezogene Angabe so etwas wie eine ‚Vorstufe' der gesundheitsbezogenen Angabe, da erstere auf eine besondere Nährwerteigenschaft oder eine besondere Substanz aufmerksam macht, während in letzterer ein Schritt weiter gegangen und ein Zusammenhang des Nährwerts oder der Substanz mit der Funktionsfähigkeit des Körpers[3] beschrieben wird. In dieser Weise wird es auch durch die US-amerikanische Food and Drug Administration (FDA) erläutert (FDA 2008b):

> "A 'health claim' by definition has two essential components: (1) a substance (whether a food, food component, or dietary ingredient) and (2) a disease or health-related condition."

Eine gesundheitsbezogene Angabe (Health Claim) ist nach Verordnung (EC) No 1924/2006 in Abgrenzung zu Nutrition Claims definiert als (EU 2006, Artikel 2, 2. 5):

> "… any claim that states, suggests or implies that a relationship exists between a food category, a food or one of its constituents and health …"

---

[2] Die Verordnung wird jeweils in der englischen Fassung zitiert, um dieselbe Sprache wie bei Zitaten aus den rechtlichen Regelungen anderer Länder bzw. Zitaten zu diesen Regelungen zu verwenden.

[3] In der Verordnung (EC) No 1924/2006 wird dies unterschieden in physiologische und psychologische Funktionsfähigkeit oder Verhaltensfunktionen (EU 2006).

Neben den Health Claims definiert die Claims-Verordnung als dritte Gruppe von Claims die sogenannten Angaben über die Reduzierung eines Krankheitsrisikos (Reduction of Disease Risk Claim) (EU 2006, Artikel 2, 2. 6):

> "... any health claim that states, suggests or implies that the consumption of a food category, a food or one of its constituents significantly reduces a risk factor in the development of a human disease ..."

Ein Claim, der in den USA verwendet wird und als Reduction of Disease Risk Claim zu verstehen ist, ist beispielsweise "Diets low in sodium may reduce the risk of high blood pressure, a disease associated with many factors" (FDA 2008a, Appendix C).

Da der Titel der Verordnung (EC) No 1924/2006 nur nährwert- und gesundheitsbezogene Angaben nennt, sind die beiden Gruppen der Health Claims und des Reduction of Disease Risk Claims als Untergruppen von gesundheitsbezogenen Angaben zu verstehen. Gesundheitsbezogene Angaben (im weiteren Sinne) umfassen demnach nach EU-Recht sowohl Health Claims (gesundheitsbezogene Angaben im engeren Sinne) als auch Reduction of Disease Risk Claims (siehe Abbildung 1.1). Die Codex Alimentarius Kommission (CAC) verwendet für Health Claims, wie sie die Claims-Verordnung vorsieht, zur besseren Abgrenzung von der Obergruppe auch die Bezeichnung ‚Function Claim' (CAC 2004, S. 1). In dieser Arbeit wird im Weiteren der Einteilung in Abbildung 1.1 gefolgt, die sich an der in der EU gültigen Definition orientiert.

Abbildung 1.1: Nährwert- und gesundheitsbezogene Angaben und ihre Untergruppen

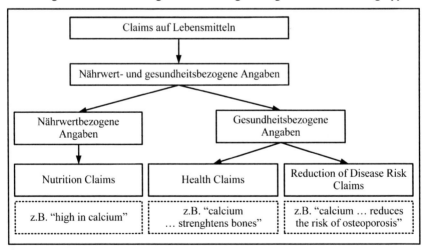

Quelle: Eigene Darstellung

Ernährungsempfehlungen sind von Health Claims dadurch unterscheidbar, dass sie eine allgemeine und keine spezielle Aussage über die Ernährungszusammensetzung und deren Wirkung auf die Gesundheit insgesamt treffen. So stellt z.B. die FDA bei ihrer Beschreibung der Definition von Health Claims den Unterschied explizit klar (FDA 2008a):

> "A 'health claim' by definition has two essential components: (1) a substance (whether a food, food component, or dietary ingredient) and (2) a disease or health-related condition. A statement lacking either one of these components does not meet the regulatory definition of a health claim. For example, statements that address a role of dietary patterns or of general categories of foods (e.g., fruits and vegetables) in health are considered to be dietary guidance rather than health claims, provided that the context of the statement does not suggest that a specific substance is the subject."

Ernährungsempfehlungen werden zumeist im Zusammenhang mit nicht-kommerziellen Informationen an Konsumentinnen und Konsumenten gegeben. In diesem Falle findet z.B. die Verordnung (EC) No 1924/2006 keine Anwendung, wie aus dem Verordnungstext hervorgeht (EU 2006, Artikel 1, 2.):

> "This regulation shall apply to nutrition and health claims made in commercial communications, whether in the labelling, presentation or advertising of foods to be delivered as such to the final consumer."

Eine Abgrenzung von Ernährungsempfehlungen und Claims wird jedoch schwierig, wenn Ernährungsempfehlungen, etwa in Form einer Ernährungspyramide, auf kommerzielle Lebensmittelprodukte aufgedruckt werden und innerhalb dieser Pyramide das betreffende Produkt abgebildet wird, wie es beispielsweise bei Cerealien-Verpackungen z.T. der Fall ist.

Wie aus der oben genannten Definition hervorgeht, findet die Verordnung (EC) No 1924/2006 – anders als in den USA die Regelung der FDA, die sich nur auf Informationen auf dem Produkt selber bezieht – auch auf Werbeaussagen und Markennamen Anwendung. Jegliche Werbeaussage oder Markenbezeichnung, die von der inhaltlichen Aussage her einen Nutrition, Health oder Reduction of Disease Risk Claim darstellt, ist somit ein Claim. Ein Beispiel einer Marke, die einen Claim darstellt, ist z.B. „E. Fit Vital" (Epping 2006). Bei Werbeaussagen wurde beispielsweise die Formulierung „Haribo macht Kinder froh" in der Diskussion um die Claims-Verordnung oft genannt; diese Aussage ist jedoch von der Verordnung aufgrund des mangelnden Gesundheitsbezuges nicht betroffen. Auch auf allgemeine und traditionelle Angaben – analog etwa der Bezeichnung „Digestiv" oder „Hustenbonbon" – findet die Claims-Verordnung grundsätzlich erst einmal Anwendung, eine Angabe dieser Art kann von der Verordnung jedoch ausgenommen werden.

Neben den bereits erwähnten Ernährungsempfehlungen sind Lebensmittelverpackungen mitunter mit weiteren detaillierten Produktinformationen versehen, die über die grundlegenden Informationen wie Zutatenliste, Nährwertanalyse, Markenname und Werbeaussage etc. hinausgehen und freiwilliger Art sind. Oft werden durch diese zusätzlichen Informationen Eigenschaften und Vorteile des Produktes angedeutet oder beschrieben, die Auswirkungen auf die Gesundheit haben können. Ein Beispiel hierfür ist die Herausstellung der positiven Eigenschaften von Ballaststoffen auf Cerealien-Packungen. Auch auf diese Informationen findet die Claims-Verordnung grundsätzlich Anwendung.

Andere gesetzliche Bestimmungen, deren spezifische Regelungen im Zweifelsfall vorrangig vor der Verordnung (EC) No 1924/2006 sind, sind etwa die Richtlinie bezüglich diätetischer Lebensmittel und die Richtlinie zu Nahrungsergänzungsmitteln (Meisterernst und Haber 2007, S. 51). Diätetische Lebensmittel sind definiert als "dietary foods for special medical purposes" (EU 1999, Artikel 1, 2. b). Hierunter fallen etwa Lebensmittel für Säuglinge und Kleinkinder oder Produkte zur besonderen Ernährung bei Mangelerscheinungen und Störungen der Nahrungsaufnahme, der Verdauung oder des Stoffwechsels. Nahrungsergänzungsmittel sind definiert als "foodstuffs the purpose of which is to supplement the normal diet and which are concentrated sources of nutrients or other substances" (EU 2002, Artikel 2, a). Sofern diese Richtlinien Vorgaben zur Kommunikation der nährwert- und gesundheitsbezogenen Eigenschaften machen, etwa Aussagen wie ‚zur besonderen Ernährung im Rahmen von' wie sie für diätetische Lebensmittel verwendet werden, so sind diese nicht als Claims zu behandeln.

Das Verhältnis zu einigen anderen Bestimmungen ist in der Claims-Verordnung jedoch nicht geregelt, so etwa dasjenige zur sogenannten Novel Food-Verordnung oder der Verordnung über Produkte mit Phytosterol, Phytostanol, Phytosterinester und Phytostanolester (Meisterernst und Haber 2007, S. 57). Novel Food ist definiert als "foods and food ingredients which have not hitherto been used for human consumption to a significant degree within the Community" (EU 1997, Artikel 1, 2). Unter eine Reihe hierzu festgelegter Kategorien fallen etwa mit Hilfe gentechnischer Verfahren hergestellte Produkte, bestimmte Pilz- oder Algenprodukte, Produkte von bisher nicht verwendeten Lebensmitteln oder aus bisher nicht verwendeten Verfahren. Unter Produkte mit Phytosterol, Phytostanol, Phytosterinester und Phytostanolester werden Produkte mit entsprechenden Zutaten mit dem Zweck der Senkung des Cholesterinspiegels nach Verordnung (EC) 608/2004 verstanden; ein bekanntes Beispiel hierfür sind Margarinen. Da die Angaben für ein Produkt nach letzterer Verordnung zwingend sind, findet die Claims-Verordnung hierauf keine Anwendung.

Für Functional Food bzw. funktionelle Lebensmittel „existiert bisher in der wissenschaftlichen Literatur keine einheitliche und weltweit anerkannte Definition und Abgrenzung. Der Begriff ist weder rechtlich noch sonst in verbindlicher Weise definiert" (Rogdaki 2004, S. 6). Synonyme sind "nutraceuticals, designer food, health foods, pharmafoods, hypernutritious foods, agromedical foods". Funktionelle Lebensmittel „stellen eher ein Konzept, weniger eine wohldefinierte Produktgruppe dar" (Meyer 2002, S. 100). Eine umfassende und detaillierte Definition gibt das International Life Sciences Institute (ILSI, zitiert in Rogdaki 2004, S. 8):

> "A food can be regarded as 'functional' if it is satisfactorily demonstrated to affect beneficially one or more target functions in the body, beyond adequate nutritional effects, in a way that is relevant to either an improved state of health and well-being and/or reduction of risk of disease. Functional foods must remain foods and they must demonstrate their effects on amounts that can normally be expected to be consumed in the diet: they are not pills or capsules, but part of a normal food pattern."

Es handelt sich hiermit ausdrücklich nicht um Nahrungsergänzungsmittel. Die Bezeichnung ‚funktionell' ist, betrachtet man die Definition, uneindeutig: die funktionellen Lebensmittel erfüllen im Sinne der Definition nicht irgendeine Funktion, sondern eine ganz spezielle, nämlich die eines erwiesenen positiven Effektes auf Wohlbefinden und Gesundheit oder der Reduktion des Krankheitsrisikos. Da Health Claims bzw. Reduction of Disease Risk Claims genau die Erfüllung einer derartigen speziellen Funktion kommunizieren sollen, sind funktionelle Lebensmittel die Gruppe von Lebensmitteln, die für diese Claims in Frage kommen.

Der Grund für diesen engen Zusammenhang liegt darin, dass gesundheitsbezogene Angaben in Folge der Entwicklung von funktionellen Lebensmitteln entstanden: "The development of health claims is linked with the development of 'functional foods'" (Hawkes 2004, S. 5). Sie sind für die Kommunikation von funktionellen Lebensmitteln von entscheidender Bedeutung: "Information concerning the health effects and the ways of communicating such information are the key factors behind the success of the functional food product" (Urala et al. 2003, S. 816). Haas (o.J.) definiert funktionelle Lebensmittel sogar abhängig davon, ob Konsumentinnen und Konsumenten dem Produkt eine entsprechende Wirkung zuschreiben und sieht dies abhängig vom entsprechenden Claim: „Erst der Claim, die Auslobung des Produktes, verwandelt dieses aus Sicht des Konsumenten in ein funktionelles Lebensmittel" (Haas o.J., S. 2).

Da es vom Grad der wissenschaftlichen Anerkennung eines Zusammenhanges zwischen Lebensmittel und Gesundheit abhängt, kommt vermutlich nicht jedes derzeit als Functional Food bezeichnete Produkt für einen Health Claim oder einen Reduction of Disease Risk Claim in Frage. Zudem ist entscheidend, welche Untergruppen von Claims im jeweiligen Rechtsrahmen erlaubt sind. Jedes Produkt mit einem Health Claim oder Reduction of Disease Risk Claim dürfte jedoch auch ein funktionelles Lebensmittel sein. Dies gilt allerdings nicht, falls zukünftige Definitionen von funktionellen Lebensmitteln die oben genannte sehr breite Definition einschränken, etwa, wenn nur Lebensmittel mit Zusätzen oder aus besonderen lebensmitteltechnologischen Verfahren funktionelle Lebensmittel sein können.

2.1.2 Inhalt der Verordnung (EC) No 1924/2006 zu Claims

Die Verordnung (EC) No 1924/2006 (EU 2006) findet Anwendung auf alle freiwilligen Claims in kommerziellen Mitteilungen auf Lebensmitteln, in der Werbung für diese Lebensmittel und in Markennamen von Lebensmitteln, die als solche für den endgültigen Konsum abgegeben werden sollen, inklusive der Abgabe über Gastronomie und Großküchen. Für nicht vorverpackte Lebensmittel finden einige Teile der Verordnung keine Anwendung. Die Verordnung gilt auch für importierte Lebensmittel, aber entsprechend der Definition von Lebensmitteln nicht für Arzneimittel, Kosmetik und Tierfutter.

In der Claims-Verordnung werden die drei Claim-Arten Nutrition Claims, Health Claims und Reduction of Disease Risk Claims definiert. Nicht in der Definition, aber in der Handhabung werden zudem noch Claims bezüglich der Entwicklung und Gesundheit von Kindern (Claims Referring to Children's Development and Health, EU 2006, Artikel 14) sowie allgemeine/unspezifische Claims bezüglich der Wirkung auf die Gesundheit oder gesundheitsbezogenes Wohlbefinden (General/Non-specific Claims with Reference to Overall Health or Health-related Well-being, EU 2006, Artikel 10, 3.) unterschieden. Die Health Claims umfassen gemäß Artikel 13 der Verordnung sowohl Claims bezüglich physiologischer Funktionen als auch Verhaltens- und psychologischer Funktionen ("growth, development and the functions of the body" im Vergleich zu "psychological and behavioural functions", EU 2006, Artikel 13, 1.). Alle nicht explizit erlaubten Claims sind verboten, somit gilt das sogenannte ‚Prinzip des Erlaubnisvorbehaltes'. Ausdrücklich verboten sind darüber hinaus etwa Health Claims bezüglich "rate or amount of weight loss" oder mit Bezug auf "recommendations of individual doctors or health professionals" (EU 2006, Artikel 12).

Claims sollen nach Artikel 3 nicht falsch, uneindeutig oder irreleitend sein, die Sicherheit anderer Lebensmittel nicht in Frage stellen, zu überzogenem Konsum auffordern, die ausreichende Versorgung durch eine ausgewogene Ernährung in Frage stellen oder Angst machen. Artikel 5 bzw. 6 gibt vor, dass ein Claim allgemein wissenschaftlich anerkannt sein muss. Der Nachweis ist von dem Unternehmen zu erbringen und wird von der European Food Safety Authority (EFSA) geprüft. In den weiteren Voraussetzungen für die Verwendung von Claims in Artikel 5 ist weiter vorgeschrieben, dass der Claim für das entsprechende Produkt ‚wahr' sein muss. Das heißt unter anderem, dass der Nährstoff bei vernünftigerweise zu erwartendem Verzehr in ausreichender Menge aufgenommen wird und in physiologisch wirksamer Form vorliegt. Ein Claim sollte zudem vom ‚durchschnittlichen Verbraucher' verstanden werden können.

Nach Artikel 4 müssen Produkte, um Claims tragen zu können, den bis zum Jahr 2009 zu definierenden Nährwertprofilen entsprechen. Nährwertprofile sind Anforderungen an das gesundheitliche Profil des Gesamtproduktes, etwa dass dieses nicht zu fettreich, zuckerhaltig etc. sein soll. Getränke ab einem Alkoholgehalt von mehr als 1,2 Volumenprozent dürfen grundsätzlich keine gesundheitsbezogenen Angaben tragen. Als Ausnahme von den Nährwertprofilanforderungen kann ein Nutrition Claim verwendet werden, wenn nur *ein* Nährstoff nicht den Anforderungen entspricht, sofern hierauf auf derselben Seite und mit gleich guter Sichtbarkeit aufmerksam gemacht wird. Zusätzlich müssen Produkte, die einen Claim erhalten sollen, zwingend eine Nährwertanalyse tragen, die den im Claim genannten Nährstoff oder die Substanz ebenfalls aufführt (Artikel 7).

Als Nutrition Claims sind nach Artikel 8 nur solche Angaben erlaubt, die im Anhang der Verordnung aufgelistet sind. Ein vergleichender Nutrition Claim ist nach Artikel 9 erlaubt. Weiterführende Anforderungen speziell an gesundheitsbezogene Angaben nach Artikel 10 beziehen sich auf eine Reihe von Informationen, die den Claim begleiten sollen. Hierunter befinden sich Aussagen über die Bedeutung einer ausgewogenen Ernährung, über die für die Wirkung nötige Einnahmeweise und, wenn nötig, Warnhinweise. Reduction of Disease Risk Claims müssen nach Artikel 14 zusätzlich von einem Hinweis begleitet werden, der aussagt, dass "the disease to which the claim is referring has multiple risk factors and that altering one of these risk factors may or may not have a beneficial effect" (EU 2006, Artikel 14, 2.).

Für Health Claims wird gemäß Artikel 13 bis zum Jahr 2010 eine sogenannte Positivliste anerkannter und etablierter Claims erstellt. Claims auf dieser Liste können dann von allen Unternehmen verwendet werden, sofern das betreffende Produkt die Anforderungen erfüllt. Diese Liste beinhaltet jedoch weder Claims bezüglich der Entwicklung und Gesundheit von Kindern noch Reduction of Disease Risk Claims. Claims dieser Art müssen nach Artikel 14 ein strengeres Autorisierungsverfahren durchlaufen, welches in den Artikeln 15 bis 17 näher ausgeführt ist. Die zuständige Behörde ist die EFSA, welche 5 Monate – im Falle von weiteren angeforderten Nachweisen zuzüglich 2 Monate – nach Erhalt des Antrags eine Stellungnahme abzugeben hat. Diese wird von der Kommission innerhalb von 2 Monaten an den zuständigen Ausschuss (Standing Committee on the Food Chain and Animal Health) zur Entscheidung weitergeleitet. Health Claims, die nicht auf der Positivliste stehen, können auf Antrag durch die EFSA geprüft und evtl. ebenfalls autorisiert werden. Dieses Prüfverfahren ist dabei etwas kürzer. Wissenschaftliche Studien, die im Besitz eines antragstellenden Unternehmens sind, dürfen für einen Zeitraum von fünf Jahren nicht für Anträge anderer Unternehmen verwendet werden. Aus diesem Grund kann es passieren, dass ein Claim innerhalb dieses Zeitraumes nur von einem Unternehmen verwendet werden kann und dieses somit gewissermaßen Patentschutz genießt.

Die Verordnung (EC) No 1924/2006 gilt seit dem 1. Juli 2007. Seit diesem Tag gelten somit auch die Anforderungen an Nutrition Claims, da diese – bis auf die Nährwertprofile – bereits im Detail in der Verordnung geregelt sind. Wichtige Beschlüsse über noch zu definierende Vorgaben der Verordnung bezüglich Nährwertprofilen bzw. der Positivliste sind für die Jahre 2009 bzw. 2010 vorgesehen. Übergangsvorschriften sind in Artikel 28 geregelt. So dürfen etwa Lebensmittel, die nicht mit der Verordnung konform sind, aber bereits vor der Geltung der Verordnung auf dem Markt waren, noch bis einschließlich Juli 2009 vermarktet werden. Nicht-konforme Marken können sogar noch bis 2022 verwendet werden.

2.1.3 Rechtlicher Rahmen in Deutschland vor der Verordnung

In Deutschland existierte bislang keine nationale Definition und Regelung von Claims. Es gab weder eine staatliche noch eine privatwirtschaftliche Regelung, wie es sie etwa in anderen Ländern der EU gab (z.B. in Großbritannien: JHCI 2008 und Schweden: SNF 2004, siehe auch Hawkes 2004; Hurt 2002). Es gab und gibt auch weiterhin keine Definition und rechtliche Regelung von funktionellen Lebensmitteln, in denen Vorgaben zur Kommunikation des Ernährungs-Gesundheits-Zusammenhanges festgelegt worden sein könnten. Claims waren jedoch auch nicht grundsätzlich verboten, stattdessen bewegten sich Unternehmen bei Verwendung derartiger Aussagen in einem rechtlich ungeklärten Rahmen. Die Rechtsunsicherheit ermöglichte Unternehmen allerdings z.T. ein Umgehen der gesetzlichen Vorgaben (Rogdaki 2000, S. 294).

Auf entsprechende Aussagen, wie z.B. denen von Reduction of Disease Risk Claims, fand in Deutschland jedoch das Lebensmittel- und Bedarfsgegenständegesetz (LMBG) Anwendung (inzwischen abgelöst durch das Lebensmittel- und Futtermittel-Gesetzbuch, LFGB). Es verbot in § 17 Absatz 1 die Irreführung durch die Andeutung einer Wirkung, die nicht wissenschaftlich hinreichend gesichert ist bzw. dem Produkt den Anschein eines Arzneimittels gibt (BRD 2004):

> „Es ist verboten […] Lebensmittel unter irreführender Bezeichnung, Angabe oder Aufmachung gewerbsmäßig in den Verkehr zu bringen oder für Lebensmittel allgemein oder im Einzelfall mit irreführenden Darstellungen oder sonstigen Aussagen zu werben. Eine Irreführung liegt insbesondere dann vor,
>
> a) wenn Lebensmitteln Wirkungen beigelegt werden, die ihnen nach den Erkenntnissen der Wissenschaft nicht zukommen oder die wissenschaftlich nicht hinreichend gesichert sind […]
>
> c) wenn Lebensmitteln der Anschein eines Arzneimittels gegeben wird."

Unabhängig davon, ob Wirkungen wissenschaftlich nachgewiesen sind, war zudem nach § 18 Absatz 1 jegliche krankheitsbezogene Werbung verboten, damit Konsumenten nicht zur Selbstmedikation verleitet werden (BRD 2004):

> „... ist es verboten, im Verkehr mit Lebensmitteln oder in der Werbung für Lebensmittel allgemein oder im Einzelfall
>
> 1. Aussagen, die sich auf die Beseitigung, Linderung oder Verhütung von Krankheiten beziehen, [...]
>
> 7. Schriften oder schriftliche Angaben, die dazu anleiten, Krankheiten mit Lebensmitteln zu behandeln, zu verwenden"

Das Verbot krankheitsbezogener Werbung wurde als Verbot von Claims der Untergruppe der sogenannten Reduction of Disease Risk Claims angesehen. Eine Definition einer krankheitsbezogenen Werbung in Abgrenzung zur Definition der Andeutung einer gesundheitlichen Wirkung erfolgte durch das LMBG nicht, die Abgrenzung war somit Auslegungssache. Die genannten Vorgaben entsprechen auf Ebene der EU den Vorgaben aus der Richtlinie 2000/13/EG, welche ebenfalls eine Irreführung der Konsumentinnen und Konsumenten, insbesondere aber krankheitsbezogene Angaben verbietet. Die jüngere Claims-Verordnung wird im Verhältnis dazu nun so interpretiert, dass sie eine Ausnahme von diesem grundsätzlich weiterhin geltenden Verbot ermöglicht (Meistererernst und Haber 2007, Kap. 4, S. 5).

Unabhängig vom LMBG bestanden und bestehen im Rahmen der sogenannten Diät-Verordnung begrenzte Möglichkeiten für Hinweise auf den Zusammenhang zwischen dem diätetischen Lebensmittel und einer Krankheit. Das Arzneimittelgesetz (AMG) dagegen findet auf Claims im Prinzip keine Anwendung, da Medizin nach der Definition in § 2 Absatz 3 kein Lebensmittel sein kann. Nur ein Produkt mit direkt heilender oder lindernder Wirkung kann als Medikament angesehen werden. Da das AMG jedoch in § 2 Absatz 1 auch die Prävention einschließt, ist die Abgrenzung zwischen dem Anwendungsbereich des AMG nicht ganz eindeutig (Cantrup 2000, S. 14).

2.1.4 Beurteilung der Verordnung durch wichtige Interessengruppen

An der intensiven Diskussion um den Verordnungsentwurf der Kommission haben sich zahlreiche Interessengruppen beteiligt. Durch die EU werden diese ‚Stakeholder' in Interessengruppen der Industrie, der Verbraucherinnen und Verbraucher und andere eingeteilt. Im Folgenden werden die gegensätzlichen Positionen der beiden erstgenannten Gruppen am Beispiel der deutschen Verbände Bund für Lebensmittelrecht und Lebensmittelkunde (BLL) und des Verbraucherzentrale Bundesverbands (vzbv) exemplarisch skizziert. Diese Positionen entsprechen auf EU-Ebene denen des europäischen Dachverbandes Confederation of the Food and Drink Industries of the EU (CIAA) sowie des Dachverbandes Bureau Européen des Unions de Consommateurs (BEUC), auf dessen Dokumente der vzbv verweist.

Der BLL hielt eine Verordnung über Claims grundsätzlich für sinnvoll, da eine solche eine EU-weite Harmonisierung der rechtlichen Regelung und Handhabung solcher Aussagen bedeute. Vorher war es unter Umständen gar nicht oder nur unter kostspieliger Veränderung der Produktinformationen und Packungsgestaltung möglich, ein entsprechendes Produkt, welches in einem EU-Land vermarktet wird, auch in einem benachbarten Land auf den Markt zu bringen. Zudem konnten Aussagen, die als krankheitsbezogen gewertet wurden, gar nicht oder nur in einem Raum der Rechtsunsicherheit verwendet werden. Dies beschränkte daher die Kommunikationsmöglichkeiten von Unternehmen. Eine Verordnung über Claims wurde vom BLL daher aus Gründen der rechtlichen Harmonisierung, Absicherung und Marktöffnung und zur Förderung von gleichem Wettbewerb und Innovationen befürwortet.

Den Verordnungsvorschlag der Kommission kritisierte der BLL jedoch als „viel zu restriktiv, bürokratisch und damit innovationsfeindlich" (BLL 2006a). Kritik wurde besonders an den sogenannten Nährwertprofilen geübt. Es sei für die Ernährung nicht sinnvoll und ernährungswissenschaftlich nicht machbar, „zwischen ‚guten' und ‚schlechten' Lebensmitteln" zu unterscheiden (BLL 2006b) sowie zudem rechtlich nicht Aufgabe der Kommission, gesundheitspolitische Maßnahmen zu treffen (BLL 2006d). Des Weiteren wurden die diskutierten Verbote einiger Claims als zu einschränkend und wissenschaftlich nicht begründet kritisiert. Hierzu gehörten solche mit Befürwortung von ärztlicher Seite, sogenannte Endorsed Claims, und Claims mit Bezug auf Verhaltens- und psychologische Funktionen[4]. Weiter wurde vom BLL im Laufe der Diskussion um die Claims-Verordnung – letztlich erfolglos – gefordert, Markennamen aus dem Anwendungsbereich auszuschließen. Schließlich wurde eine Verringerung des Aufwandes für die Unternehmen durch Berücksichtigung des sogenannten Verhältnismäßigkeitsgrundsatzes beim wissenschaftlichen Nachweis und ein Anzeige- statt des am Ende beschlossenen Zulassungsverfahren verlangt. Der BLL vertrat und vertritt die Position, dass bei Einbezug des Leitbildes des Europäischen Gerichtshofes vom ‚aufgeklärten und informierten Verbraucher' keine Wortlautvorschreibung nötig sei und die Entscheidung über die Art und Weise der Kommunikation dem Unternehmen vorbehalten sein sollte (BLL 2006c, BLL 2006a).

Der Verbraucherzentrale Bundesverband hat sich von Beginn der Diskussion an ebenfalls für eine rechtliche Regelung des Bereiches der Claims ausgesprochen. Anders als der BLL unterstützte der vzbv die Inhalte des Kommissionsentwurfes. Ein wichtiger Grund war dabei, dass die Verordnung durchaus als gesundheits-

---

[4] Claims über psychologische Funktionen und Verhaltensfunktionen sind nach der endgültigen Fassung möglich, solche mit Befürwortung von individueller ärztlicher Seite dagegen verboten. Artikel 11 der Verordnung sieht jedoch vor, dass Claims mit Befürwortung von medizinischen, sozialen oder Gesundheitsverbänden nach nationalen Bestimmungen erlaubt sein können (EU 2006, Artikel 11).

politisches Instrument dienen sollte, wie folgendes Zitat zeigt: „Der vzbv sieht in dem erzielten Kompromiss einen wichtigen Schritt im Kampf gegen Übergewicht und Fehlernährung" (VZBV 2006). Der Verband geht somit von einem anderen Bild der Konsumentinnen und Konsumenten aus als der BLL und sieht den Bedarf eines lenkenden Eingriffs.

Wichtige Kernpunkte in der Claims-Verordnung sind aus Sicht des vzbv das Zulassungs- statt eines Meldeverfahrens und die Nährwertprofile. Ein Zulassungsverfahren wird den Angaben einer Befragung in Großbritannien zufolge von den Konsumentinnen und Konsumenten befürwortet (BEUC 2006b) und verhindere zudem, dass – wie bei einem Meldeverfahren befürchtet – Claims verwendet werden, wenn diese noch nicht ausreichend von der EFSA geprüft wurden. Die Anwendung von Nährwertprofilen wurde mit der Begründung gestützt, dass andernfalls eine Irreführung über den tatsächlichen Gesundheitswert möglich sei (VZBV 2006). Zudem befürworteten in der oben genannten Befragung 85% der Befragten das Verbot von Claims auf Produkten mit viel Fett, Zucker oder Salz, so wie es die Vorschreibung von Nährwertprofilen ermöglichen würde. Nährwertprofile seien für Unternehmen ein Anreiz, den Anteil dieser ‚negativen' Nährstoffe an ihren Produkten zu verringern. Markennamen sollten aus demselben Grund wie alle anderen Produktinformationen in den Anwendungsbereich der Verordnung (EC) No 1924/2006 fallen (BEUC 2006b). Des Weiteren wurde ein hoher Grad wissenschaftlicher Anerkennung von Claims gefordert, da diese für Verbraucherinnen und Verbraucher in hohem Maße entscheidungsrelevant seien (BEUC 2006a). Dies fördere außerdem einen fairen Wettbewerb für Unternehmen, die ihre Produktinformationen gewissenhaft vorbereiten und wissenschaftlich belegen (BEUC 2006b).

Zusammenfassend lässt sich feststellen, dass sich die exemplarisch erläuterten Positionen der Gruppen der Industrie- bzw. Verbrauchervertretung im Kern anhand folgender Punkte unterscheiden:

1. inwieweit Verbraucherinnen und Verbraucher aufgeklärt und informiert genug sind, um nicht irregeführt bzw. missgeleitet zu werden, und

2. ob eine Verordnung das richtige und zulässige Instrument ist, um im Falle von einer Irreführung oder Missleitung lenkend einzugreifen.

Mit Blick auf den Verlauf der Diskussion und des Prozedere in den Instanzen der EU lässt sich feststellen, dass die Position von Kommission und Rat stärker den Wünschen des vzbv bzw. BEUC entsprach (BEUC 2006a), während im Europäischen Parlament eher Änderungswünsche entsprechend dem BLL bzw. CIAA eingebracht wurden (BLL 2006a). Im Ergebnis ist die Claims-Verordnung in der vom Europäischen Parlament in der zweiten Lesung angenommenen Version in Kernpunkten stärker dem ursprünglichen Kommissionsentwurf und der Interessengruppe der Verbrauchervertretung nahe.

2.1.5 Rechtlicher Rahmen für Claims außerhalb der EU

Auf internationaler Ebene

Die Codex Alimentarius Commission (CAC), ein von der World Health Organisation (WHO) und der Food and Agriculture Organisation (FAO) gegründetes und Standards im Lebensmittelbereich entwickelndes internationales Gremium, hat auf der 27. Sitzung im Jahre 2004 einen Entwurf für eine Richtlinie über die Verwendung von Claims beschlossen (CAC 2004). Die CAC unterscheidet als Unterarten von gesundheitsbezogenen Angaben drei Gruppen:

1. Nutrient Function Claim
2. Other Function Claims
3. Reduction of Disease Risk Claims

Gesundheitsbezogene Angaben nach 1. und 2. entsprechen den Health Claims in der Verordnung (EC) No 1924/2006, wobei 1. sich auf Nährstoffe und anerkannte physiologische Funktionen bezieht und 2. darüber hinaus auch Wirkungen von Substanzen sowie weitere biologische Wirkungen, die in 1. noch nicht eingeschlossen sind, erfasst. Gesundheitsbezogene Angaben nach 3. entsprechen den Reduction of Disease Risk Claims der Verordnung (EC) No 1924/2006. Letztere ist an die Richtlinien des CAC angelehnt.

Neben der Definition sind in der Richtlinie des CAC, ähnlich wie in der Verordnung (EC) No 1924/2006, einige Voraussetzungen sowie Einschränkungen vorgesehen. Health Claims auf Lebensmitteln für Säuglinge und Kleinkinder sind verboten. Produkte mit einem Claim sollten auch eine Nährwertanalyse tragen. Die Richtlinie des CAC beschreibt die nötige wissenschaftliche Substantiierung als "sound and sufficient" bzw. "current relevant" (CAC 2004, S. 1, 3). Sie macht detaillierte Angaben über die Formulierung von Claims und nennt zudem Beispielformulierungen. Der Health Claim soll erstens aus dem Hinweis auf die physiologische Rolle des Nährstoffes in dem wissenschaftlich erwiesenen Ernährungs-Gesundheitszusammenhang und zweitens aus der Angabe über die Zusammensetzung des Lebensmittels bezüglich des Nährstoffes bestehen, beispielsweise (CAC 2004, S. 2):

> "A healthful diet rich in nutrient or substance A may reduce the risk of disease D. Food X is high in nutrient or substance A."

Des Weiteren soll sich auf einem Lebensmittel mit einem Health Claim eine Reihe weiterer Informationen befinden, u.a. Hinweise zur Verwendung, um den genannten Effekt zu erreichen, Hinweise auf die Rolle des Lebensmittels oder Nährwertes in der Ernährung und auf die Wichtigkeit einer gesunden Ernährung. Den Ländern sind für die Umsetzung der Richtlinie Entscheidungsspielräume eingeräumt worden. So ist den einzelnen Ländern die Entscheidung überlassen, ob die Richtlinie auch auf Werbung angewendet werden soll. Außerdem wurde dem Dokument folgender Zusatz in der Präambel vorangestellt: "Health Claims should be consistent with national health policy, including nutrition policy" (CAC 2004,

S. 1). Dieser Zusatz wird im Hinblick auf die Ziele der Verhandlungen der World Trade Organisation (WTO) zur Öffnung von Märkten als problematisch aufgefasst, da er die Möglichkeit biete, nicht-tarifäre Handelshemmnisse zu begründen (Hawkes 2004, S. 53 f.).

Japan

Japan nimmt eine Vorreiterrolle bei der Definition und Regulierung von Claims auf Lebensmitteln ein. Das seit 1991 existierende "Foods for specific health use" (FOSHU) System ist seit 2001 zusammen mit "Foods with nutrient function claims" (FNFC) unter dem neuen Regulierungssystem "Foods with health claims" (FHC) zusammengefasst worden (Shimizu 2002, S. 94).

Unter der Bezeichnung Health Claims werden in Japan zwei Untergruppen zusammengefasst:

1. Health Claims gemäß FOSHU – Foods for Specific Health Use
2. Health Claims gemäß FNFC – Foods with Nutrient Function Claims

Die unter FOSHU zugelassenen Health Claims sind mit der zweiten Untergruppe in der CAC Richtlinie, der Gruppe der Other Function Claims, vergleichbar. Die Health Claims nach FNFC dagegen sind mit der ersten Untergruppe von Health Claims in der CAC Richtlinie gleichzusetzen, der Gruppe der Nutrient Function Claims. Unter dem FOSHU-System sind sogenannte Product-specific Health Claims möglich, das heißt Claims, die nur für ein bestimmtes Produkt einer Firma erlaubt werden. Diese Möglichkeit gibt es in der Verordnung (EC) No 1924/2006 ebenfalls, da ein fünfjähriger Schutz der Forschungsinvestitionen besteht. Ein Krankheitsbezug ist auch in Japan explizit verboten. Zur Anerkennung von Health Claims sind ausreichende wissenschaftliche Belege nötig. Auf dem Lebensmittel sind Warnhinweise vorgeschrieben, beispielsweise der Hinweis, dass ein übermäßiger Konsum des Lebensmittels keine heilende Wirkung hat (Hawkes 2004, S. 11 ff.; Katan und de Roos 2003; Shimizu 2002).

USA

In den USA definiert und reguliert der Nutrition Labeling and Education Act (NLEA) seit 1990 Claims. Federführende Behörde ist die Food and Drug Administration (FDA). Unter Claims werden folgende Gruppen zusammengefasst (FDA 2008b):

1. Health Claims
2. Nutrient Content Claims
3. Structure / Function Claims

Nutrient Content Claims entsprechen den Nutrition Claims der Verordnung (EC) No 1924/2006. Wird der Zusammenhang zwischen einer spezifischen Substanz und der Gesundheit (nicht jedoch einer Krankheit, es sei denn, es ist eine Mangelkrankheit wie z.B. Skorbut) beschrieben, so handelt es sich in den USA um einen Structure/Function Claim. Ein Beispiel hierfür ist "calcium builds strong bones" oder "fiber maintains bowel regularity" (FDA 2008b). Unter der Bezeichnung 'Health Claims' wird in den USA nur die Gruppe der Reduction of Disease Risk Claims verstanden, Health Claims im Sinne der Verordnung (EC) No 1924/2006 werden in den USA stattdessen als Structure/Function Claims bezeichnet (FDA 2008b). Unter den Health Claims im Sinne der US-amerikanischen Definition (im folgenden Abschnitt nur Claims genannt) sind weiter drei Untergruppen zu unterscheiden:

1. NLEA Authorized Health Claims
2. Health Claims based on Authoritative Statements
3. Qualified Health Claims

Die ersten beiden Untergruppen unterscheiden sich nach dem Prozedere der Anerkennung des Claims. Seit dem FDA Modernization Act (FDAMA) von 1997 ist die FDA gehalten, auch solche Claims anzuerkennen, die nicht durch sie selbst und gemäß dem NLEA (Nutrition Labeling and Education Act), sondern von einer anderen staatlichen Wissenschaftsinstitution oder der National Academy of Sciences veröffentlicht wurden. Erfolgt nicht innerhalb einer festgelegten Zeit eine Bearbeitung einer entsprechenden Anfrage, gilt der Claim automatisch als anerkannt (Nestle 2002, S. 264). Die dritte Untergruppe ist für Claims mit noch nicht allgemein anerkanntem wissenschaftlichem Nachweis vorgesehen. Diese werden mit einem sogenannten ‚Disclaimer' versehen, der den wissenschaftlichen Nachweis relativiert. Ein Qualified Claim oder auch Qualitative Claim ist beispielsweise folgendermaßen formuliert: "some studies show that x prevents y" (Katan und de Roos 2003). Qualified Claims sind seit 1999 möglich. Ihre Einführung erfolgte infolge des Rechtsurteils 'Pearson v. Shalala'.[5] Das Gericht entschied in diesem Urteil, dass eine Ablehnung eines Claims aufgrund von mangelndem "significant scientific agreement" gegen die Verfassung und die Meinungsfreiheit ("freedom-of-speech") verstoße. Die Formulierung "significant scientific agreement" sei nicht ausreichend definiert und die Annahme, dass Konsumentinnen und Konsumenten irregeleitet werden können, falsch, da dies durch die Verwendung der Disclaimer ausreichend verhindert werden könne (Nestle 2002, S. 266).

Die Einführung von Claims überhaupt, von Claims basierend auf Authoritative Statements und schließlich von Qualified Claims im Laufe der 1990er Jahre erfolgte nach Nestle (Nestle 2002) infolge einer Auseinandersetzung zwischen der FDA auf der einen Seite und der Lebensmittel- und Nahrungsergänzungsmittelindustrie auf der anderen Seite. Insbesondere die Nahrungsergänzungsmittelindustrie betrieb nach Nestles Einschätzung eine intensive Lobby-Arbeit und Verbrauchermobilisierung. Katan und de Roos sehen in dieser Entwicklung eine

---

5 Donna Shalala ist Mitarbeiterin bei der FDA, Pearson ein Herstellerunternehmen von Nahrungsergänzungsmitteln.

Abschwächung der wissenschaftlichen Absicherung von Claims: "the U.S. system for evaluating claims has been subject to erosion" (Katan und de Roos 2003, S. 206). Vertreter gegensätzlicher Positionen sehen in dem in der Literatur viel diskutierten Rechtsurteil Pearson versus Shalala einerseits einen Meilenstein "in defense of all those who in the future might suffer infringement of [commercial] speech rights" (Emord 2000, S. 143) oder folgern andererseits "it [the supplement industry] had succeeded in removing the government from any meaningful control" (Nestle 2002, S. 271). Welchen Einfluss Qualified Claims auf das Informations- und Kaufverhalten der Konsumentinnen und Konsumenten haben, wurde in der Folgezeit in verschiedenen Studien untersucht.

2.2 Stand der Forschung zu Claims und Konsumentenverhalten

2.2.1 Methoden der Forschungsstudien

Im Folgenden wird ein Überblick über die Forschungsfragestellungen, die eingesetzten Methoden sowie über die Ergebnisse aus dem Themenbereich Claims und Konsumentenverhalten gegeben. Ziel der Forschung zu Claims und Konsumentenverhalten ist es, durch eine Erforschung der optimalen Bedingungen ihrer Verwendung, Formulierung und Präsentation eine zielgerichtete Anwendung von Claims zu ermöglichen. Dies bedeutet für die Unternehmen, dass Claims ein wirksames Marketinginstrument darstellen, während Claims für Konsumentinnen und Konsumenten eine hilfreiche Information bei der individuell richtigen Lebensmittelauswahl sein sollen. Der Einsatz von Claims soll schließlich im Sinne von ‚public health' zu einem verbesserten Ernährungsstatus der Bevölkerung führen. Anlass für Forschungsstudien bezüglich Claims ist in vielen Fällen die gesetzliche Erlaubnis bzw. eine Änderung oder Diskussion der gesetzlichen Regelung von Claims gewesen. Dementsprechend erfolgten Studien oft im Auftrag von oder direkt durch staatliche Institutionen, wie etwa der FDA in den USA oder der Food Standards Agency (FSA) in Großbritannien. Da Claims in den USA eine längere Geschichte der Verwendung und gesetzlichen Regelung haben und ihre Zweckdienlichkeit immer wieder diskutiert wurde (Nestle 2002, S. 247 ff.; Williams 2005, S. 257), dominieren Studien aus den USA in der wissenschaftlichen Literatur über Claims und Konsumentenverhalten (van Trijp und van der Lans 2007, S. 2; Williams 2005, S. 259). Einige Studien erfolgten jedoch in den letzten Jahren auch in Europa, insbesondere Nordeuropa. Claims werden dabei entweder im Zusammenhang mit Forschungsarbeiten zum Thema Bewertung und Akzeptanz von Functional Food behandelt oder als eigene Fragestellung im Rahmen der Diskussion um die gesetzliche Regelung von Claims in Europa.

In der Claims-Forschung wird untersucht, welche allgemeinen oder individuellen Einflussfaktoren für die bewusste oder unbewusste Perzeption von Claims und eine hierdurch ausgelöste Verhaltensreaktion von Bedeutung sind und welche Interaktionseffekte zwischen den Claims und anderen Ernährungsinformationen auf der

Verpackung erfolgen. Die Forschungsstudien widmen sich somit 1. der Frage der Beurteilung der Claims aus Sicht der Konsumentinnen und Konsumenten, 2. der durch die Claims und deren Beurteilung ausgelösten kurzfristigen Verhaltensreaktion bezüglich Informationsverhalten und Wahlentscheidung und 3. der langfristigen Verhaltensreaktion im Sinne eines langfristig veränderten Einkaufsverhaltens. Die zu untersuchenden Faktoren und Zusammenhänge lassen sich, angelehnt an das SOR-Modell (Stimulus-Organismus-Response-Modell) des Konsumentenverhaltens, wie folgt darstellen (siehe Abbildung 2.1).

Abbildung 2.1: Fragestellung der Forschung zu Claims und Konsumentenverhalten

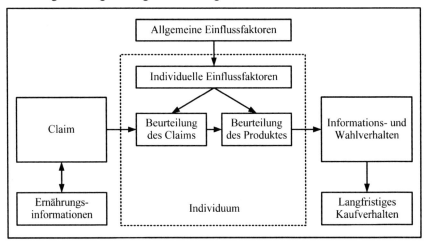

Quelle: Eigene Darstellung

Entsprechend der aufeinanderfolgenden Schritte Beurteilung, kurzfristige Verhaltensreaktion und langfristige Verhaltensreaktion lassen sich Studien mit drei unterschiedlichen methodischen Herangehensweisen unterscheiden (nach Williams 2005, S. 258):

1. Befragungen qualitativer und quantitativer Art
2. experimentelle Studien
3. Auswirkungsstudien (Verkaufszahlen, Ernährungswissen, Ernährungsstatus)

In Studien der ersten Gruppe wurden Befragungen durchgeführt. Diese erfolgten etwa qualitativ in Fokusgruppen-Diskussionen (etwa FSA 2002, FSANZ 2002, Bhaskaran und Hardley 2002) oder Einzelinterviews (z.B. Sverderberg 2002). Quantitative Befragungen erfolgten beispielsweise in schriftlicher Form (z.B. Urala et al. 2003, Worsley 1996), telefonisch (Williams 2005, S. 258) oder als Face-to-Face-Befragung zu Hause oder auf der Straße (z.B. BEUC 2005, Tan und Tan 2007).

In der zweiten Gruppe von Studien wurden Befragungen um eine experimentelle Komponente erweitert. Hierbei wurden etwa den häufig in US-amerikanischen Shopping-Malls rekrutierten Versuchspersonen zweidimensionale Produktbeispiele vorgelegt, die Claims verschiedenen Inhaltes und verschiedener Formulierung trugen. Aufgabe war die Beurteilung des Claims und des Produktes anhand des vorliegenden Beispieles, mitunter gefolgt von einer Kaufentscheidung oder zumindest der Frage nach einer möglichen Kaufabsicht. Die Bedingungen der Claim-Darstellung wurden über verschiedene Experimentalgruppen variiert. Diesem methodischen Vorgehen folgte in den USA eine große Anzahl von Arbeiten (Andrews et al. 1998, Andrews et al. 2000, Burton et al. 2000, Derby und Levy 2005, Ford et al. 1996, Mazis und Raymond 1997, Roe et al. 1999, Wansink 2003). Experimente erfolgten aber auch im Rahmen von Befragungen zu Hause (Mitra et al. 1999) oder verbunden mit einem Geschmackstest im Labor (Tuorila und Cardello 2002), mitunter sogar rein schriftlich (Garretson und Burton 2000, Kozup et al. 2003). In Europa hat van Trijp vergleichbare Studien als Face-to-Face-Befragung bzw. im Rahmen einer Einfrage in einem Internet-Panel durchgeführt (van Kleef et al. 2005, van Trijp und van der Lans 2007).

Die dritte Gruppe von Forschungsarbeiten untersucht die langfristige Verhaltensauswirkung von Claims auf dem Lebensmittelmarkt. Hierbei wird etwa analysiert, welchen Einfluss die Einführung und Verwendung von Claims auf dem Lebensmittelmarkt auf das tatsächliche Kaufverhalten von gesundheitlich vorteilhaferen Produktalternativen am Point of Sale (POS) hat und wie sich das Wissen über in Claims ausgesagte Ernährungs-Gesundheitszusammenhänge sowie der diesbezügliche Ernährungsstatus durch die Verwendung von Claims ändert (z.B. Ippolito und Mathios 1991; Mathios 1998; Williams et al. 2001; siehe auch Wansink und Cheney 2005 und Williams 2005). In diesen Studien wurden zumeist quantitative Daten verwendet, beispielsweise eine verknüpfte Auswertung von Verkaufszahlen eines Produktes vor und nach der Einführung von Claims durch das NLEA und Daten aus Befragungen über Ernährungswissen aus demselben Zeitraum (Ippolito und Mathios 1991).

Die folgende Tabelle 2.1 gibt einen Überblick über den Charakter und die Inhalte einiger ausgewählter Forschungsarbeiten zu Claims und dem Konsumentenverhalten aus den letzten 10 Jahren. Sie sind chronologisch geordnet und wurden danach ausgewählt, dass beispielhaft je eine Studie aus jeder der nach Williams (2005, S. 258) unterschiedenen Gruppen vertreten ist. Die übrigen Studien sind Arbeiten, die für die Hypothesenbildung in der vorliegenden Arbeit von besonderer Wichtigkeit waren.

Tabelle 2.1: Charakter ausgewählter Forschungsarbeiten zu Claims und Konsumentenverhalten

Autoren	Jahr	Land	Titel	Methode	Ergebnisse
Roe, B. Levy, A. S. Derby, B. M.	1999	USA	The impact of health claims on consumer search and product evaluation outcomes: Results from FDA experimental data (Gruppe 2)	Face-to-Face-Befragung und Experiment, Mall-Rekrutierung, 1400 N, Lebensmittel: Joghurt, Lasagne, Cerealien	• Anwesenheit von Claim verringert die Informationssuche • Produkt mit Claim wird als gesünder beurteilt (Halo-Effekt) • Für Produkt mit einem Claim wird höhere Kaufabsicht erklärt • Beim Beispiel Lasagne wird Produkt eine spezifische Wirkung zugeschrieben, die im Claim nicht ausgesagt ist (Magic Bullet-Effekt) • Nutrition Claims wirken ähnlich wie Health Claims
Williams, P.G. McHenery, J. McMahon, A. Anderson, H.	2001	Australien	Impact evaluation of a folate education campaign with and without the use of a health claim (Gruppe 3)	Telefonische Befragung im Juli und November 1998 und Mai 1999, während einer Aufklärungskampagne über die Bedeutung der Folsäure. 500 N (Frauen von 18-44 Jahren), Lebensmittel: Cerealien	• Verwendung eines Health Claims in der Werbung für ein Cerealien-Produkt erhöht die Wirksamkeit der Aufklärungskampagne
Tuorila, H. Cardello. A. V.	2002	USA	Consumer responses to an off-flavor in juice in the presence of specific health claims (Gruppe 2)	Befragung und Experiment, Geschmackstest, 78 N (Angestellte der US Armee), Lebensmittel: Saft	• Nebengeschmack beeinflusst Mögen und Kaufabsicht sehr negativ • Health Claims verbessern Geschmacksbeurteilung • Unterschiedlich starker Effekt bei verschiedenen Ernährungs-Gesundheits-Zusammenhängen im Claim
Bhaskaran, S. Hardley, F.	2002	Australien	Buyer beliefs, attitudes and behaviour: foods with therapeutic health claims (Gruppe 1)	Qualitativ, Fokusgruppen-Diskussionen, 35 N	• Konsumentinnen und Konsumenten sind hoch skeptisch gegenüber Claims • Claims können weitere Informationssuche auslösen • Claims werden viel verwendet und haben einen positiven Einfluss auf die Kaufwahrscheinlichkeit • Junge Personen informieren sich weniger extensiv während des Lebensmitteleinkaufes

Tabelle 2.1: Charakter ausgewählter Forschungsarbeiten zu Claims und Konsumentenverhalten – *Fortsetzung*

Autoren	Jahr	Land	Titel	Methode	Ergebnisse
Urala, N. Arvola, A. Lahteenmaki, L.	2003	Finnland	Strength of health-related claims and their perceived advantage (Gruppe 2)	Schriftliche Befragung (Auslage in Cafeterien), 958 N	• Unterschiedliche Claim-Formulierungen haben keine Bedeutung für Bewertung des Claims • Beurteilung von Claims besser bei Frauen, Personen mit höherem Vertrauen in die Informationsquelle und solchen, die Functional Food nutzen
Trijp, H. C. M. Van; Lans, I. A. Van der	2007	Europa	Consumer perceptions of nutrition and health claims (Gruppe 2)	Internetpanel-Einfrage und Experiment, Länder Italien, Deutschland, Vereinigtes Königreich, USA, 1560-1621 N, Lebensmittel: Joghurt	• Beurteilung der Claims ist je nach Land unterschiedlich • Unterschiedliche Claim-Formulierungen keine hohe Bedeutung für Bewertung des Claims
Tan, S.-J. Tan, K.-L.	2007	Singapur	Antecedents and consequences of scepticism toward health claims: an empirical investigation of Singaporean consumers (Gruppe 1)	Face-to-Face-Befragung (Studenten sowie Nicht-Studenten auf der Straße), 405 N	• Konsumentinnen und Konsumenten sind sehr skeptisch • Bei steigendem Alter steigt Skepsis • Höhere Bildung führt nicht zu höherer Skepsis, höheres Ernährungswissen führt nicht zu geringer Skepsis • Bei höherer Motivation zum Lesen von Ernährungsinformationen steigt Skepsis gegenüber Claims

Quelle: Eigene Darstellung

2.2.2 Ergebnisse der Forschungsstudien

Für die vorliegende Arbeit sind insbesondere die Ergebnisse der Forschungsarbeiten der zweiten Gruppe – Studien mit experimentellem Charakter – relevant, da diese in Fragestellung und Methode dem eigenen Vorgehen am ähnlichsten sind. Sofern nicht explizit die verwandte Erhebungsmethode erwähnt wird, sind die im Folgenden erwähnten Studien der zweiten Gruppe zuzuordnen.

In den Studien gaben die Befragten an, dass sie Claims zumeist lesen, so etwa zu 60% in einer europaweiten Befragung von 2005 (BEUC 2005, S. 10). In Kanada gaben Befragte an, dass sie Health Claims den reinen Nutrition Claims vorziehen würden und bewerteten Claims zu 47% als "useful" (Williams 2005, S. 258). In einer Befragung in Deutschland von 2004 wurden Health Claims als die drittwichtigste Information beim Kauf von Lebensmitteln, nach Geschmack und Preis, aber vor der Marke, genannt (Hartmann et al. 2008, S. 136). Williams folgert im Überblick über entsprechende Studien, dass Konsumentinnen und Konsumenten Claims als Information über entsprechende Produkte für sinnvoll erachten und nutzen (Williams 2005, S. 258). Gleichzeitig zeigt die Literatur jedoch, dass Claims als solche auch sehr skeptisch beurteilt werden, etwa in Fokusgruppen-Diskussionen in Australien (Bhaskaran und Hardley 2002, S. 596) oder in einer Face-to-Face-Befragung in Singapur (Tan und Tan 2007, S. 59). Diese Skepsis begründet sich darin, dass Claims als Marketinginstrument der herstellenden Unternehmen angesehen werden, wie aus Fokusgruppen-Diskussionen in Australien geschlossen wird: "It was widely assumed that [...] manufacturers are using claims to persuade them to buy a product, rather than simply inform them about the product" (FSANZ 2002, S. 3). Die Skepsis gegenüber den Claims mündet jedoch nicht grundsätzlich darin, dass dem Inhalt der Claims nicht geglaubt wird. So zeigten Fokusgruppen-Diskussionen in Großbritannien, dass "many consumers believe that manufacturers would not be able to make such claims if they were not true" (FSA 2002, S. 33). Bhaskaran und Hardley sehen hierin ein Paradoxon: "... although consumers are sceptical, they want to believe the claims and often chose to buy products" (Bhaskaran und Hardley 2002, S. 603).

Dass Claims trotz der hohen Skepsis verwendet und als nützlich angesehen werden, erklärt Williams mit den Schwierigkeiten bei der Interpretation von Nährwertanalysen (Williams 2005, S. 258). Tatsächlich gab bei der europaweiten Befragung der Verbraucherorganisation BEUC ein Drittel derer, die Nährwertanalysen eigenen Aussagen zufolge lasen, an, diese nicht zu verstehen (BEUC 2005, S. 7). Einige Studien widmeten sich entsprechend der Frage der Interaktion von Claims und Nährwertanalysen. Die Ergebnisse bezüglich des Verhältnisses dieser beiden Informationen zueinander zeigen bisher, dass Konsumentinnen und Konsumenten sich bei ihrer Beurteilung bezüglich der gesundheitlichen Beurteilung eines Lebensmittels bevorzugt auf Nährwertanalysen stützen (Garretson und Burton 2000, S. 224; Keller et al. 1997, S. 256; Mitra et al. 1999, S. 114). Eine

Erklärung hierfür dürfte das höhere Vertrauen in Nährwertanalysen darstellen: "... trust in the Nutrition Facts panel information is higher than trust in the claim" (Garretson und Burton 2000, S. 224; siehe auch Keller et al. 1997, S. 266). Die Anwesenheit von Claims auf der Lebensmittelverpackung hat den Studien zufolge keinen negativen Einfluss auf die korrekte Interpretation der Nährwertanalysen (Garretson und Burton 2000, S. 213; Kozup et al. 2003, S. 31; Mitra et al. 1999, S. 106; Ford et al. 1996, S. 24).

Als Voraussetzung dafür, dass Nährwertinformationen zu Rate gezogen werden, ist eine Informationssuche nötig, die in den meisten Fällen ein Wenden der Lebensmittelverpackung beinhalten muss. Bisher untersuchten nur Roe et al. (Roe et al. 1999) in den USA die Hypothese, dass Claims ähnlich wie Schlüsselinformationen verwendet werden und die weitere Informationssuche abkürzen. Ihre Ergebnisse stützen diese Hypothese tendenziell. Qualitative Einzelinterviews in Schweden ergaben jedoch, dass die Anwesenheit eines Claims auch zu der erklärten Absicht führen kann, mehr Informationen abzurufen (Svederberg 2002, S. 1), wie auch Fokusgruppen-Diskussionen in Australien bestätigten: "... manufacturer claims were an important starting point that triggered information search" (Bhaskaran und Hardley 2002, S. 601).

In einigen Studien wurden Claims als alleinige Information, d.h. ohne eine Nährwertanalyse auf dem Produktbeispiel vorgelegt. In diesem Fall führen die Claims zu einer positiveren gesundheitsrelevanten Beurteilung des Produktes als bei sonst gleichen Produkten, die ohne Claims präsentiert wurden (Ford et al. 1996, S. 25; Garretson und Burton 2000, S. 224; Mazis und Raymond 1997, S. 22; Mitra et al. 1999, S. 114; Kozup et al. 2003, S. 32; van Trijp und van der Lans 2007, S. 9). Hieran schließt sich die Frage an, ob dies zu einer Irreleitung durch eine Übergeneralisierung des positiven gesundheitlichen Effektes führt und ob dem Produkt sogar spezielle gesundheitliche Effekte zugeschrieben werden, die im Claim nicht ausgesagt werden. Eine Übergeneralisierung von Claim-Aussagen in Bezug auf allgemeine "healthiness" (auch als Halo-Effekt bezeichnet) konnte in mehreren Studien gezeigt werden (Andrews et al. 2000, S. 41; Burton et al. 2000, S. 244 f.; Ford et al. 1996, S. 25; Roe et al. 1999, S. 101), in einer anderen Studie jedoch nicht (Murphy et al. 2007, S. 1). In einer Befragung in Deutschland schätzte jede vierte befragte Person, dass der Claim sie einen anderen Hinweis auf eine ungesunde Zutat, im Beispiel der hohe Zuckergehalt, ,vergessen' lassen würde, dies wurde als Hinweis auf einen Halo-Effekt interpretiert (Hartmann et al. 2008, S. 137). Ein sogenannter Magic Bullet-Effekt – die Zuschreibung einer *spezifischen* Wirkung, die im Claim nicht ausgesagt ist – wurde allerdings nur in einer Studie für eines der getesteten Lebensmittelprodukte festgestellt (Roe et al. 1999, S. 101).

Als ein wichtiger Aspekt der Perzeption von Claims wird vor dem Hintergrund der Befragungsergebnisse die Glaubwürdigkeit angesehen bzw. als Gegenteil von Glaubwürdigkeit die Skepsis gegenüber einer Aussage. Sie ist daher in vielen

Studien eine der erfragten Variablen. In einer Untersuchung von van Kleef et al. war Glaubwürdigkeit eine Erklärungsvariable für die Kaufintention und korrelierte negativ mit "uniqueness", sodass vermutet werden kann, dass neue Produktkonzepte als weniger glaubwürdig eingeschätzt werden (van Kleef et al. 2005, S. 302). Keller et al. untersuchten den Einfluss von Inkonsistenzen zwischen Nutrition Claims und Ernährungsinformationen auf dem Produkt in Bezug auf die Glaubwürdigkeit des herstellenden Unternehmens und konnten einen Zusammenhang nachweisen (Keller et al. 1997, S. 256). Die Ergebnisse von Kozup et al. sowie von Garretson und Burton stützen ebenfalls die These, dass sich derartige Inkonsistenzen im Inhalt der Informationen negativ auf das Vertrauen (Kozup et al. 2003, S. 25) oder die Glaubwürdigkeit (Garretson und Burton 2000, S. 220) des herstellenden Unternehmens bzw. des Claims auswirken. Studien über vergleichende Nutrition Claims in der Werbung zeigten, dass generelle Claims wie z.B. "healthier" als weniger glaubwürdig bewertet wurden im Vergleich zu Claims, die eine konkrete Aussage über den unterschiedlich hohen Gehalt eines spezifischen Nährstoffes treffen (Andrews et al. 2000, S. 40). In einer vergleichenden Studie über Skepsis gegenüber Claims auf Lebensmitteln und in der Werbung für Lebensmittel wurde kein Unterschied in der Höhe der dem Claim gegenüber empfundenen Skepsis festgestellt (Mazis und Raymond 1997, S. 22).

In einer Untersuchung in Singapur wurden die Einflussfaktoren auf Skepsis gegenüber Claims – definiert als "tendency toward disbelief" (Tan und Tan 2007, S. 61) – mit Hilfe von per Face-to-Face-Befragung erhobenen Daten untersucht. Den Ergebnissen zufolge ist die Skepsis größer bei höherem Alter und bei höherer Motivation zur gedanklichen Verarbeitung von Ernährungsinformationen, aber nicht größer mit steigendem Bildungsstand, während für Ernährungswissen ein tendenziell positiver, aber nicht signifikanter Zusammenhang zu erkennen war (Tan und Tan 2007, S. 74 ff.).

Eine Reihe von Studien wurde dem Einfluss individueller Faktoren auf die Perzeption des Claims und auf das weitere Verhalten der Konsumentinnen und Konsumenten gewidmet. Vorangegangene Forschungsergebnisse zeigen, dass bei höherem Ernährungswissen auch eine verstärkte Nutzung von ernährungsrelevanten Informationen auf Produktverpackungen erfolgt, wie z.B. eine POS-Befragung in Griechenland zeigte (Drichoutis et al. 2005). Der gleiche Zusammenhang scheint für einen höheren Bildungsstand zu gelten (Williams 2005, S. 259). Ergebnisse von Mazis und Raymond (1997, S. 41) und Andrews et al. (2000, S. 41) bestätigten die oft zitierte Annahme, dass vor allem Ernährungswissen ein wichtiger Faktor bei der Abschwächung von möglicherweise irreleitenden Effekten von Claims sei. Mitra et al. (1999, S. 106) dagegen zeigten, dass ein niedriger Bildungsstand nicht generell verhindert, dass Nährwertanalysen korrekt bewertet werden können, selbst in Anwesenheit eines inkonsistenten Claims.

Van Trijp und van der Lans stellten einen unterschiedlich starken Zusammenhang zwischen verschiedenen, u.a. soziodemografischen, Variablen und Variablen der

Perzeption des Claims fest, etwa einer höheren "attractiveness" von Health Claims für Personen mit weniger gutem Gesundheitszustand, aber einer geringeren mit steigendem Alter (van Trijp und van der Lans 2005). Forschungsergebnisse zeigen, dass die Nutzung von Claims bei älteren Personen und Frauen höher ist (Williams 2005, S. 259). Dies erscheint plausibel angesichts der Feststellung, dass die Gesundheitsorientierung und das Interesse an ernährungsrelevanten Informationen von Alter und Geschlecht im gleichen Sinne beeinflusst wird (Grunert und Wills 2007, S. 388). Frauen bewerteten Claims in einer Befragung in Finnland als vorteilhafter und wirksamer ("beneficial") als Männer, während das Alter der Befragten in dieser Studie entgegen den Erwartungen keinen Einfluss zu haben schien (Urala et al. 2003, S. 823). In Fokusgruppen-Diskussionen in Australien erwies sich die Bedeutung des Einflussfaktors Alter für die Claim-Perzeption in einer geringeren Skepsis gegenüber Claims bei den älteren Personen sowie eines besseren Ernährungswissens derselben (Bhaskaran und Hardley 2002, S. 601). In der bereits zitierten Befragung von Tan und Tan in Singapur hingegen erwiesen sich ältere Personen als skeptischer gegenüber Claims (Tan und Tan 2007, S. 74). Schließlich hat sich mehrfach gezeigt, dass befragte Personen Claims länderspezifisch unterschiedlich verwenden und bewerten (Bech-Larsen et al. 2001, S. 6 ff.; van Trijp und van der Lans 2007, S. 305; BEUC 2006b, S. 10 f.).

Keller et al. untersuchten die Auswirkung von Motivation auf die Beurteilung von Produkten mit u.a. Nutrition Claims. Eine höhere Motivation, Ernährungsinformationen zu verwenden, führte zu einer positiveren Bewertung von Produkten mit ,gutem' Ernährungswert und umgekehrt (Keller et al. 1997, S. 266). Auch Urala et al. (2002, S. 815) ermittelten eine Bedeutung der persönlichen Motivation für die Perzeption des Claims. Als ein wichtiger Faktor für eine erhöhte Motivation kann zudem persönliche Relevanz angenommen werden. In qualitativen Einzelinterviews bestätigte sich dies dahingehend, dass "participants who expressed special concern for their own and their families health" zumeist auch eine intensivere Informationssuche auf den Verpackungen durchführten (Svederberg 2002, S. 1). Sogenannte "modern health worries" führten in einer neuseeländischen Befragung unter Studierenden zu einer höheren Akzeptanz von Functional Food mit entsprechenden Claims (Devcich et al. 2007, S. 333). Wansink und Cheney (2005, S. 396) sehen in der persönlichen Relevanz einen Erfolgsfaktor für Claims, sofern Erfolg als verbreitete Verwendung auf Produkten im Lebensmittelmarkt definiert ist. Van Kleef et al. (2005, S. 299) untersuchten, ob zwischen der Perzeption von verschiedenen Formulierungen von Health Claims und der Persönlichkeitscharakteristik des ,Vermeidens' versus ,Erzielens' gemäß der 'regulatory focus theory' ein Zusammenhang besteht. Für diese Hypothese konnte jedoch keine Bestätigung gefunden werden.

Schließlich wurde vereinzelt die Frage untersucht, welche Auswirkung Claims auf die Kaufabsicht oder Kaufentscheidung haben. Die Ergebnisse der Befragungen, z.B. Fokusgruppen-Diskussion in Australien, deuten auf einen positiven

Einfluss von Claims auf die Kaufwahrscheinlichkeit hin (Bhaskaran und Hardley 2002, S. 603). Eine multinationale Conjoint Analyse zur Akzeptanz funktioneller Lebensmittel von Bech-Larsen et al. (2001, S. 13) zeigte, dass ein positiver Einfluss von Claims auf die Kaufabsicht für jedes der drei untersuchten Länder – USA, Finnland und Dänemark – festzustellen war. In der Studie von Roe et al. (1999, S. 99) erklärten die Versuchspersonen eine erhöhte Kaufabsicht für die Produkte mit dem Claim. In einem mit Geschmackstest kombinierten Experiment wurden Produkte mit einem Claim geschmacklich besser bewertet und die Befragten gaben an, Produkte vor allem dann bevorzugt kaufen zu wollen, wenn sie besser schmeckten (Tuorila und Cardello 2002, S. 567). In der Studie von Garretson und Burton (2000, S. 213) wurde hingegen keine erhöhte Kaufabsicht bei Produkten mit einem Claim festgestellt. In den bislang durchgeführten Studien wurde allerdings zumeist nur der hypothetische Kauf erfragt, jedoch keine tatsächliche oder simulierte Kaufentscheidung anhand von Produktbeispielen durchgeführt.

Eine Reihe von Untersuchungen hat sich mit unterschiedlichen Formaten von Claims bzw. den Rahmenbedingungen ihrer Präsentation auf dem Produkt beschäftigt. Andrews et al. (2000) und Burton et al. (2000) setzten in ihrer Studie über Nutrition Claims in der Werbung u.a. sogenannte ‚Disclosures‘ ein. Diese erläuternden Texte (etwa "contains 500 milligrams of sodium per saving", Andrews et al. 2000, S. 31) wurden von der FTC (Federal Trade Commission) in den USA für Claims in der Werbung gefordert, um eine Irreleitung der Konsumentinnen und Konsumenten zu verhindern. Den Ergebnissen zufolge werden sie dem Ziel gerecht, dies hängt jedoch von der Formulierung des Claims als ‚generell‘ oder ‚spezifisch‘ und dem Ernährungswissen der jeweiligen Person ab (Andrews et al. 2000, S. 29; Burton et al. 2000, S. 235).

In mehreren Arbeiten wurde sich mit der sogenannten Stärke der Claims befasst, beispielsweise Health Claims im Vergleich zu Reduction of Disease Risk Claims. Die Formulierungsstärke des Claims ist jedoch für die Perzeption der Claims weniger bedeutend als von der Industrie angenommen (Lensch et al. 2008, S. 1; Urala et al. 2003, S. 815; van Kleef et al. 2005, S. 307; van Trijp und van der Lans 2007, S. 15). Dieses Ergebnis bestätigten auch Fokusgruppen-Diskussionen in Großbritannien, in denen eine geringe Unterscheidbarkeit der Formulierungen festgestellt wurde, beschrieben als "some tendency to maintain that claims 'all saying the same thing in different words'" (FSA 2002, S. 9, 32). Williams folgert im Überblick dass diese Beobachtung – bei gegebenem Wissen um die Ernährungs-Gesundheits-Zusammenhänge – dadurch erklärt werden kann, dass Konsumentinnen und Konsumenten entsprechend weiterdenken, da "a mere nutrient content claim may be interpreted as a health claim" (Williams 2005, S. 259; siehe auch Roe et al. 1999, S. 101).

Wansink widmete sich der Frage der Verwendung von Claims auf Vorder- und Rückseiten einer Lebensmittelverpackung und kam zu dem Schluss, dass ein kurzer Claim auf der Vorderseite in Kombination mit einem langen Claim auf der Rückseite eine höhere Glaubwürdigkeit, eine bessere Einschätzung der Gesundheitswirkung und weniger generelle, sondern stattdessen Attribut-bezogene Beurteilungsaussagen erzielt (Wansink et al. 2004, S. 665; Wansink und Cheney 2005, S. 393). Hiermit wird die Verwendung von Vorder- und Rückseiten, wie sie bereits in vorangegangenen Studien untersucht wurde (etwa Roe et al. 1999), wieder aufgegriffen. Entsprechend der Entwicklung des rechtlichen Rahmens in den USA untersuchten Derby und Levy – in ihrer Funktion als Angestellte der FDA – die Wirkung von sogenannten ‚Disclaimers', die als Begleittext den Grad des wissenschaftlichen Nachweises erläutern. Die Untersuchung ergab, dass verschiedene Darstellungsweisen die geringere wissenschaftliche Substanziierung eines Qualified Claims im Vergleich zu bisher verwendeten Claims nicht zufriedenstellend kommunizieren konnten (Derby und Levy 2005, S. 34).

2.2.3 Fazit und Forschungslücken

Aus den Ergebnissen der bisherigen Forschung zu Claims auf Lebensmitteln ist zu erkennen, dass Konsumentinnen und Konsumenten Claims tendenziell begrüßen und der eigenen Einschätzung nach vielfach auch lesen. Claims scheinen zu einer erhöhten Kaufabsicht von entsprechenden Produkten zu führen. Allerdings sind Konsumentinnen und Konsumenten auch hoch skeptisch gegenüber Claims in ihrer Funktion als Marketinginstrument der herstellenden Unternehmen. Im Zweifelsfall und zur Bestätigung der Aussage des Claims werden daher Nährwertanalysen bevorzugt bzw. herangezogen. Die Ambivalenz gegenüber Claims rührt möglicherweise daher, dass Claims zwar als ein die Informationssuche vereinfachendes und verständliches Instrument zur gesundheitlichen Bewertung begrüßt werden und Konsumentinnen und Konsumenten annehmen, dass sie von dritter Stelle überprüft worden sind. Gleichzeitig fehlt hierüber aber vermutlich ausreichendes Wissen und Sicherheit, sodass eine hohe Skepsis bleibt.

Produkte mit einem Claim werden als vergleichsweise gesünder angesehen als Produkte ohne Claim. Zum Teil wird von der spezifischen Aussage des Claims darauf geschlossen, dass das Produkt auch generell gesünder ist. Die Beurteilung bzw. Perzeption von Claims wird insbesondere von den Faktoren Glaubwürdigkeit bzw. Skepsis und im Weiteren von soziodemografischen bzw. anderen individuellen Variablen beeinflusst. Zu den soziodemografischen Faktoren zählen Alter und Geschlecht, nicht unbedingt jedoch der Bildungsstand. Weitere Individuen-bezogene Variablen von Bedeutung sind Ernährungswissen und die Motivation, Ernährungsinformationen zu lesen und einzubeziehen sowie die persönliche Relevanz des Ernährungs-Gesundheits-Zusammenhanges, der im Claim angesprochen wird. Während die Produktkategorie und der Ernährungs-Gesundheits-Zusammenhang des Claims einen Einflussfaktor auf die Beurteilung des Claims darstellt, scheint die Art des Claims (Nutrition, Health oder Reduction of Disease Risk Claim) und die genaue sprachliche Formulierung von geringerer Bedeutung zu sein.

Vor dem Hintergrund sowohl unterschiedlicher rechtlicher Rahmenbedingungen als auch unterschiedlicher Perzeption der Claims in verschiedenen Ländern fehlt es noch an Studien in Europa bzw. einzelnen Ländern Europas. In der Forschung zum Konsumentenverhalten gibt es noch eine ganze Reihe von Konstrukten oder Theorien, die im Anwendungsbereich Claims auf Lebensmitteln noch nicht untersucht wurden (van Kleef et al. 2005, S. 308) wie beispielsweise das Involvement. Die Studien sind vor dem Hintergrund zu interpretieren, dass bei der Fülle möglicher Lebensmittel und Substanzen nur eine geringe Anzahl von Lebensmittelkategorien, Ernährungs-Gesundheits-Zusammenhängen und sprachlicher Formulierungen untersucht werden konnte (Garretson und Burton 2000, S. 226; Kozup et al. 2003, S. 31; Mitra et al. 1999, S. 116; Roe et al. 1999, S. 102; van Trijp und van der Lans 2007, S. 16). Da die getroffene Auswahl jedoch einen großen Einfluss auf die Ergebnisse haben kann, sind die jeweiligen Ergebnisse nur eingeschränkt zu verallgemeinern.

In der kritischen Rückschau auf die angewandte Methode wurden in vielen Studien Aspekte genannt, die sich unter dem Begriff ‚Realitätsnähe' zusammenfassen lassen. In keiner der in dieser Übersicht einbezogenen Studien konnten Daten über Einflussvariablen direkt mit Daten über das tatsächliche Informations- oder das Entscheidungsverhalten am POS (sogenannte Revealed Preference-Data) verknüpft werden. Die verwendeten Daten stammen aus nicht-realen Informationssuch- und Entscheidungssituationen (sogenannte Stated Preference-Data). In den Studien experimenteller Art unter Verwendung von Produktbeispielen wurde unter anderem angemerkt, dass

1. die Produkte und die Claims nur als zweidimensionales Bild präsentiert wurden (Mitra et al. 1999, S. 116),

2. wichtige Informationen, die im Normalfall am POS vorliegen, oder am POS wirkende Einflussfaktoren fehlten (Markennamen, Verkaufsförderungsmaßnahmen etc.; Keller et al. 1997, S. 267 f.),

3. die Laborsituation allein ein Anschauen oder Suchen von Informationen ausgelöst haben könnte, welches in der Realität nicht erfolgt wäre (Garretson und Burton 2000, S. 225 f.; Kozup et al. 2003, S. 31), u.a. aufgrund der sogenannten Forced Exposure-Situation gegenüber der Information Claim und der geringeren Zeitbeschränkung (Ford et al. 1996, S. 25; Keller et al. 1997, S. 267 f.), und

4. die Versuchspersonen über ihre Kaufabsicht befragt, aber vor keine Wahlentscheidung gestellt wurden (Burton et al. 2000, S. 245; Roe et al. 1999, S. 103).

Für nachfolgende Forschungsarbeiten regten die Autorinnen und Autoren dieser Studien daher an, die Realitätsnähe und somit die externe Validität durch Verwendung tatsächlicher POS-Daten zu erhöhen oder, sofern dies nicht möglich ist, das Forschungsdesign stärker einem realitätsnahen Kontext anzupassen.

3. Theoretischer Hintergrund: Involvement

3.1 Erläuterung des Konstrukts

3.1.1 Entwicklung des Involvement-Begriffs

Die Prägung des Begriffes ‚Involvement' wird den Sozialpsychologen Sherif und Cantril zugeschrieben. Nach ihrer Definition aus den 1940er Jahren entsteht Involvement, wenn ein Stimulus eine Beziehung zu zentralen Inhalten des ‚Ego' oder des Selbstkonzeptes erhält (Hupp 2000, S. 194; Kanther 2001, S. 20; Laaksonen 1994, S. 2; Poiesz und de Bont 1995, S. 448). In die Kaufverhaltensforschung wurde Involvement jedoch erst in den 1960er und 1970er Jahren eingeführt. Eine vielfach beachtete Anwendung fand das Konstrukt durch Krugman: In einer Untersuchung über Lernkurven bei Fernseh-Werbespots unterschied er zwischen hohem und niedrigem Involvement, abhängig von der Anzahl der durch die Betrachtenden erfolgten gedanklichen Verknüpfungen zwischen dem Stimulus – dem Fernseh-Werbespot – und den eigenen Vorstellungen und Gedanken. Die gering involvierten Personen zeigten im Gegensatz zu den hoch involvierten Personen keine rationalen Lernerfolge. Aus den Ergebnissen wurde geschlossen, dass gering involvierte Personen Informationen in anderer, vor allem durch geringere kognitive Aktivität gekennzeichnete Weise verarbeitet hatten (Krugman 1968, S. 98 ff.).

Die Kaufverhaltensforschung war bis in die 1960er Jahre durch die Prämisse des Homo Oeconomicus, welcher sich umfassend informiert, rational Informationen verarbeitet und durch sachliche Argumente überzeugt wird, geprägt. Durch die Einführung des Konstrukts des Involvements und der darin gesehenen Möglichkeit der Informationsverarbeitung unter niedrigem Involvement wurde der Widerspruch zwischen dem bisherigen Bild der Konsumentinnen und Konsumenten und dem oft nicht diesem Bild entsprechenden Kaufverhalten in der Praxis deutlich (u.a. Rahtz und Moore 1989, S. 113; Trommsdorf 2004, S. 55; Zaichkowsky 1985, S. 341). Somit veränderte das Konstrukt des Involvements die Theorie des Kaufverhaltens grundlegend, und, wie Poiesz und de Bont es formulieren: "involvement is not just another determinant, but has paradigmatic implications as well" (Poiesz und de Bont 1995, S. 448).

Involvement wird seitdem durchweg als ein wichtiges bzw. sogar als „Schlüsselkonstrukt der Marketingforschung" (Trommsdorf 2004; S. 55) angesehen. Es dient in vielen Lehrbüchern des Kaufverhaltens zur Untergliederung von Kapiteln, da sich unterschiedliche Verhaltensweisen beim Kauf gut anhand eines niedrigen bzw. hohen Involvements charakterisieren lassen (Trommsdorf 2004, S. 56; so erfolgt etwa durch Assael 1995 und Kroeber-Riel und Weinberg 2003).

Weite Verbreitung und Verwendung fanden inbesondere die Definitionen von Antil sowie von Zaichkowsky, jeweils aus den 1980er Jahren (Antil 1984,

S. 204; Zaichkowsky 1985, S. 342). Das in der Forschung aufgrund seiner Bedeutung für das Kaufverhalten populäre Konstrukt wurde jedoch in einer Vielzahl weiterer Veröffentlichungen unterschiedlich definiert und konzeptionalisiert. Dies hat zu einer Uneinheitlichkeit der Auffassung von Involvement in der Forschung geführt, wie Poiesz und de Bont pointiert darstellen: "We do not seem to know what involvement is, but we do manage to produce all kinds of differentiations" (Poiesz und de Bont 1995, S. 448; über die Uneinheitlichkeit der Definitionen siehe auch: Donnerstag 1996, S. 29, 44; Houston und Rothschild 1978, S. 184; Hupp 2000, S. 193; Kanther 2001, S. 19 und 30; Kapferer und Laurent 1985, S. 48; Laaksonen 1994, S. 6; Mitchell 1979, S. 191; Muehling et al. 1993, S. 21; Poiesz und de Bont 1995, S. 448; Schulz 1997, S. 50). Verschiedene Autorinnen und Autoren unternahmen daher in Übersichtsartikeln in den 1990er Jahren den Versuch, die verschiedenen Konzepte und Auffassungen im Bereich der Involvement-Forschung zu systematisieren (z.b. Andrews et al. 1990; Muehling et al. 1993; Laaksonen 1994; Poiesz und de Bont 1995).

Sowohl Zaichkowsky als auch Laurent und Kapferer entwickelten 1985 zeitgleich ein Messinstrument zur Messung des Konstruktes Involvement (Laurent und Kapferer 1985; Zaichkowsky 1985). Zuvor war die Involvement-Forschung zumeist theoretisch orientiert (Kapferer und Laurent 1985, S. 48). Laurent und Kapferer brachten mit ihrem Messinstrument für ‚Involvement-Profile' federführend die Mehrdimensionalität des Konstruktes in die Diskussion ein. In den 1980er und 1990er Jahren erfolgten vor allem auf Basis der beiden oben genannten Instrumente Überprüfungen und Weiterentwicklungen von Involvement-Messverfahren, beispielsweise durch Higie und Feick (1989), Jain und Srinivasan (1990), McQuarrie und Munson (1987 und 1992), Mittal (1989), Mittal und Lee (1989) und Zaichkowsky (1994). Die grundlegenden Instrumente von Zaichkowsky sowie Laurent und Kapferer sind dennoch nicht überholt, sie dienen auch nach dem Jahrtausendwechsel noch als Grundlage für Involvement-Messungen in verschiedenen Forschungsbereichen des Kaufverhaltens; das Instrument von Laurent und Kapferer beispielsweise in Cochrane und Quester 2005; Havitz und Mannell 2005; Hynes und Lo 2006; Kim 2005; Paladino 2005; das Instrument von Zaichkowsky etwa in Aldlaigan und Buttle 2001 und Josiam et al. 2005.

3.1.2 Überblick über Auffassungen von Involvement

Das Konstrukt des Involvements wurde in verschiedenen Bereichen der Kaufverhaltensforschung eingesetzt, insbesondere in der Werbeforschung und bei Fragen des Informations- und Entscheidungsverhaltens. Dabei wurden oft unterschiedliche Auffassungen von Involvement vertreten, die auf divergierende Definitionen zurückzuführen sind. Verschiedene Autorinnen und Autoren haben daher Vorschläge zur Systematisierung der verschiedenen Auffassungen von Involvement in unterschiedlichen Forschungsströmungen vorgestellt.

Andrews et al. (1990, S. 30) ordneten die Involvement-Forschung in vier Gruppen von Auffassungen bzw. Konzepten. Involvement-Konzepte der Gruppen 'personal/situational involvement' und 'enduring/product involvement' beziehen sich auf die verschiedenen Ursachen von Involvement. Involvement wird dabei mehrheitlich anhand der jeweils als bedeutend angesehenen Verursachungsfaktoren definiert. In Involvement-Konzepten der Gruppen 'audience/process involvement' und 'attention/processing strategies' wird sich dem unterschiedlichen Ablauf mentaler Prozesse gewidmet. Letztere sind abhängig vom Involvement-Grad, etwa im 'Low Involvement-Modell' im Vergleich zum 'High Involvement-Modell'. Dieser Gruppe liegt insofern eine andere Auffassung von Involvement zugrunde, da einige Forscherinnen und Forscher Involvement *selbst* als einen Prozess definierten, während die meisten die ausgelösten Prozesse als eine *Folge* von Involvement begreifen.

Muehling et al. (1993, S. 41) unterschieden in ihrer Systematisierung drei Forschungsströmungen. In den diesen Forschungsströmungen zugrunde liegenden Auffassungen und Definitionen von Involvement wird Involvement als Persönlichkeitseigenschaft, als Zustand oder als Prozess angesehen, im Englischen bezeichnet als 'trait', 'state' und 'process'. Entsprechend dieser Bezeichnung wird im ersten Fall Involvement als eine dauerhafte, in der Person begründete Eigenschaft definiert, die auch schon vor dem Kontakt mit dem Objekt des Involvements existiert. Im zweiten Fall wird Involvement als ein eher kurzfristiger, in Interaktion mit dem Objekt hervorgerufener Zustand verstanden. Im letzteren Falle wird Involvement wiederum als Prozess angesehen.

Laaksonen (1994, S. 25 ff.) ermittelte im Rahmen einer umfassenden Analyse von Involvement-Definitionen drei sich unterscheidende Gruppen: 'cognitively-based definitions', 'individual-state definitions' und 'response-based definitions'. Hauptunterscheidungskriterium ist hierbei der Grad, in dem Definitionen auf verwandte Konstrukte zurückgreifen. Wie die Bezeichnungen bereits andeuten, werden unter der ersten Gruppe Definitionen mit Bezug auf kognitive Beziehungen zwischen Person und Objekt subsumiert. In der zweiten Gruppe sind, zusätzlich aufgespalten in Untergruppen, Definitionen enthalten, die den Zustand der Person als Unterscheidungskriterium heranziehen. Diese verweisen zumeist auf die Bedeutung des Konstruktes Motivation. Die letzte Gruppe definiert Involvement mit Hilfe seiner Auswirkungen.

Schulz (1997, S. 50 ff.) systematisierte Involvement-Auffassungen – zurückgehend auf eine Meta-Analyse von Costley (1988, S. 554 ff.) – anhand der Kriterien Inhalt, Objekt, Art und Intensität. Unter dem von Costley als am wichtigsten angesehenen Kriterium Inhalt werden prozess- bzw. ursachenbezogenen Auffassungen auch sogenannte 'Wirkungs-/Response-Ansätze' genannt. Durch sie wird Involvement in Bezug auf seine Reaktion bzw. Wirkung, etwa einer bestimmten Handlung, definiert. Unter dem Kriterium Art macht Schulz zudem darauf aufmerksam, dass es unterschiedliche Auffassungen darüber gibt, ob Involvement allein kognitiver Natur ist. Anfangs wurde zumeist dieser Standpunkt vertreten, eine auch affektive Seite von Involvement aufgrund von Emotionen und Motiven wurde erst später zunehmend gesehen (siehe auch Mittal 1989c, S. 171; Zaichkowsky 1994, S. 60).

3.1.3 Definition von Involvement

In den wiederholt aufgegriffenen Formulierungen von Antil bzw. Zaichkowsky[6] wird Involvement definiert als "level of perceived importance and/or interest evoked by a stimulus (or stimuli) within a specific situation" (Antil 1984, S. 204) bzw. "a person's perceived relevance of the object based on inherent needs, values, and interests" (Zaichkowsky 1985, S. 342). Diese Definitionen sind wohl auch unter anderem deswegen bis heute aktuell, da sie sich auf den kleinsten gemeinsamen Nenner oder ‚roten Faden' der Involvement-Forschung beschränken: der Feststellung, dass Involvement mit persönlicher Relevanz bzw. Wichtigkeit zusammenhängt (z.B. Antil 1984, S. 203; Donnerstag 1996, S. 47; Mittal 1989b, S. 148; Poiesz und de Bont 1995, S. 448).

Die Definition von Mitchell und die Definition von Kapferer und Laurent lauten "individual level, internal state variable that indicates the amount of arousal, interest or drive evoked by a particular stimulus or situation" (Mitchell 1979, S. 194) bzw. "arousal or motivational state, potentially triggered by one or more of the following antecedents: interest, perceived risk, perceived pleasure value, and perceived sign value" (Kapferer und Laurent 1985, S. 50). Beide Formulierungen geben besonders treffend die Involvement-Auffassung eines Zustandes und multidimensionalen Konstruktes wieder, der zunehmend gefolgt wird.

Kroeber-Riel und Weinberg definieren das Konstrukt in ihrem Lehrbuch als „die Ich-Beteiligung oder das Engagement, das mit einem Verhalten verbunden ist, zum Beispiel die innere Beteiligung, mit der jemand eine Kaufentscheidung fällt" (Kroeber-Riel und Weinberg 2003, S. 175). Diese Definition deutet die Wichtigkeit von persönlicher Relevanz bzw. Wichtigkeit für Involvement an. Zusätzlich wird hierin die Definition von Involvement an ein Verhalten geknüpft. Dies findet sich auch in der folgenden Definition von Trommsdorf: „Involvement ist der Aktivierungsgrad bzw. die Motivstärke zur objektgerichteten Informationssuche, -aufnahme -verarbeitung und -speicherung" (Trommsdorf 2004, S. 56). Trommsdorf stellt somit einen Zusammenhang von Involvement mit den Konstrukten Aktivierung und Motivation her, zusätzlich nennt er als resultierendes Verhalten explizit das Informationsverhalten.

Eine Verknüpfung an und Definition über eine bestimmte Auswirkung wird in der Involvement-Literatur konträr diskutiert. Es herrscht allgemein Konsens

---

6   Zaichkowsky wird beispielsweise im deutschsprachigen Standard-Lehrbuch Krober-Riel und Weinberg zitiert.

darüber, dass hohes Involvement häufig ein umfangreicheres und kognitiv geprägtes Informationsverhalten nach sich zieht (Trommsdorf 2004, S. 55; Kroeber-
Riel und Weinberg 2003, S. 345 ff.). Mittal indessen merkt an, dass dies nicht
per se der Fall ist. Bei Produkten, die wie beispielsweise Parfüm "expressive
goals" dienen, ist dies nicht gegeben (Mittal 1989c, S. 167). Kanther kritisiert an
der Definition von Trommsdorf eben diese Beschränkung von Involvement auf
das Auslösen von Informationsverhalten, da andere Verhaltensweisen ebenfalls
mit Involvement in Zusammenhang stehen (Kanther 2001, S. 33). Da die oft zur
Definition herangezogene persönliche Relevanz nicht zwangsläufig ein Verhalten auslöst, wird in der Literatur ebenfalls diskutiert, ob Involvement überhaupt
ein Verhalten zur Auswirkung haben muss. Poiesz und de Bont schränken ihre
Definition bewusst darauf ein, indem sie in ihrer Definition von Involvement
dem Aspekt der persönlichen Relevanz eines Zieles die "perceived ability and
perceived opportunity to achieve that goal" beifügen (Poiesz und de Bont 1995,
S. 450). Somit besteht ihrer Ansicht nach Involvement nur, wenn neben der Motivation, welche auf der persönlichen Relevanz begründet ist, auch die Möglichkeit zur Handlung gesehen wird.

Zusammenfassend betrachtet zeigen die genannten Beispiele von Definitionen,
dass die Formulierungen aus verschiedenen ‚Bausteinen' oder Bestandteilen bestehen. Jedoch beinhalten nicht alle Definitionsvorschläge jede der im Folgenden erläuterten Bestandteile. Als erster Bestandteil von Involvement-Definitionen sind die *Einflussfaktoren* bzw. Antezedenzen zu nennen. Zaichkowsky beispielsweise nennt als auslösende Gründe für persönliche Relevanz in der Definition "needs, values, and interests" (Zaichkowsky 1985, S. 342). Als zweiter Bestandteil von Involvement-Definitionen ist bei den meisten ein Bezug auf unterschiedliche *Objekte* festzustellen. Meistens ist das Objekt etwas Gegenständli-
ches, etwa ein Produkt. Costley stellt in ihrer Meta-Analyse jedoch auch fest:
"The object of involvement may be a product, an ad, or a situation" (Costley 1988,
S. 554). Als dritter Bestandteil der Involvement-Definitionen ist ein Bezug auf
Auswirkungen des Involvements in verschiedener Intensität und Art zu erkennen. Genannt wird dabei z.B. bei Trommsdorf Informationsverhalten (Trommsdorf 2004, S. 56). Schließlich treffen Definitionen eine Aussage darüber, woraus
das *Involvement* an sich besteht: welche Basiskonstrukte es umschreiben, ob es
sich um einen Prozess oder Zustand handelt und wie dieser charakterisiert ist, wie
beispielsweise in der Definition von Kroeber-Riel und Weinberg „die Ich-
Beteiligung oder das Engagement" (Kroeber-Riel und Weinberg 2003, S. 175)
oder in der Definition von Mitchell als "individual level, internal state variable"
(Mitchell 1979, S. 194).

Zusammenfassend lässt sich sagen, dass die Involvement-Definitionen zum einen
unterschiedlich umfassend sind und zum anderen in ihnen verschiedene Aspekte
von Involvement in jeweils stärkerem oder geringerem Maße betont werden. Bei
der Definition von Involvement herrscht nicht nur keine Einigkeit, einzelne Fragen

werden durch die Definitionen sogar widersprüchlich beantwortet, etwa ob Involvement zwangsläufig an eine Auswirkung auf das Verhalten geknüpft ist (diskutiert z.b. bei Poiesz und de Bont 1995, S. 450) oder mit Hilfe welcher Basiskonstrukte Involvement erklärbar ist. Auch wenn es keine einheitliche Definition von Involvement gibt, so hat dennoch eine Forschungsströmung mit den ihr zugehörigen Definitionsformulierungen breitere Anwendung und Akzeptanz gefunden als die anderen Forschungsströmungen im Involvement-Bereich, wie die verbreitete Präferenz für und Verwendung von dieser Auffassung auch in jüngeren Arbeiten zeigt (Kapferer und Laurent 1985, S. 49; Laaksonen 1994, S. 37; Schulz 1997, S. 119 ff.; Hupp 2000, S. 202; Kanther 2001, S. 30 f.; von Loewenfeld 2003, S. 7; Weyer 2005, S. 44). Diese Auffassung wird oft als Zustands- bzw. ‚(individual)-state‘-Konzeption von Involvement bezeichnet, da Involvement entsprechend als ein Zustand verstanden wird. In ihr wird die Bedeutung von Einflussfaktoren sowohl der Person als auch des Objektes oder der Situation anerkannt. Sie hat dadurch eine breitere Auffassung von Involvement zum Inhalt, die unterschiedliche Ausprägungen desselben Konstruktes erlaubt. Eine solche Zusammenführung verschiedener Konzeptionen unter eine allgemeinere Auffassung des Konstruktes formulieren etwa Poiesz und de Bont (1995, S. 450): "… personal involvement, object or issue involvement, and situational involvement are not different types of involvement; they merely refer to different aspects of the same phenomenon".

In dieser Arbeit wird dieser inzwischen verbreitet verwandten Auffassung von Involvement gefolgt. Verschiedene in der Literatur vorfindbare Definitionen werden somit nicht im Widerspruch gesehen, sondern ggf. als Arten desselben Konstruktes verstanden. Involvement ist in diesem Sinne multidimensional in Bezug auf die „Rahmenbedingungen, die für diese Stärke [des Involvements] verantwortlich sind" (Trommsdorf 2002, S. 56). Involvement kann auf unterschiedliche Objekte bezogen sein, unterschiedliche Einflussfaktoren und Auswirkungen haben und eine entsprechend unterschiedliche Dauerhaftigkeit zeigen. Diesen verschiedenen Kombinationen von Rahmenbedingungen ist die Tatsache der „innere[n] Beteiligung" der Person gemein (Kroeber-Riel und Weinberg 2003, S. 175), welche sowohl kognitiv als auch emotional ausgeprägt sein kann. Involvement ist daher nicht allein mit einem Basiskonstrukt oder einem Einflussfaktor erklärbar.

3.1.4 Abgrenzung zu anderen Konstrukten

Das Konstrukt des Involvements hängt mit anderen Konstrukten der Kaufverhaltensforschung eng zusammen. Um Involvement zu verstehen, muss der Begriff daher von den verwandten Konstrukten abgegrenzt werden. Für eine tiefer gehende Beschreibung der im Folgenden kurz erläuterten Begriffe sei auf die Basis-Literatur zum Kaufverhalten verwiesen (insbesondere Kroeber-Riel und Weinberg 2003; Trommsdorf 2004).

Aktiviertheit

Nach Trommsdorf geht das Konstrukt des Involvements auf das *„Basiskonstrukt Aktiviertheit"* zurück. Dies wird im Englischen als ‚arousal' bezeichnet. Trommsdorf definiert Aktiviertheit folgendermaßen (Trommsdorf 2004, S. 48):

> „Aktiviertheit ist die Intensität der physiologischen Erregung des Zentralnervensystems. [...] Das Konstrukt beinhaltet keinerlei Kognitionen. Es handelt sich dabei um einen physiologisch grundlegenden, im entwicklungsgeschichtlichen Sinn primitiven Zustand ..."

Kroeber-Riel und Weinberg bezeichnen die Aktiviertheit auch als „Grunddimension aller Antriebsprozesse" und als „‚Erregung' oder ‚innere Spannung'" (Kroeber-Riel und Weinberg 2003, S. 58). Aktiviertheit wird entweder durch externe Stimuli als physischer Reiz ausgelöst, etwa ein Geschmackserlebnis selbst, oder durch interne Stimuli, wie die Erinnerung an ein Geschmackserlebnis. Dieser Prozess läuft unbewusst ab. Er löst eine Leistungs- und Reaktionsbereitschaft des Organismus aus. Diese erhöhte Aktiviertheit kann tonisch, d.h. langsam, zumeist über den Tag variierend, oder phasisch sein, d.h. meist kurzfristig und in Reaktion auf einen Stimulus. Die Reaktion des Organismus ist beispielsweise Denken, Antworten oder Flüchten (Kroeber-Riel und Weinberg 2003, S. 58 ff.; Trommsdorf 2004, S. 48 ff.).

Mit der genannten Definition von Aktiviertheit wird bereits deutlich, inwiefern es sich von Involvement unterscheidet: Aktivierung ist die rein physiologische Grundlage und Vorbedingung des Involvements. Es bestimmt in der Folge „das Ausmaß der kognitiven Steuerung einer Entscheidung" mit (Kroeber-Riel und Weinberg 2003, S. 370). Erst durch Aktiviertheit wird Involvement möglich. Die Aktivierung allein erklärt jedoch meistens noch kein Verhalten von Konsumentinnen und Konsumenten. Sie hängt aber mit anderen für das Kaufverhalten wichtigen Vorgängen zusammen, etwa der Aufmerksamkeit.

Aufmerksamkeit

Aufmerksamkeit wird im Englischen als 'attention' bzw. 'attentiveness' bezeichnet. Kroeber-Riel und Weinberg definieren Aufmerksamkeit folgendermaßen (Kroeber-Riel und Weinberg 2003, S. 60): „Aufmerksamkeit ist ein Konstrukt, mit dem man die Bereitschaft des Individuums beschreibt, Reize aus seiner Umwelt aufzunehmen."

Das Konstrukt der Aufmerksamkeit erklärt sich mit Hilfe der Aktivierung. Durch phasische Erhöhung der Aktivierung ist der Organismus bestimmten, Aufmerksamkeit auslösenden Reizen gegenüber besonders sensibilisiert (Kroeber-Riel und Weinberg 2003, S. 61). Aufmerksamkeit fokussiert und selektiert unter der Vielzahl der Reize bzw. Stimuli und führt zur Beachtung nur der relevanten Reize. Aufmerksamkeit ist sowohl Zustand als auch Prozess und ist sowohl unbewusst als auch bewusst möglich. Ausgelöst wird Aufmerksamkeit durch Stimuli,

die physischen Mangel ansprechen, biologische Reflexe oder erlernte Gefühls-
reaktionen verursachen oder ungewöhnlich sind (Trommsdorf 2002, S. 52 f.).
Anders als Aktiviertheit, setzt Aufmerksamkeit auch gedankliche Leistung vor-
aus, etwa die Verknüpfung des Stimulus mit dem physischen Mangel. Es handelt sich gewissermaßen um eine vom Organismus ausgerichtete Aktivierung.

In diesem Sinne ist Aufmerksamkeit eine unbewusste Reaktion des Organismus
auf Stimuli, die sich auf vorwiegend physiologische Bedürfnisse beziehen oder
eine Reaktion auf biologische und erlernte bzw. ungewöhnliche Zusammenhänge. Daher ist auch von einer Mehrheit von Menschen eine ähnliche, oft sehr
kurzfristige Aufmerksamkeitsreaktion zu erwarten. Involvement bezieht sich
dagegen in der Regel auf individuelle und zumeist bewusste Bedürfnisse und
kognitiv hergestellte Zusammenhänge. Es kann sich bei Involvement im Gegensatz zur Aufmerksamkeit um einen dauerhaften Zustand handeln. Aktivierung
kann neben Aufmerksamkeit auch individuell unterschiedliche, komplexere und
stärker kognitive Vorgänge im Organismus auslösen, etwa durch Aktualisierung
eines Motivs (Trommsdorf 2002, S. 49).

Motivation

Trommsdorf definiert Motive als Grundlage von Motivation folgendermaßen
(Trommsdorf 2004, S. 118):

> „Motive sind zielgerichtete, gefühlsmäßig und kognitiv gesteuerte Antriebe
> des Kaufverhaltens. [...] Die Gefühlskomponente eines Motivs ist Grundla-
> ge eines (Handlungs-)Prozesses. Die Wissenskomponente ist Grundlage für
> die zielgerichtete Art der Handlung."

Mithilfe des Konstrukts des Motivs wird versucht zu erklären, warum ein Verhalten überhaupt und in bestimmter Weise ausgeführt wird. Es besteht aus einer kognitiven und einer emotionalen Komponente. Die emotionale Komponente wird
zumeist durch äußere Reize ausgelöst, z.B. Furcht aufgrund von Dunkelheit. Ihr
werden jedoch auch Triebe zugeteilt, welche durch innere Reize ausgelöst werden, z.B. Hunger aufgrund von Nahrungsmangel. Die kognitive Komponente gibt
die Richtung des Motivs vor: etwa das Motiv Licht anzuschalten oder Essen zu-
zubereiten (Kroeber-Riel und Weinberg 2003, S. 141). Stärker emotionale Motive
werden auch Affekte und stärker kognitive Motive auch Ziele genannt (Trommsdorf 2002, S. 37).

Motivation und das Konstrukt der Einstellung werden oft nicht klar voneinander getrennt. Eine Einstellung ist jedoch nach Kroeber-Riel und Weinberg „Motivation +
kognitive Gegenstandsbeurteilung" (Kroeber-Riel und Weinberg 2003, S. 169). Es
handelt sich bei einer Einstellung somit um ein Motiv in Zusammenhang mit einer
gespeicherten Kognition in Bezug auf das fragliche Objekt. Diese Kognition um-
schreibt die Eignung „zur Befriedigung einer Motivation" (Kroeber-Riel und
Weinberg 2003, S. 169).

Neben Aktivierung ist Motivation eine weitere Vorbedingung für Involvement. Involvement ist also die Folge der Anwesenheit von einem oder mehreren Motiven, die im Zusammenspiel mit dem Aktivierungsgrad, ausgelöst durch und gerichtet auf ein Objekt, Situation etc., aktualisiert werden. Involvement beschreibt eine Bereitschaft zu handeln. Im Gegensatz dazu kann der Grund für diese Bereitschaft unter anderem in Motiven zu finden sein. Die Handlung, für die beim Involvement eine erhöhte Bereitschaft besteht, ist auf die intensivere emotionale oder kognitive Beschäftigung mit dem Objekt oder der Situation – dem Stimulus – beschränkt, welche unter anderem aus einer verstärkten Informationsaufnahme und -verarbeitung bestehen kann.

3.1.5 Arten von Involvement

Im Sinne von Poiesz und de Bont (1995, S. 450) sowie der dieser Arbeit zugrunde liegenden Auffassung von Involvement werden die im Folgenden dargestellten Arten von Involvement als Unterarten ein und desselben Konstruktes aufgefasst und nicht etwa als verschiedene Konstrukte. Als multidimensionales Zustands-Konstrukt kann das Involvement aufgrund unterschiedlicher Verursachungsfaktoren, Stimuli, Auswirkungen und verschiedener Dauerhaftigkeit unterschiedliche Ausprägungen annehmen. Die wichtigsten Unterscheidungen sind

1. personen-, objekt- und situationsbezogenes Involvement,
2. dauerhaftes und situationales Involvement und
3. kognitives und affektives Involvement.

Zudem kann jede der Involvement-Arten von der Intensität her als hohes und niedriges Involvement auftreten. Die genannten Arten werden im Folgenden erläutert. Auch wenn die Extreme der Ausprägungen beschrieben werden, also eine hohe Intensität, muss angemerkt werden, dass sich die Intensität entlang eines Kontinuums zwischen hoch und niedrig bewegt (hierzu siehe z.B. Kapferer und Laurent 1985, S. 55; Antil 1984, S. 205).

Personen-, objekt- und situationsbezogenes Involvement

Personen-, objekt- und situationsbezogenes Involvement unterscheiden sich nach dem Grad des Einflusses der jeweiligen Bestimmungsgröße. Stark personenspezifisches Involvement ist beispielsweise bei ‚fanatischem‘ Kaufverhalten im Zusammenhang mit Hobbys und oder Identifikation stiftendem Konsumverhalten anzutreffen, etwa bei Personen, die Briefmarken sammeln, Fußballfans sind oder besonders gerne Tee trinken (Trommsdorf 2004, S. 60; Schulz 1997, S. 54 f.). Objekt- oder auch produktbezogenes Involvement ist im Marketing sehr wichtig, da es ein Unternehmen meistens besonders interessiert, wie es um das Involvement potentieller Konsumentinnen und Konsumenten ausgehend von einem bestimmten Produkt steht. Daher wurden Produkte und Produktkategorien oft nach der produktbezogenen Höhe des Involvements eingeteilt, etwa ‚Autos = hohes Involvement‘, ‚Lebensmittel = niedriges Involvement‘. Produkte, die zumeist mit nur geringem produktbezogenen Involvement in Verbindung zu bringen sind, haben nach Trommsdorf (Trommsdorf 2004, S. 59) einen entwickelten Lebenszyklus, sind durch wenig psychische Produktdifferenzierung und kaufentscheidende Merkmale gekennzeichnet und rufen wenig intensiv ausgeprägte Einstellungen und ein als gering empfundenes Kaufrisiko hervor. Das situationsbezogene Involvement entspricht dem situationalen Involvement und wird im nächsten Abschnitt erläutert.

Dauerhaftes und situationales Involvement

Die Unterscheidung von dauerhaftem und situationalem Involvement geht auf Houston und Rothschild zurück (1978, S. 184 ff.). In späteren Arbeiten haben sich u.a. Richins et al. (1992), Mittal und Lee (1989) und Higie und Feick (1989) mit dieser Differenzierung beschäftigt. Im Rückblick wird zudem die Involvement-Definition von Sherif, auf die der Begriff ‚Ego-Involvement‘ zurückgeht, als eine von dauerhaftem Involvement angesehen (Beatty et al. 1988, S. 150). Bei der Unterscheidung von dauerhaftem und situationalem Involvement wird davon ausgegangen, dass neben produkt- und personenbezogenen Faktoren auch Bestimmungsgrößen der Situation auf das Involvement wirken. Für dauerhaftes bzw. situationales Involvement werden also unterschiedliche Antezedenzen verantwortlich gemacht (z.B. Kapferer und Laurent 1985, S. 50; Mittal und Lee 1989, S. 363 ff.).

Higie und Feick (1989, S. 690) beschreiben dauerhaftes Involvement folgendermaßen: "… with enduring involvement, personal relevance occurs because the individual relates the product to his self image and attributes some hedonic qualities to the product." Dauerhaftes Involvement ist im Sinne dieser Definition (und der von Houston und Rothschild, siehe Houston und Rothschild 1978, S. 184) gleichzeitig auch personenbezogen, aber beschränkt auf diejenigen persönlichen Faktoren, die dauerhafter Natur sind und schon vor der Situation vorliegen. Arora (1982, S. 506) unterscheidet zwei Einflussfaktoren auf das dauerhafte Involvement gegenüber einem Objekt: die individuellen Erfahrungen zum einen und das individuelle Wertesystem zum anderen.

Situationales Involvement ist dagegen meist nur von kurzfristiger Dauer. Wie die Bezeichnung schon ausdrückt, hängt es mit (kauf)situationsbedingten Faktoren zusammen, es entsteht also durch die Situation. Zu diesen Faktoren zählen neben den z.T. mit der Person in Bezug stehenden Bestimmungsgrößen der Situation auch die Stimuli des Produktes selbst, des Mediums oder der Botschaft. Wichtig sind hierbei etwa die Nähe zur Kaufentscheidung, der Anlass bzw. die Verwendungssituation und sonstige Umweltsituationen wie z.B. Zeitdruck. Schulz nennt zurückgehend auf Belk (1974) fünf verschiedene Merkmalskategorien von Situationen: physische, soziale, zeitbezogene, Art der Aufgabe in der jeweiligen Situation und vorhergehende Zustände (Schulz 1997, S. 27; siehe auch Trommsdorf 2004,

S. 62 f.). Arora (1982, S. 506), zurückgehend auf Houston und Rothschild, unterscheidet auch hier wiederum zwei Gruppen von Einflussfaktoren auf das situationale Involvement in Bezug auf ein Objekt: Einflussfaktoren des Objektes selbst zum einen und Einflussfaktoren des Umfelds zum anderen.

Über das Verhältnis von dauerhaftem und situationalem Involvement zueinander gibt es unterschiedliche Annahmen. So kann beispielsweise zwischen einem rein additiven und einem interaktiven Zusammenhang unterschieden werden, im Englischen bezeichnet als ‚Additive Model‘ bzw. ‚Interactive Magnification Model‘. Während im ersteren die Involvement-Intensität aufgrund von dauerhaftem oder situationalem Involvement zur gesamten Involvement-Intensität addiert wird, geht man im interaktiven Modell davon aus, dass das dauerhafte Involvement entweder einen verstärkenden Effekt auf das situationale Involvement ausübt oder dass bei Vorliegen von dauerhaftem Involvement situationale Einflussfaktoren in geringerem Maße zusätzliches, situationales Involvement auslösen können (Letzteres auch bezeichnet als ‚Interactive Ceiling Model‘; siehe: Lee et al. 2005, S. 56; Richins et al. 1992, S. 145 ff.). Sowohl für den additiven (Richins et al. 1992, S. 143) als auch für den interaktiv verstärkenden Zusammenhang konnten empirische Hinweise gefunden werden (Lee et al. 2005, S. 51).

Auf ein Produkt bezogen kann dauerhaftes bzw. situationales Involvement auch als ‚Produkt(arten)-‘ bzw. ‚Kauf-Involvement‘ bezeichnet werden (Beatty et al. 1988, S. 150 ff.; Hagendorfer 1992, S. 87; Mittal und Lee 1989, S. 365). Situationales oder ‚Kauf-Involvement‘ ist durch Marketing eher beeinfluss- und veränderbar als beispielsweise das zentrale Wertesystem des Individuums als Einflussfaktor für dauerhaftes Involvement. Aus diesen beiden Gründen ist das Involvement in der Kaufsituation die aus Marketingsicht wichtigere Involvement-Art (Arora 1982, S. 514; Mittal 1989b, S. 147).

Kognitives und affektives Involvement

Personenbezogenes Involvement kann verschiedene Ursachen haben. Dazu gehören die Konstrukte bzw. Zustände, die intervenierende Variablen im Organismus sind. Die Zustände der Gefühle/Emotionen, Motive/Bedürfnisse, Einstellungen/Images, Werte/Normen und Lebensstile/Persönlichkeit, wie sie Trommsdorf (Trommsdorf 2004, S. 36) aufführt, sind von ihm nach der zunehmenden „kognitiven Anreicherung" geordnet. Alle haben somit mehr oder weniger kognitive bzw. affektive/emotionale Aspekte. Folglich ist Involvement, das u.a. auf sie zurückzuführen ist, mehr oder weniger kognitiv bzw. emotional. Beispielsweise kann eine Person ein bestimmtes Lebensmittel kaufen, weil sie *weiß,* dass es gesund ist, oder weil sie sich gut *fühlt,* weil sie annimmt, dass es gesund sei. Einige Autorinnen und Autoren betonen die Bedeutung affektiver Komponenten zusätzlich durch die Verwendung des Begriffs "felt involvement" (Poiesz und de Bont 1995, S. 449). Die Unterscheidung von kognitivem und affektivem Involvement ist für die Marketingpraxis wichtig. Mit Hilfe einer Einteilung in

‚Think'- und ‚Feel'-Produkte werden beispielsweise nach einem auf die Werbe-
agentur Foote, Cone und Belding zurückgehenden und auch in der Forschung
verwendeten Schema Produkte danach klassifiziert, welcher Art das ihnen entgegengebrachte Involvement in der Regel ist (Claeys et al. 1995, S. 193 ff.;
Zaichkowsky 1987, S. 32).

3.1.6 Einflussfaktoren auf Involvement

Die Einflussfaktoren bzw. Bestimmungsgrößen von Involvement haben zumeist in
den vorangegangenen Erläuterungen bereits Erwähnung gefunden. Sie sollen im
Folgenden anhand von grafischen Darstellungen aus verschiedenen Quellen noch
einmal im Überblick veranschaulicht werden. Für eine detaillierte Beschreibung
einzelner Einflussfaktoren sei auf die ausführliche Literatur verwiesen (Kroeber-
Riel und Weinberg 2003; Mittal und Lee 1989; Schulz 1997; Trommsdorf 2002).

Einen Überblick über die verschiedenen Einflussfaktoren, die auf Involvement
einwirken, gibt die Darstellung von Trommsdorf (siehe Abb. 3.1). Er folgt der
üblichen Dreiteilung nach Person, Objekt und Situation, spaltet das von ihm als
Stimulus bezeichnete Objekt jedoch in die Bestandteile Produkt, Medium und
Botschaft auf.

Abbildung 3.1: Involvement-Modell von Trommsdorf

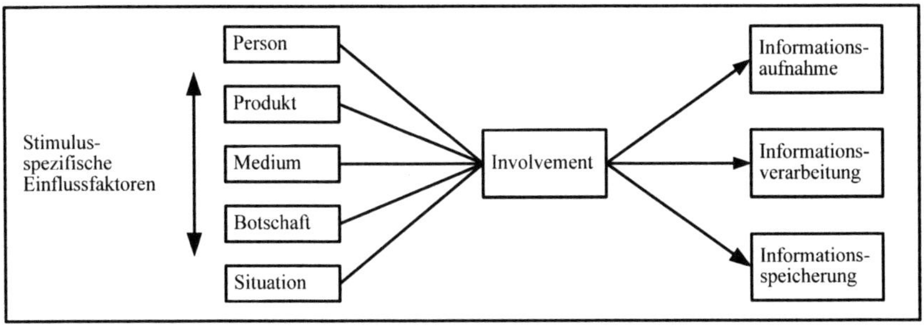

Quelle: Trommsdorf 2004, S. 58

Detaillierter ist hingegen das Involvement-Modell von Mühlbacher von 1988
(siehe Abb. 3.2). Ähnlich wie Trommsdorf unterscheidet Mühlbacher beim Stimulus des Objektes verschiedene Bestandteile desselben. Zusätzlich jedoch unter-
gliedert er die Situation in verschiedene externe und interne Stimuli und benennt
bei der Person explizit eine Reihe von persönlichen Prädispositionen, die vor allem
die individuell wahrgenommene Einschätzung des Objektes und der Situation be-
treffen. Das Involvement fächert er in verschiedene, für das Marketing relevante
Fälle von Involvement auf.

Abbildung 3.2: Involvement-Modell von Mühlbacher

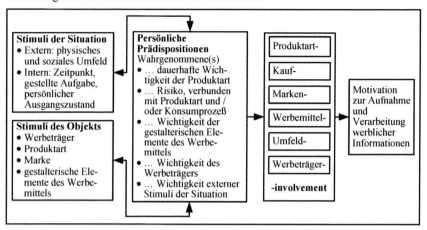

Quelle: Meffert 2000, S. 702

Schulz folgt einer Darstellung von Peter und Olsen von 1990 (siehe Abb. 3.3). Die Einflussfaktoren der Quellen Person, Objekt und Situation ordnet er zwei Gruppen von Faktoren zu: den intrinsischen und den situationalen Faktoren. Er macht dabei darauf aufmerksam, dass an das Objekt gebundene Einflüsse sowohl in der Situation selbst als auch über die Person und ihren Bezug zu dem Objekt auf Involvement wirken.

Abbildung 3.3: Empfundenes Involvement nach Peter und Olson

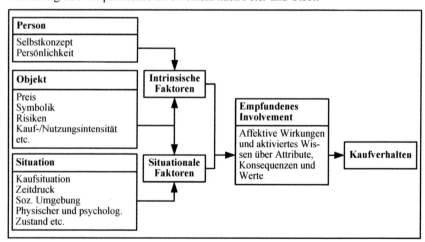

Quelle: Schulz 1997, S. 78

Auf die Unterscheidung von dauerhaften und situationsbedingten Einflussfaktoren gehen Mittal und Lee (1989) näher ein (siehe Abb. 3.4). Sie unterscheiden zwischen Einflussfaktoren auf das dauerhafte ‚Product Involvement' und das situationale ‚Brand-Decision Involvement', wobei Ersteres auch einen Einflussfaktor auf Letzteres darstellt.

Abbildung 3.4: Kausalmodell des Involvements von Mittal und Lee

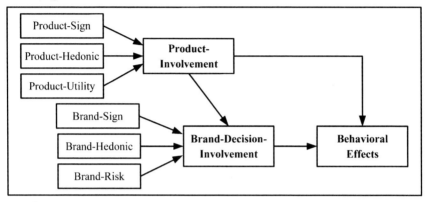

Quelle: Mittal und Lee 1989, S. 373

3.1.7 Involvement und das Stimulus-Organismus-Response-Modell

Das Stimulus-Organismus-Response-Modell (SOR-Modell) entstammt dem Neobehaviorismus und besagt, dass das beobachtbare Verhalten einer Person (Response = R) angesichts eines ebenfalls beobachtbaren Stimulus bzw. mehrerer Stimuli (Stimulus = S) durch nicht-beobachtbare, intervenierende Variablen bestimmt wird, die der Person oder ihrem individuellen Umfeld (Organismus = O) eigen sind. In Abgrenzung zum klassischen behavioristischen Stimulus-Response-Modell (SR-Modell), welches nur formale Zusammenhänge zwischen ‚Input' und ‚Output' abbildet und den Transformationsvorgang ausklammert, wird beim SOR-Modell versucht, gewissermaßen Licht in die sogenannte Black Box der psychischen Prozesse im Organismus der Person zu werfen. Während das SR-Modell somit nur Antworten darauf liefert, *ob* ein bestimmter Input einen bestimmten Output erzeugt oder nicht, kann das SOR-Modell erklären, *weshalb* dies geschieht oder nicht (Nieschlag et al. 2002, S. 589 und 623; Foscht und Swoboda 2005, S. 28 ff.). Durch die Ablösung des vorherrschenden SR-Modells durch das SOR-Modell wurden Wirkungszusammenhänge in der Kaufverhaltensforschung denkbar, die vorher nicht hätten erklärt werden können, da man keine Theorien über unterschiedliche Vorgänge mit unterschiedlicher Wirkung auf das Response-Verhalten einbezogen hatte (Nieschlag et al. 2002, S. 1169).

Involvement als Konstrukt ist per se nicht beobachtbar und somit Bestandteil von Theorien über die Vorgänge in der ‚Black Box'. Es wird daher den intervenierenden Variablen innerhalb des Organismus zugerechnet und in Darstellungen des SOR-Modells integriert (siehe Abb. 3.5). Auch in der spezifischen Involvement-Literatur wird auf die Einordnung des Involvements in das SOR-Modell eingegangen. Houston und Rothschild etwa vertreten die Auffassung, dass es drei Arten von Involvement gäbe: situationales, dauerhaftes und sogenanntes ‚Response-Involvement'. Diese drei Arten werden – in derselben Reihenfolge – mit dem Stimulus, dem Organismus und der Reaktion im SOR-Modell in Zusammenhang gebracht (Arora 1982, S. 505 f.; Aldlaigan und Buttle 2001, S. 232). Auch durch weitere Autorinnen und Autoren wurde die Vereinbarkeit von SOR-Modell und Involvement-Konstrukt betont (Hupp 2000, S. 200; Kanther 2001, S. 24; Laaksonen 1994, S. 80).

Abbildung 3.5: Neobehavioristisches SOR-Modell

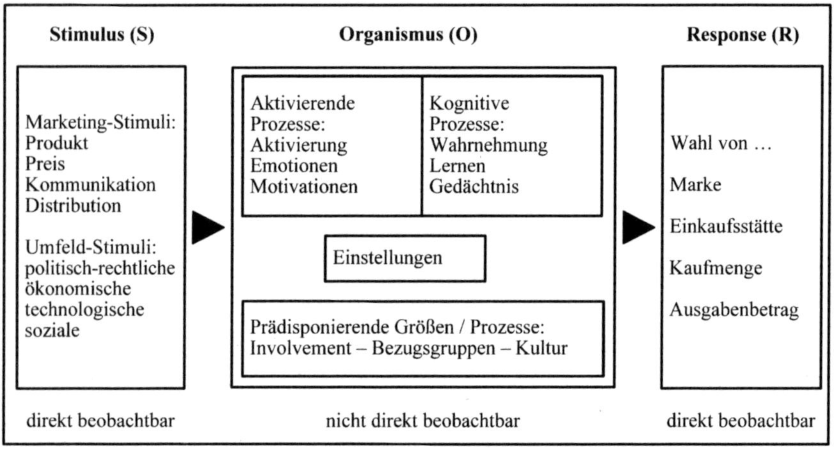

Stimulus (S)	Organismus (O)		Response (R)
Marketing-Stimuli: Produkt Preis Kommunikation Distribution	Aktivierende Prozesse: Aktivierung Emotionen Motivationen	Kognitive Prozesse: Wahrnehmung Lernen Gedächtnis	Wahl von … Marke Einkaufsstätte
Umfeld-Stimuli: politisch-rechtliche ökonomische technologische soziale	Einstellungen		Kaufmenge Ausgabenbetrag
	Prädisponierende Größen / Prozesse: Involvement – Bezugsgruppen – Kultur		
direkt beobachtbar	nicht direkt beobachtbar		direkt beobachtbar

Quelle: In Anlehnung an Foscht und Swoboda 2005, S. 30

Es kann also festgestellt werden, dass bei der Involvement-Forschung von einem SOR-Modell des Kaufverhaltens ausgegangen wird. Das SOR-Modell ist die Basis-Annahme, auf der die Entwicklung des Konstruktes beruht. Die im vorangegangenen Kapitel genannten Einflussfaktoren auf Involvement sind dabei entweder an Stimuli gebunden, beispielsweise der Preis eines Produktes oder der Zeitdruck einer Kaufsituation, oder allein dem Objekt inne, etwa die Einstellung einer Person. Involvement ist ein Zustand des Objektes und wirkt sich in Wechselwirkung mit anderen intervenierenden Variablen auf das Response-Verhalten aus. Das Response-Verhalten selbst ist nach dieser Auffassung nicht Teil des Involvements. Hierüber besteht in der Literatur jedoch z.T. keine Einigkeit (Antil 1984, S. 205; Poiesz und de Bont 1995, S. 448; Andrews et al. 1990, S. 28).

3.2 Auswirkungen von Involvement auf das Kaufverhalten

3.2.1 Auswirkungen der Intensität von Involvement

Mit Hilfe des Involvement-Konstrukts werden bestimmte Verhaltensweisen von Konsumentinnen und Konsumenten erklärt. Somit werden dem Involvement bestimmte Auswirkungen auf diese Verhaltensweisen zugeschrieben. Die wichtigsten Auswirkungen beruhen auf der unterschiedlichen Intensität zwischen den Extremen des hohen und niedrigen Involvements, also dem Ausmaß des Involvements (z.B. Schulz 1997, S. 57). Diese Intensität kann für alle bereits genannten Arten des Involvements angegeben werden. Die Auswirkungen von hohem und niedrigem Involvement, als Extreme an beiden Enden eines Kontinuums verstanden, unterscheiden sich grundlegend. Ein wichtiger Unterschied ist in dem unterschiedlich hohen Aufwand zu sehen, den eine Person in Bezug auf das fragliche Objekt oder die Situation ‚betreibt'.

Dieser höhere Aufwand bei hohem Involvement kann zum einen aus mehr und intensiveren gedanklichen Vorgängen bestehen, die sich auch u.a. in einer Thematisierung in Gesprächen ausdrücken können (z.B. Mittal und Lee 1989, S. 363), zum anderen aus aufwendigerem Informationsverhalten in Form von umfangreicher, aktiver Suche von und Auseinandersetzung mit Informationen. Im Sonderfall eines emotional geprägten Involvements kann der hohe Aufwand auch aus einer rein emotionalen Beschäftigung mit dem Objekt oder der Situation bestehen.

In Kaufsituationen hat die hoch involvierte Person meistens eine individuelle Vorstellung von der zu treffenden Kaufentscheidung. Dies bedeutet, dass sie z.B. ausgeprägte Einstellungen hat, aus Überzeugung eine Marke wählt bzw. sich markentreu verhält und für sie nur eine geringe Anzahl von Produktalternativen in Frage kommt. In einer Situation hohen Involvements bekommt das Ziel, eine gute Entscheidung zu treffen, deutlich mehr Gewicht als das Ziel, dies unter möglichst wenig Aufwand zu tun. In jeder Hinsicht informieren sich hoch involvierte Personen entsprechend umfassend und zumeist rational und optimieren ihre Kaufentscheidung auf Basis dieser ausführlichen Informationssuche. Letzteres entspricht dem Idealbild des Homo Oeconomicus (Trommsdorf 2004, S. 56).

Die Involvement-Forschung hat einen Einfluss – im Englischen oft als "mediating effect" bezeichnet (z.B. Mittal und Lee 1989, S. 363) – von Involvement auf eine Reihe von Verhaltensweisen festgestellt; hierzu gehören u.a. (zusammenfassend z.B. Beatty et al. 1988, S. 162; Mittal und Lee 1989, S. 363; Juhl und Poulsen 2000, S. 261; Bell und Marshall 2003, S. 235):

–   Medienwirkung,
–   Interesse an und Verarbeitung von Werbung,
–   Reaktion auf Beeinflussung bzw. Beeinflussungsabwehr,
–   Ausmaß und Komplexität des Entscheidungsprozesses,

- Freude am Einkaufen,
- Kaufentscheidung,
- Bewertung der Entscheidung,
- Markentreue,
- Nutzungshäufigkeit und
- weiterführendes objektbezogenes Verhalten (z.b. soziale Observationen in Bezug auf und Kommunikation über das Objekt und Innovationsdiffusion).

In der Realität des Kaufverhaltens ist festzustellen, dass Konsumentinnen und Konsumenten von dem Ziel einer optimalen Entscheidung zu Gunsten eines geringeren Aufwands für diese Entscheidung abrücken. Dadurch entsteht ein Kaufverhalten, welches im Extrem als gering involviertes Kaufverhalten beschrieben wird. Hierbei nimmt die Person im Vorfeld der Entscheidung nur passiv Informationen auf oder beachtet nur wenige Produktmerkmale, sie betreibt einen sehr geringen oder gar keinen kognitiven Aufwand und zeigt geringe oder keine emotionale Beschäftigung mit dem Objekt oder der Situation. Damit einher geht, dass sie meistens von geringen Vorstellungen über die Kaufentscheidung geprägt ist, also etwa keine starken Einstellungen zeigt, Marken nur aus Gewohnheit und nicht aus Überzeugung wiederholt kauft und der Person die möglichen Produktalternativen relativ homogen und dadurch gleich akzeptabel erscheinen.

Trommsdorf stellt die genannten Auswirkungen der beiden Extreme, hohes Involvement versus niedriges Involvement, als Charakteristiken dieser Kaufverhaltenssituationen wie in Abbildung 3.6 dargestellt zusammenfassend gegenüber (Trommsdorf 2004, S. 56; siehe Abb. 3.6).

Mit den Extremen des hohen bzw. niedrigen Involvements geht also der Theorie nach zumeist ein sehr unterschiedliches Informations- bzw. Entscheidungsverhalten einher. Dies wird in der Psychologie auch mit „Verarbeitungstiefe" bezeichnet (Kroeber-Riel und Weinberg 2003, S. 345). Die betreffende Person verarbeitet externe sowie interne Informationen in unterschiedlicher Weise. Hieraus resultiert ein unterschiedliches Lernen, welches letztlich Auswirkungen auf die Kaufentscheidung haben kann. Verschiedene Modelle der Werbewirkungsforschung beschäftigen sich mit diesem Thema. Im Folgenden sei beispielhaft ein bekanntes und verbreitetes Modell beschrieben, welches die Möglichkeiten von hohem und niedrigem Involvement integriert: das Elaboration Likelihood Model (ELM), welches auf Petty und Cacioppo zurückgeht. Für eine eingehende Darstellung von Werbewirkungsforschung sowie der grundlegenderen Lerntheorien sei auf die entsprechenden Lehrbücher oder die Spezialliteratur verwiesen (z.B. Vakratsas und Ambler 1999; Kroeber-Riel und Weinberg 2003).

Abbildung 3.6: Auswirkungen unterschiedlicher Involvement-Niveaus

High Involvement-Charakteristik	Low Involvement-Charakteristik
Aktive Informationssuche	Passive Informationsaufnahme
Aktive Auseinandersetzung	Passierenlassen
Hohe Verarbeitungstiefe	Geringe Verarbeitungstiefe
Geringe Persuasion („souveräner Konsument")	Hohe Persuasion („geheime Verführung")
Vergleichende Bewertung vor dem Kauf	Bewertung allenfalls nach dem Kauf
Viele Merkmale beachtet	Wenige Merkmale beachtet
Wenige akzeptable Alternativen	Viele akzeptable Alternativen
Viel sozialer Einfluss	Wenig sozialer Einfluss
Ziel „Optimierung"	Ziel „keine Probleme"
Markentreue durch Überzeugung	Markentreue durch Gewohnheit
Stark verankerte, intensive Einstellung	Gering verankerte, flache Einstellung
Hohe Gedächtnisleistung	Geringe Gedächtnisleistung

Quelle: Trommsdorf 2004, S. 56

Grundannahme des ELM ist, dass zwei ‚Routen' der Informationsverarbeitung möglich sind. Bei der ‚zentralen Route' werden Informationen bewusst, kognitiv und sorgfältig verarbeitet. Aus der Informationsverarbeitung und dem Lernvorgang ergibt sich eine Einstellung bzw. möglicherweise eine Einstellungsänderung gegenüber dem Objekt. Die sorgfältige Informationsverarbeitung ermöglicht es, dass die Person im Falle einer positiven Beurteilung von Argumenten der Information zu einer dauerhafteren ‚Überzeugung' in Bezug auf das Produkt gelangt (auch als „Persuasion" bezeichnet, Trommsdorf 2004, S. 56). Bei der ‚peripheren Route' findet dagegen eine geringe Verarbeitungsintensität statt. Denkprozesse sind nicht bewusst, sondern werden stärker von unbewussten Assoziationen und Emotionen bestimmt als von Kognitionen. Die Einstellung oder Einstellungsänderung gegenüber dem Objekt findet auf anderem Wege statt und ist nach Petty und Cacioppo weniger dauerhaft (von Loewenfeld 2003, S. 14 ff.; Muehling et al. 1993, S. 24).

Die beiden Routen unterscheiden sich somit dadurch, wie hoch die ‚Elaboration Likelihood' ist, also die Wahrscheinlichkeit einer sorgfältigen Informationsverarbeitung. Welche Route gewählt wird, ist dem Modell zufolge abhängig von den Faktoren der Fähigkeit und der Motivation zur Verarbeitung. Liegt beides vor, wird die Situation auch mit einer Situation hohen Involvements gleich gesetzt. Ist einer der beiden Faktoren nicht gegeben, so wird die Situation als eine Situation niedrigen Involvements angesehen (von Loewenfeld 2003, S. 14 ff.; Muehling et al. 1993, S. 24).

Im Zusammenhang mit der Auswirkung von hohem und niedrigem Involvement ist auch das Reaktanzverhalten von Bedeutung. Die Reaktanztheorie geht auf Forschungen von Brehm in den 1960er Jahren zurück (Brehm 1989, S. 72; Kroeber-Riel und Weinberg 2003, S. 207; Trommsdorf 2004, S. 295). Brehms Grundannahme ist, dass "people become motivationally aroused by a threat to or elemination of a behavioral freedom" (Brehm 1989, S. 72). Die Bedrohung wird ausgelöst durch eine Einschränkung der Verhaltensfreiheit (Kroeber-Riel und Weinberg 2003, S. 207). Die Verhaltensreaktion ist in diesem Falle einer Wiederherstellung der Freiheit oder die erhöhte Attraktivität der Freiheit bzw. der verlorenen Auswahloption. Der Theorie unterliegt die Vermutung, dass eine unglaubwürdige Information als Beeinflussungsversuch interpretiert wird und zu „Beharren auf dem zu verändernden Standpunkt" führt (Trommsdorf 2004, S. 295), in diesem Falle dem Nicht-Kauf des Produktes. Als Voraussetzung von Reaktanz wird eine empfundene Wichtigkeit des Themas angesehen (Brehm 1989, S. 72), hiermit verbunden ist zumeist ein hohes Involvement der betreffenden Person (Kroeber-Riel und Weinberg 2003, S. 207; Trommsdorf 2004, S. 295).

3.2.2 Auswirkungen von Intensität und Art des Involvements

Neben der Intensität des Involvements zwischen den Extremen hoch bzw. niedrig ist jedoch auch die Art des Involvements wichtig für das Kaufverhalten. Insbesondere die Frage, ob das Involvement der Person kognitiv und/oder affektiv bzw. emotional ausgeprägt ist, wird als bedeutend erachtet. Aus dem Zusammenspiel der Intensität dieser beiden Involvement-Arten wird von Kroeber-Riel und Weinberg (Kroeber-Riel und Weinberg 2003, S. 373) eine Typologie des Entscheidungsverhaltens abgeleitet, die extensive, limitierte, impulsive und habitualisierte Entscheidungen anhand der Intensität dieser beiden Involvement-Arten differenziert (siehe Abb. 3.7). Auch wenn u.a. Schulz (Schulz 1997, S. 86 f.) Kritik an der Praktikabilität dieser Systematisierung geäußert hat und eine zu große Verallgemeinerung von Zusammenhängen zwischen Produkt, Involvement und Kaufentscheidungsverhalten auch in dieser Arbeit kritisch gesehen wird, dient die Typologie an dieser Stelle dennoch dazu zu verdeutlichen, inwiefern bei unterschiedlichen Involvement-Arten unterschiedliche Auswirkungen denkbar sind.

Abbildung 3.7: Involvement und Entscheidungsverhalten

Involvement:		Entscheidungsmerkmale
kognitiv	emotional	
stärker	stark	extensiv
stark	schwach	limitiert
schwach	stark	impulsiv
schwach	schwach	habitualisiert

Quelle: Kroeber-Riel und Weinberg 2003, S. 373

Extensives Kaufentscheidungsverhalten

Ist das Involvement einer Person sowohl kognitiv als auch emotional geprägt, so wird ein extensives Kaufentscheidungsverhalten erwartet. Es ist geprägt von einem aufwendigen und aktiven Informationsverhalten und einer hohen kognitiven Steuerung des Entscheidungsprozesses, welcher dementsprechend relativ lange dauert (Kroeber-Riel und Weinberg 2003, S. 382 ff.). Die Entscheidung ist der betreffenden Person sowohl kognitiv als auch emotional so wichtig, dass sie gewissermaßen ,weder Kosten noch Mühen scheut', um zu einer optimalen Entscheidung zu gelangen. Dieses Verhalten ist vergleichbar mit dem, welches bei der zentralen Route des ELM erwartet wird.

Limitiertes Kaufentscheidungsverhalten

Ist das Involvement zwar stark kognitiv, jedoch nur gering emotional geprägt, so wird in der Typologie von Kroeber-Riel und Weinberg ein limitiertes Entscheidungsverhalten erwartet. Dies unterscheidet sich vom extensiven Entscheidungsverhalten dadurch, dass vermehrt interne Informationen im Rahmen der Informationsverarbeitung abgerufen und unter den externen Informationen bevorzugt ,Schlüsselinformationen' (information chunks) ausgewählt werden. Dies sind solche Informationen, die „für die Produktbeurteilung besonders wichtig sind und mehrere andere Informationen substituieren oder bündeln" (Kroeber-Riel und Weinberg 2003, S. 284; siehe auch Trommsdorf 2004, S. 91). Dies entlastet von der aufwendigen, umfassenden Informationssuche und vereinfacht die Kaufentscheidung (Kroeber-Riel und Weinberg 2003, S. 384 ff.). Eine solche ,Aufwandsersparnis' erscheint der betreffenden Person in Anbetracht ihres geringeren emotionalen Involvements als effizienter, ohne dass die Entscheidung weniger wichtig wäre.

Die Bedeutung von Schlüsselinformationen wurde auch in der Involvement-Literatur diskutiert. Knox et al. (1994) vertreten bezüglich des Verhältnisses zwischen Schlüsselinformationen und Involvement den Standpunkt, dass Schlüsselinformationen, etwa in Form einer Produktmarke, auch bei hohem dauerhaftem Involvement zu einem geringen situationalem Involvement führen können: "It is quite possible that low situational involvement (in terms of cognitive effort) masks a good deal of enduring involvement" (Knox et al. 1994, S. 142). Demnach ist aufgrund des hohen dauerhaften Involvements die Motivation zur Informationssuche zwar möglicherweise vorhanden, dies drückt sich jedoch nicht in einer umfassenden Informationssuche aus, da die Informationen gebündelt vorliegen und diese erübrigen.

Impulsives Kaufentscheidungsverhalten

Ist das Involvement wiederum zwar nicht kognitiv geprägt, dafür aber von emotionaler Art, so sehen Kroeber-Riel und Weinberg den Fall einer impulsiven

Kaufentscheidung gegeben. Auf den Fall eines emotional geprägten Involvements ist auch Mittal (1989) in einem Artikel unter der Frage "must consumer involvement always imply more information search?" eingegangen (Mittal 1989c, S. 167 ff.). Unter impulsivem Entscheidungsverhalten wird eine ungeplante, „weitgehend automatische" Entscheidung „ohne weiteres Nachdenken" aufgrund von Emotionen und persönlichen Vorlieben verstanden (Kroeber-Riel und Weinberg 2003, S. 409). Sie ist reizgesteuert bzw. reaktiv, spontan ausgelöst durch einen Stimulus bzw. mehrere Stimuli in der Entscheidungssituation (Kroeber-Riel und Weinberg 2003, S. 409 ff.). Der Reiz ist also geeignet, ein starkes emotionales Involvement auszulösen, ohne dass, wie meist angenommen wird, tiefer gehende kognitive Prozesse sowie umfassenderes Informationsverhalten erfolgen. Da der Reiz in der Kaufsituation erfolgt, handelt es sich – neben emotionalem Involvement – gleichzeitig auch um situationales Involvement.

Habitualisiertes Kaufentscheidungsverhalten

Ist das Involvement einer Person in einer Entscheidungssituation weder besonders kognitiv noch besonders emotional ausgeprägt, somit also gering, so kann nach der Typologie eine habitualisierte Entscheidungssituation vorliegen. Im Gegensatz zu limitierten Entscheidungen sind diese noch weiter vereinfacht und können auch reaktiv in Bezug auf einen Stimulus ablaufen. Eine habitualisierte Entscheidung wird auch als „routinemäßiges Verhalten" unter Umsetzung „vorgefertigter Entscheidungen" bezeichnet, welches meistens für Wiederholungskäufe eingesetzt wird (Kroeber-Riel und Weinberg 2003, S. 400 ff.). Dieses Verhalten ist vergleichbar mit dem, welches bei der peripheren Route des ELM erwartet wird.

3.2.3 Involvement beim Kauf von Lebensmitteln

Auch wenn Involvement von individuellen Einflussfaktoren mit bestimmt ist, kann aufgrund einer relativen Ähnlichkeit der individuellen Auswirkung einzelner Einflussfaktoren mitunter eine verallgemeinerte Aussage über die Intensität und die Art des Involvements in Bezug auf bestimmte Produkte getroffen werden (Broderick et al. 2006, S. 537). So bedeutet der Kauf eines Autos für einen Großteil der Bevölkerung u.a. ein großes finanzielles Risiko, sollte sich der Kauf als Fehlkauf erweisen, sodass ein Autokauf zumeist unter hohem Involvement geschieht. Dies wird auch durch verschiedene Studien bestätigt. Autos sind daher ein beliebtes Beispiel für hohes Involvement (z.B. Richins et al. 1992, S. 148; Ruetsch 2006, S. 209; Zaichkowsky 1985, S. 351). Demgegenüber haben Untersuchungen bei Lebensmitteln im Allgemeinen ein – verglichen mit anderen Produkten – geringes Involvement zum Ergebnis gehabt (z.B. Jain und Srinivasan 1990, S. 601; Laurent und Kapferer 1985, S. 46 ff.; McQuarrie und Munson 1992, S. 112; Zaichkowsky 1985, S. 351; Zaichkowsky 1987, S. 32). Die von Trommsdorf aufgeführten vornehmlichen Eigenschaften von Produkten, bei denen Konsumentinnen und Konsumenten in der Kaufsituation gering involviert sind, gelten im Allgemeinen insbesondere für Lebensmittel (Trommsdorf 2004, S. 56). Lebensmittel sind daher auch ein typisches Beispiel für habitualisiertes und auch impulsives (Beharrell und Denison 1995, S. 24), selten aber limitiertes, geschweige denn extensives Entscheidungsverhalten, und folglich werden Lebensmittel in einer Reihe von Arbeiten als Low Involvement-Produkte bezeichnet (etwa Rapsöl bei Bech-Larsen und Nielsen 1999; Kaffee bei Ruetsch 2006, S. 209 und S. 315).

Diese Verknüpfung von Lebensmitteln mit geringem Involvement trifft zwar in der groben Verallgemeinerung zu. Bei näherer Betrachtung von Zusammenhängen ist sie jedoch weder für die Forschung noch für das Marketing hilfreich. Aufgrund verschiedenster Kombinationen von Einflussfaktoren und infolgedessen unterschiedlicher Ausprägung der Involvement-Arten ist davon auszugehen, dass das Involvement für ein Lebensmittel je nach Person, Situation oder Objekt im Einzelnen sehr unterschiedlich intensiv ist oder von unterschiedlicher Art sein kann. Vor allem in den letzten Jahren hat die Zahl der Studien, in denen Involvement als ein Einflussfaktor auf das Konsumverhalten bei Lebensmitteln untersucht wird, stark zugenommen: Dies belegt, dass sich Forscherinnen und Forscher in diesem Spezialbereich der Konsumentenverhaltensforschung über die Bedeutung von Involvement relativ einig sind, sei es nun allgemeines Food Involvement (Anwendungen etwa durch Chen 2007; Eertmans et al. 2005; Verbeke et al. 2007) oder Involvement gegenüber einzelnen Lebensmittelkategorien (beispielsweise Würstchen, Schokoladen-Riegel, Margarine und Joghurt: Kähkönen und Tuorila 1999; Wein: Hollebeek et al. 2007 und Lockshin et al. 2006; Schweinefleisch: Westerlund Lind 2007).

Dass die pauschale Gleichsetzung von Lebensmitteln mit niedrigem Involvement nicht zulässig ist, zeigen bereits die Ergebnisse der frühen Studien zu Involvement. Obwohl beispielsweise das Involvement für Instant-Kaffee sich in den Ergebnissen von Zaichkowsky (1985) als relativ am niedrigsten unter allen 13 Produktbeispielen herausstellte, hatte Rotwein ein im Vergleich dazu höheres Involvement (Zaichkowsky 1985, S. 351). Ein Grund hierfür könnte in den Einflussfaktoren auf das situationale Involvement liegen. Bei McQuarrie und Munson (1992) beispielsweise ergibt sich für Rotwein ein deutlich höheres Involvement, wenn die Verwendungssituation "dinner party" lautet, als wenn es sich nur um einen Wein für "everyday" handeln soll (McQuarrie und Munson 1992, S. 112). Der zugrunde liegende Unterschied wird von Arora (1982, S. 515), zurückgehend auf Hupfer und Gardner, treffend formuliert: "issues are more involving than products".

Laurent und Kapferer sowie Jain und Srinivasan, Letztere unter Verwendung des von Ersteren entwickelten Messinstrumentes, zeigen, wie sich das Involvement in Bezug auf ein Produkt in unterschiedlichen, sogenannten Dimensionen unterscheidet (Jain und Srinivasan 1990, S. 601; Laurent und Kapferer 1985, S. 46 ff.). Diese Dimensionen gehen auf unterschiedliche Einflussfaktoren auf das Involvement zurück. Während beispielsweise Champagner im Vergleich der untersuchten Produkte eine relativ hohe Symbolbedeutung und Risikowahrscheinlichkeit hat (bezeichnet als "sign" bzw. "risk probability", Laurent und Kapferer 1985, S. 46, 49), wird bei Schokolade insbesondere die Bedeutung der Dimension Freude deutlich (bezeichnet als "pleasure", Jain und Srinivasan 1990, S. 601; Laurent und Kapferer 1985, S. 47). Dass auch bei Lebensmitteln je nach Person, Produkt und Situation ein unterschiedlich geartetes Involvement empfunden wird und daher keine Pauschalisierung des Kaufverhaltens nach Produktart zulässig ist, zeigt Schulz zudem anhand von Rindfleisch in Zusammenhang mit der Diskussion um die Tierkrankheit BSE (Bovine spongiforme Enzephalopathie). Neben den Dimensionen Freude und Wichtigkeit erweist sich die Risikobedeutung als eine wichtige Dimension des Involvements in Bezug auf dieses Produkt (im Englischen entsprechend den Dimensionen "pleasure", "interest" und "risk importance", Schulz 1997, S. 200, 237).

Antil macht darauf aufmerksam, dass alltägliche, preislich unbedeutende Produkte, deren Kauf oft unter geringem Involvement stattfindet, nicht unbedingt keinerlei Wichtigkeit für Konsumentinnen und Konsumenten haben müssen und unter Umständen rasch zu Produkten mit hohem Involvement werden können. Er erläutert dies an einem Beispiel (Antil 1984, S. 207):

> "However, even for a product such as toilet paper, it is a 'low' involvement purchase only because of high confidence in expected benefits from the brand purchased, *not* because the consumer does not care about produce performance. Even without a research project, one has to agree that most consumers are very concerned about the performance of toilet paper (not to be like pages of the Sears catalog, not to be tiny separate sheets, must be absorbant, must be soft, etc.). If the expected benefits are not realized, the 'low' involvement product will become a 'high' involvement product since dissatisfaction is likely to lead to heightened interest in brand alternatives that will provide the expected benefits."

Antils Beispiel lässt sich relativ leicht auf Lebensmittel übertragen. Angesichts von sogenannten Lebensmittelskandalen empfinden es Konsumentinnen und Konsumenten bei diesem Produkt vielleicht sogar als wahrscheinlicher, dass die Erwartung einer gleichbleibenden Sicherheit des Produktes nicht erfüllt wird.

Zudem sind die Folgen einer mangelnden Funktionserfüllung eines Lebensmittels von hohem (z.B. akute Lebensmittelvergiftungen) und langfristigem (z.B. Übergewicht, erhöhtes Herzinfarktrisiko, erbgutschädigende Wirkung etc.) Risiko. Neben dem Risiko ist ein anderer Aspekt bei Lebensmitteln von Bedeutung: dass sie als Nahrung unverzichtbar sind. Die z.T. verwendete Involvement-Dimension des Produktnutzens ist daher unbestreitbar hoch, auch wenn dies in den entwickelten Ländern angesichts der guten Verfügbarkeit von Lebensmitteln beim Kauf wenig zur Geltung kommt.

Mittal stellt zudem bezüglich des Zusammenhanges zwischen Involvement und Ausmaß des Entscheidungsprozesses fest: "… a routine decision process does not necessarily make it a low-involvement purchase" (Mittal 1989b, S. 151). Eine häufig erfolgte Gleichsetzung von Ausmaß des Entscheidungsprozesses und Intensität des Involvements wird neben Mittal auch von Knox et al. (1994, S. 142) und Beharrel und Denison (1995, S. 24 ff.) in Frage gestellt; Letztere stützen ihre Aussage dabei auf eine eigene Erhebung. In dieser wird gezeigt, dass das Involvement-Niveau für Lebensmittel trotz des habitualisierten Einkaufsverhaltens relativ hoch ist und sich insbesondere in einer starken Markentreue äußert. Das Vorhandensein von Marken, die sich als Schlüsselinformationen eignen, reduziert zwar das Risiko in der Kaufsituation und somit einen Einflussfaktor auf Involvement, aber nicht das Involvement insgesamt. Gemäß der beschriebenen Argumentation ist es somit vorstellbar, dass auch bei routiniert gekauften Lebensmitteln (z.B. Weyer 2005, S. 57) mit einer hohen Bedeutung von Marken Involvement eine Rolle spielt oder spielen kann, auch wenn sich dies nicht zwangsläufig in der Länge des Entscheidungsprozesses zeigt.

Ansonsten kann als Low Involvement-Produkte beschriebenen Produktgruppen oft auch aus einem weiteren Grund durchaus Involvement gegenüber empfunden werden, und zwar vor dem Hintergrund individueller Wertvorstellungen: "… low involvement goods may be high involvement products for consumers associating values to them" (Paladino 2005, S. 76; so auch argumentiert bei Alexander und Nicholls 2006, S. 1237). Produktbeispiele von zunehmender Wichtigkeit auf dem internationalen Lebensmittelmarkt, für die dies zutrifft, sind Lebensmittel aus fairem Handel und ökologischem Anbau. Für letztere Produkte konnte bereits gezeigt werden, dass die Kaufwahrscheinlichkeit von Öko-Produkten im Zusammenhang mit höherem Involvement gegenüber Lebensmitteln steigt (Chen 2007, S. 9) und dass gegenüber einer ökologischen Alternative eines Lebensmittels höheres Involvement gemessen werden kann (Westerlund Lind 2007, S. 690).

Ein Thema, das Lebensmittel für bestimmte Personen unter Umständen zu einem Produkt mit hohem Involvement – überhaupt und in der Kaufsituation – werden lassen kann, ist die Gesundheit (siehe auch Arora 1982, S. 516; Schulz 1997, S. 79; Weyer 2005, S. 57; Verbeke et al. 2007, S. 658). Gesünderes Ernährungsverhalten gewinnt derzeit zunehmend an Bedeutung (Verbeke et al. 2007, S. 651). Dies gilt aufgrund der höheren persönlichen Relevanz insbesondere für ältere Menschen (Olsen 2003, S. 201), Personen mit aktuellen oder dauerhaften gesundheitlichen Einschränkungen oder Risiken (Diabetes, Übergewicht, Schwangerschaft, Allergien etc.), aber auch für jegliche Personen, die nicht aufgrund ärztlichen Rates oder gesundheitlicher Bedenken, sondern aufgrund persönlicher Ziel- und Wertvorstellungen eine bestimmte (Lebens- und) Ernährungsweise verfolgen (Diäten, vegetarische Ernährung, Sporternährung, Wellness etc., z.B. Juhl und Poulsen 2000, S. 262). Health Claims auf Lebensmitteln können in diesem Zusammenhang als Stimuli des Objektes angesehen werden, die ein irgendwie geartetes, auf das Thema Gesundheit bezogenes Involvement einer Person während des Einkaufes auslösen oder ansprechen. Bolfing nennt daher bereits 1988 "fiber-enriched cereals" als ein Beispiel, wie ein Produkt von einem Low Involvement- zu einem High Involvement-Produkt werden kann (Bolfing 1988, S. 56).

3.3 Messung von Involvement

3.3.1 Verfahrensarten

Involvement kann als Konstrukt nicht direkt gemessen werden. Zur Messung des Konstruktes müssen geeignete Indikatoren gefunden werden, die einen Schluss auf Involvement zulassen. Hierbei gibt es verschiedene Wege der Operationalisierung. Als Indikatoren werden z.T. die Auswirkungen, häufig aber die Einflussfaktoren auf Involvement sowie Indikatoren des Zustands selbst herangezogen. Die Messverfahren können unterteilt werden in Messverfahren, die beobachtbare physiologische oder motorische Vorgänge als Indikator heranziehen, und in Messverfahren, die im Gegensatz dazu nicht beobachtbare, durch Befragungen zu messende Indikatoren verwenden. Letztere, auf Befragungen basierende und somit verbale Messverfahren werden unterschieden in qualitative verbale und quantitative verbale Befragungsmethoden (siehe Abb. 3.8 auf folgender Seite).

Beim physiologischen Messverfahren wird auf die Aktiviertheit als ein Basiskonstrukt des Involvements zurückgegriffen. Aktiviertheit ist als physiologische Erregung definiert und somit über Indikatoren der physiologischen Auswirkung beispielsweise mit Hilfe der Elektro-Enzephalographie (EEG) oder der elektrodermalen Reaktion (elektrische Hautwiderstandsänderung) messbar (Schulz 1997, S. 88; Kroeber-Riel und Weinberg 2003, S. 63; Trommsdorf 2004, S. 64).

Neben der physiologischen Messung von Aktiviertheit kommt auch eine Beobachtung motorischer Vorgänge in Frage, etwa das Blickverhalten (Trommsdorf 2004, S. 65), Orientierungsreaktionen oder die Mimik und Gestik. Physiologische Vorgänge treten in der Regel *immer* auf, wenn der Organismus aktiviert ist, motorische Vorgänge sind bei Aktivierung jedoch nicht zwangsläufig zu beobachten. Daher wird die Messung physiologischer Vorgänge als vergleichsweise zuverlässiger Indikator für Aktivierung angesehen (Kroeber-Riel und Weinberg 2003, S. 63).

Abbildung 3.8: Messverfahren für Involvement

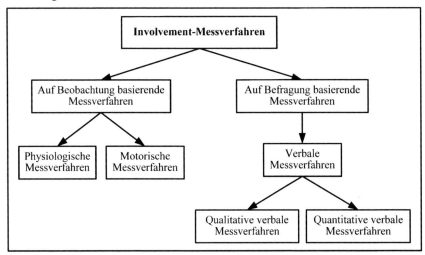

Quelle: Eigene Darstellung

Beim verbalen Involvement-Messverfahren wird Involvement mit Hilfe von Befragungsmethoden zu messen versucht. Hierbei werden sowohl qualitative als auch quantitative Methoden verwendet. Zum Einsatz kommt beispielsweise die Ziel-Mittel-Analyse (Means-End-Analysis) mit Hilfe der Leiter-Befragungstechnik (Laddering), bei der die sogenannten Ziel-Mittel-Wahrnehmungen, die Verbindungen zwischen Attributen, Konsequenzen und Werten, durch eine Folge von ‚Warum-Fragen' ermittelt werden. Dabei wird davon ausgegangen, dass eine höhere Komplexität dieser Ziel-Mittel-Wahrnehmungen mit einem höheren Involvement in Zusammenhang zu bringen ist (Schulz 1997, S. 64 f.; ein Anwendungsbeispiel z.B. bei Westerlund Lind 2007).

Auch bei Anwendung einer qualitativen Befragungsweise wird diese zur Messung des Involvements oft quantitativ ausgewertet. Als Beispiel ist hier die Methode der Protokolle lauten Denkens zu nennen, bei der befragte Personen während oder retrospektiv nach einer Handlung aufgefordert werden, ihre Gedanken zu verbalisieren. Diese Methode verwendete Krugman (Krugman 1968, S. 98 ff.). Er operationalisierte Involvement über die quantifizierbare Menge gedanklicher Verknüpfungen zwischen dem Stimulus der Werbeanzeigen und dem eigenen Leben.

Die meisten Messinstrumente von Involvement basieren jedoch auf quantitativen Befragungsmethoden. Hierbei wurden sowohl sehr einfache, auf nur einer Frage basierende Operationalisierungen entwickelt als auch umfangreichere Skalen. Die einzelnen Instrumente unterscheiden sich aufgrund dessen auch darin, ob sie Involvement nur in seiner Intensität oder auch anhand der verschiedenen Dimensionen des Involvements messen können.

Die Verfahrenswege der physiologischen oder motorischen Messung beobachtbarer Vorgänge und der Weg der verbalen Messung haben Vor- und Nachteile. Mit physiologischen oder motorischen Messverfahren kann nur mittelbar auf Involvement geschlossen werden und zudem nur auf die Intensität, nicht jedoch auf die Art und die Ursachen des Involvements. Sie sind aufgrund des Bedarfes an Apparaturen relativ aufwendig. Ein Vorteil ist jedoch, dass emotional geprägtes Involvement bei apparativer Messung im Vergleich zu verbalen Methoden besser erfasst werden kann. Außerdem ist die Messung bei apparativer Messung wenig beeinflussbar, weder von Seiten der Versuchsperson noch von Seiten der Versuchsleitung (Kroeber-Riel und Weinberg 2003, S. 63; Schulz 1997, S. 88; Trommsdorf 2004, S. 64).

Die physiologische bzw. motorische Messung von Involvement wird selten verwendet. In der Regel wird Aktivierung apparativ, Involvement dagegen verbal gemessen (Trommsdorf 2004, S. 64). Ein Grund ist sicher darin zu finden, dass Involvement sehr stark kognitiv bestimmt ist. Somit erscheint eine verbale Messung geeigneter, diese zu erfassen. Damit verbunden ist jedoch der Nachteil, dass Versuchspersonen sich der Messung unter Umständen bewusst sind und diese absichtlich oder unabsichtlich beeinflussen (Trommsdorf 2004, S. 66). Nur über verbale Messverfahren ist es jedoch möglich, tiefer gehende Erkenntnisse über das Involvement, insbesondere über seine Ursachen und die Art des Involvements zu erhalten.

Um vertiefte Kenntnisse über das Konstrukt des Involvements zu generieren, ist daher verbalen Messverfahren der Vorzug zu geben. Hierbei besteht die Auswahl zwischen qualitativen bzw. quantitativen Befragungsverfahren. Qualitative Befragungsmethoden, wie bereits oben beschrieben, zielen zumeist stärker auf die Generierung von Wissen über mögliche Hintergründe ab und dienen daher u.a. der Entwicklung von Hypothesen, während quantitative Verfahren der Überprüfung von postulierten Zusammenhängen dienen und für die Analyse quantifizierbare und statistisch auswertbare Daten liefern sollen (Kromrey 2006, S. 34). Solange es nicht das Ziel der Forschung ist, Wissen über Involvement selbst zu generieren, sondern auf Basis einer gegebenen Involvement-Definition Involvement zu messen und statistisch auszuwerten, sind quantitative Verfahren die Methode der Wahl.

Aus u.a. den oben genannten Gründen konzentriert sich die Involvement-Forschung auf die Weiterentwicklung und Verwendung verbaler und dabei quantitativer Messinstrumente. Das folgende Kapitel beschränkt sich daher auf die Darstellung verschiedener dieser Messinstrumente, die jeweils weite Verbreitung gefunden haben.

3.3.2 Vorstellung verschiedener Messinstrumente

Eine sehr einfache, für den Befragten wenig durchschaubare Messung von Involvement schlugen Sherif et al. bereits in den 1960er Jahren vor (Trommsdorf 2004, S. 66). Diese ist jedoch nur eindimensional, d.h. sie ermöglicht lediglich eine Aussage über die Intensität, nicht aber die unterschiedliche Art des Involvements. Dem Messinstrument liegt die Annahme zugrunde, dass hohes Involvement eine hohe Zurückweisungsrate innerhalb der Alternativen zur Folge hat. Insofern misst das Instrument Involvement anhand der Auswirkung des Konstrukts, dem Verhalten. Aus dem Verhältnis der aus Sicht der befragten Person *nicht* für einen Kauf in Frage kommenden Marken (N) zu den bekannten Marken (M) errechnet sich der Indikator für Involvement (I). Die bekannten Marken (M) setzen sich folglich aus den für einen Kauf in Frage kommenden Marken (K) und den für den Kauf *nicht* in Frage kommenden Marken (N) zusammen (Trommsdorf 2004, S. 66):

$$I = N / M = N / (K + N)$$

Ein sehr frühes und wiederholt angewendetes Messinstrument ist das von Zaichkowsky entwickelte **Personal Involvement Inventory (PII)** (Zaichkowsky 1985). Es ist, ebenso wie das Messinstrument von Sherif et al., im Sinne einer alleinigen Messung der Intensität eindimensional, beruht aber auf einer Skala von 20 bipolaren Items (siehe Tab. 3.1). Diese Items werden in Form eines Semantischen Differentials auf einer Rating-Skala von eins bis sieben bewertet. Durch Addition der Werte ergibt sich eine kontinuierlich steigende Intensität des Involvements zwischen 20 und 140. Das PII von Zaichkowsky wurde besonders für seine Eindimensionalität kritisiert (z.B. Andrews et al. 1990, S. 34; Jain und Srinivasan 1990, S. 594; Mittal 1989a, S. 698 ff.). Im selben Jahr wie das PII wurde ein Messinstrument von Laurent und Kapferer veröffentlicht, welches im Gegensatz zu den beiden zuvor genannten mehrdimensional ist. Zaichkowsky bzw. McQuarrie und Munson zeigten in den Folgejahren in Reaktion darauf, dass das Messinstrument des PII ebenfalls in zwei Subinstrumente unterteilt werden kann, um der Mehrdimensionalität von Involvement gerecht zu werden. Dabei wurde das Instrument u.a. auf 14 bzw. 10 Bewertungspaare reduziert, es wurden neue Items eingesetzt und zudem die Wortwahl hinsichtlich einer besseren Verständlichkeit verändert (McQuarrie und Munson 1987, McQuarrie und Munson 1992; Zaichkowsky 1987, Zaichkowsky 1994). Übersetzt und auf die deutsche Sprache angepasst wurde das PII u.a. von Hagendorfer (1992). Diese deutschsprachige Version enthält jedoch 25 statt 20 Wortpaare (Hagendorfer 1992, S. 92).

Tabelle 3.1: Das Involvement-Messinstrument PII von Zaichkowsky

important		**unimportant**
of no concern		of concern to me
irrelevant		**relevant**
means a lot to me		**means nothing to me**
useless		useful
valuable		**worthless**
trivial		fundamental
beneficial		not beneficial
matters to me	Skala von 1 bis 7	doesn't matter
uninterested		interested
significant		insignificant
vital		superfluous
boring		**interesting**
unexciting		**exciting**
appealing		**unappealing**
mundane		**fascinating**
essential		nonessential
undesirable		desirable
wanted		unwanted
not needed		**needed**
involving		**uninvolving**

Alle Wortpaare sind aus Zaichkowsky 1985 (bis auf involving/uninvolving, dies ist erst in 1994 hinzugekommen), davon sind die fett gedruckten auch in der verkürzten Version von Zaichkowsky 1994 enthalten. Es wurde eine siebenstufige Bewertungsskala verwendet.

Quellen: Eigene Darstellung auf Basis von Zaichkowsky 1985, S. 350 und Zaichkowsky 1994, S. 70

Laurent und Kapferer betonten, dass Involvement aufgrund verschiedener Ursachen sehr unterschiedlich geartet sein kann. Nur die Intensität zu messen sei daher zu simplifizierend, wichtiger als die Intensität sei die Nuancierung in den Involvement-Dimensionen, welche auf unterschiedlichen Verursachungsfaktoren beruhen (Kapferer und Laurent 1985, S. 48 ff.). Sie plädierten daher für die Messung von "an involvement profile, rather than a single involvement level" (Laurent und Kapferer 1985, S. 41). Die Ursachen von Involvement wurden von ihnen in die fünf Dimensionen *"interest"*, *"pleasure"*, *"sign"*, *"risk probability"* und *"risk importance"* eingeteilt, wobei die beiden Letzteren zusammen die Dimension *"perceived risk"* darstellen[7] (Kapferer und Laurent 1985, S. 49). Die

---

[7] In verschiedenen Veröffentlichungen anderer Autorinnen und Autoren wird daher auch angegeben, Laurent und Kapferer hätten 4 und nicht 5 Dimensionen aufgeführt (z.B. Mittal 1989).

Intensität des Involvements in jeder Dimension bestimmt, welcher Art das Involvement ist. Ist beispielsweise die Dimension *"pleasure"* von hoher Bedeutung, so handelt es sich um ein stark emotional geprägtes Involvement. Das auf Basis dieser Annahmen entwickelte **Consumer Involvement Profile (CIP)** enthält zwei bis fünf Items je Dimension in Form von Statements, die auf einer Skala von eins bis fünf bewertet werden (siehe Tab. 3.2).

Tabelle 3.2: Das Involvement-Messinstrument CIP von Kapferer und Laurent

Interest	I attach great importance to ….
	… interests me a lot.
	… leaves me totally indifferent.
Pleasure	It would give me pleasure to purchase … for myself.
	When you buy, it is a bit like giving a gift to yourself.
	Having … is a pleasure for me.
Sign	You can tell something about a person by the … (s)he picks out.
	The … you buy tells a little about you.
	The … I buy shows what type of man/woman I am.
Risk probability	When you purchase …, you are never certain you made the right choice.
	Whenever you buy …, you never really know whether it is the one you should have bought.
	When I can select from several …, I always feel a bit at loss in making my choice.
	Choosing … is rather complicated.
Risk importance	When you choose …, it is not a big deal if you make a mistake.
	It certainly is annoying to purchase … that doesn't meet my needs.
	I would really be upset if, after I bought some …, I found I had made a poor choice.
Es wurde eine fünfstufige Bewertungsskala verwendet. Die drei Auslassungspunkte stehen für das einzufügende Untersuchungsobjekt. Die erste Spalte bezeichnet die Dimensionen des Involvements.	

Quelle: Eigene Darstellung auf Basis von Löwenfeld 2003, S. 27

In späteren Studien wurde eine Schwierigkeit in der Abgrenzung der Dimensionen *"pleasure"* und *"interest"* im CIP gesehen (Jain und Srinivasan 1990, S. 601; Schneider und Rodgers 1996, S. 249). Als Weiterentwicklung verschiedener Messinstrumente, u.a. des CIP und PII, stellten Jain und Srinivasan 1990 eine neue, 15 Items umfassende Skala vor (siehe Tab. 3.3). In dieser fielen die Dimensionen *"pleasure"* und *"interest"* entsprechend zu einer Dimension zusammen und als weitere Dimension kam *"relevance"* hinzu.[8] Letztere wird vor allem

---

8 Die Dimension *"relevance"* ist als neu anzusehen, wenn die Dimension *"risk importance"* und *"risk probability"* als eine einzige Dimension mit der Bezeichnung *"perceived risk"* aufgefasst wird, und somit eine davon abzugrenzende Dimension der *"relevance"* eine neue Dimension darstellt.

mit Hilfe von Items aus dem PII und seiner Weiterentwicklungen, die anderen Dimensionen werden v. a. mit Items aus dem CIP gemessen. Im von Jain und Srinivasan angestellten empirischen Vergleich der Messinstrumente wurde eine Überlegenheit der neuen Weiterentwicklung gezeigt, welche sie **New Involvement Profile (NIP)** nannten (Jain und Srinivasan 1990, S. 594 ff.; erläutert auch in Schulz 1997, S. 93 ff. und Trommsdorf 2004, S. 65 f.).

Tabelle 3.3: Das Involvement-Messinstrument NIP von Jain und Srinivasan

Relevance	essential		non-essential	4
	beneficial		not beneficial	4
	not needed		needed	4
Pleasure	fun		not fun	1
	unexciting		exciting	5
	I do not find it pleasurable.		I find it pleasurable.	5
Sign	Tells others about me.		Doesn't tell others about me.	3
	Others use to judge me.		Others won't use to judge me.	3
	Does not portray an image of me to others.	Skala von 1 bis 5	Portrays an image of me to others.	3
Risk probability	In purchasing it, I am certain of my choice.		In purchasing it, I am uncertain of my choice.	1
	I never know if I am making the right purchase.		I know for sure that I am making the right purchase.	1
	I feel a bit at a loss in choosing it.		I don't feel a bit at a loss in choosing it.	1
Risk importance	It is really annoying to make an unsuitable purchase.		It is not annoying to make an unsuitable purchase.	1
	A poor choice wouldn't be upsetting .		A poor choice would be upsetting.	1
	Little to loose by choosing poorly.		A lot to loose by choosing poorly.	2

Es wurde eine fünfstufige Bewertungsskala verwendet. Die Zahlen in der letzten Spalte bezeichnen die Herkunft des Items: 1 = CIP von Kapferer und Laurent; 2 = Ratchford 1987, zitiert in Jain und Srinivasan 1990; 3 = EIS von Higie und Feick 1989; 4 = PII von Zaichkowsky; 5 = Weiterentwicklung des PII von McQuarrie und Munson, 1987. Untersuchungsobjekt. Die erste Spalte bezeichnet die Dimensionen des Involvements. Die erste Spalte bezeichnet die Dimensionen des Involvements.

Quelle: Eigene Darstellung auf Basis von Jain und Srinivasan 1990, S. 597 ff.

Mittal und Lee stellten 1989 ein Messinstrument für Involvement vor, welches zwar ähnlich wie das NIP auf vorherigen Arbeiten aufbaute (etwa auf Houston und Rothschild 1978; und Laurent und Kapferer 1985), aber sich durch die Unterteilung in die Arten bzw. Subkonstrukte Produkt-Involvement und Kaufsituations-Involvement – im Sinne von Houston und Rothschild (1978) jeweils mit dauerhaftem bzw. situationalem Involvement gleichgesetzt – von den anderen vorgestellten Messinstrumenten unterschied (Mittal und Lee 1989, siehe Tab. 3.4). Nach ihrem Modell ist das dauerhafte, auf das Produkt bezogene Involvement eine Involvement-Art, stellt aber auch einen Einflussfaktor auf das Involvement in der Kauf-situation dar. Somit ist es nicht möglich, situationales Involvement isoliert von be-reits vor der Kaufsituation bestehendem, dauerhaftem Involvement zu betrachten. Eine Abwandlung des Instrumentes von Mittal und Lee stellt die Involvement-Skala von Knox et al. (1994) dar. Knox et al. beobachteten bei der Verwendung des Instrumentes von Mittal und Lee eine schnelle Ermüdung und Frustration der befragten Personen aufgrund des mit 24 Items recht langen Fragebogens. Daher sahen sie, insbesondere für die Verwendung des Instrumentes bezüglich Lebens-mitteln und Haushaltswaren, den Bedarf einer Reduktion des Instrumentes durch Entfernung von Items, die innerhalb der Subkonstrukte des Modells eine hohe Konvergenz mit anderen Items aufwiesen. Hierdurch erhielten sie eine Skala mit nur 14 Items (siehe Tab. 3.4, nur die fett gedruckten Items).

Eines der jüngsten Messinstrumente und zudem das vermutlich einzige im inter-kulturellen Vergleich entwickelte Messinstrument stellt das International Con-sumer Involvement Scale (ICI) von Broderick und Mueller (1999) dar. Hierin wurden als Dimensionen des Involvements normatives (Involvement bezüglich individueller Werte und Emotionen), situationales, dauerhaftes (produktbezoge-nes Interesse bzw. Wichtigkeit) Involvement und Risiko identifiziert. Items einer Vielzahl vorangegangener Arbeiten zu Involvement dienten als Basis zur Redu-zierung auf und Entwicklung des letztlich 12 Items zählenden Instrumentes (sie-he Broderick und Mueller 1999; Broderick et al. 2006).

Während die auf den vorangegangenen Seiten vorgestellten Messinstrumente für Involvement das Konstrukt *insgesamt* abzubilden versuchen, haben einige Forsche-rinnen und Forscher sich bei der Messung speziell einer Involvement-Art gewid-met. Higie und Feick entwickelten ein Messinstrument zur Messung von dauerhaf-tem Involvement. Sie kritisierten, dass die Items zur Messung der Dimension "*interest*" bzw. ‚Wichtigkeit' in vorangegangenen Messinstrumententwicklungen nicht zwischen der Wichtigkeit aufgrund des Bedarfs im alltäglichen Leben bzw. der Situation und der Wichtigkeit aufgrund ihrer Bedeutung für den Ausdruck des Selbst differenzieren. Die Wichtigkeit für den Ausdruck des Selbst sei für dauerhaf-tes Involvement von besonderer Bedeutung. Für ihre Enduring Involvement Scale (EIS) wählten sie u.a. Items aus dem PII aus und ordneten diese den zwei von ihnen identifizierten Dimensionen von dauerhaftem Involvement, "*hedonic factor*" und "*self-expression factor*", zu (Higie und Feick 1989; siehe auch von Loewenfeld 2003, S. 30 ff.). Angesichts der Existenz eines Messinstrumentes für dauerhaftes Involvement stellt sich die Frage nach der Messung von situationalem Involve-ment. Mittal stellte 1989 ein Messinstrument für Kaufsituations-Involvement al-lein (Mittal 1989b) vor, welches jedoch – da Produkt-Involvement in der Kaufsi-tuation einen Einflussfaktor darstellt – auch Items bezüglich des dauerhaften, auf das Produkt bezogene Involvement enthält.

Tabelle 3.4: Die Involvement-Messung von Mittal und Lee und Knox et al.

	Product sign value	**Using ... helps me to express my personality.**
Product-Involvement		I like the way I see myself when I am using ...
		Knowing whether or not someone uses ... tells a lot about that person.
	Product hedonic value	**I would give myself great pleasure by purchasing a ....**
		... is a fun product.
		To buy ... would be like giving myself a joyful present or treat.
	Product utility	**Using ... would be beneficial.**
		... are basically a useful thing.
		... make everyday life easier.
	Product Involvement	**I have a strong interest in ...**
		... are very important to me.
		For me, ... do not matter.
Brand decision-Involvement	Brand sign value	**You can tell a lot about a person from the brand of ... he/she buys.**
		Judging someone by the brand of ... that he/she buys would be a mistake.
		I know the brand of ... that someone uses, I could pretty much guess what kind of person he/she might be.
	Brand hedonic value	**I believe different brands of ... would give different amounts of pleasure.**
		All brands of ... would not be equally enjoyable.
		No matter which brand of ... you buy, you get the same pleasure.
	Brand risk	**When you buy ..., it is not a big deal if you buy a wrong brand by mistake.**
		It is very annoying to buy a ... which isn't right.
		A bad buy of ... could bring you grief/trouble.
	Brand decision Involvement	**I would choose my ... very carefully.**
		Deciding which ... to buy would be an important decision for me.
		Which ... I buy matters to me a lot.

Skala von Mittal und Lee 1989. Die fett gedruckten Items sind auch in der verkürzten Skala von Knox et al. 1994 enthalten. Die Items sind in anderer Reihenfolge als in den Quellen angeordnet, um eine für beide Instrumente gleiche Anordnung zeigen zu können. Es wurde eine fünfstufige Bewertungsskala verwendet. Die drei Auslassungspunkte stehen für das einzufügende Untersuchungsobjekt. Die erste Spalte bezeichnet das Subkonstrukt, die zweite Spalte die Dimensionen des Involvements.

Quellen: Mittal und Lee 1989, S. 389 f. und Knox et al. 1994, S. 151 f.

Im Überblick über die Involvement-Literatur kann festgestellt werden, dass sich die Involvement-Forschung nach einer Phase der theoretischen Beschäftigung mit Involvement in den 1960er und 1970er Jahren in den 1980er Jahren vorwiegend der Entwicklung von Messinstrumenten widmete. Im Anschluss an diese Phase der ersten Entwicklung lag der Schwerpunkt der Involvement-Forschung auf der Prüfung, Weiterentwicklung und Anwendung dieser Instrumente, weswegen viele Items sich wiederholt oder mit leichten Abwandlungen in der Formulierung in verschiedenen Arbeiten wiederfinden lassen. Dabei wurde zunehmend Einigkeit darüber erreicht, dass Involvement mehrere Arten annehmen kann, die sich in Dimensionen des Involvements widerspiegeln, und es wurden dementsprechende mehrdimensionale Messinstrumente entwickelt.

3.3.3 Messung von Involvement bei Lebensmitteln

In vielen der bereits zitierten Arbeiten aus der Involvement-Forschung wurden Lebensmittel als eine unter mehreren Produktkategorien betrachtet. Von Seiten der Konsumforschung im Bereich Lebensmittel gibt es zunehmend Studien, in denen als einer von mehreren Einflussfaktoren auch Involvement untersucht wurde. Involvement speziell bei Lebensmitteln wurde jedoch in nur wenigen Forschungsarbeiten schwerpunktmäßig analysiert (de Dutra Barcellos et al. 2008, S. 2).

Besondere Beachtung verdient in diesem Zusammenhang das Messinstrument von Bell und Marshall (2003). Beim von ihnen definierten ‚Food Involvement‘ handelt es sich um dauerhaftes, individuelles Involvement in Bezug auf Lebensmittel und ernährungsbezogene Tätigkeiten (Einkaufen, Kochen, Tisch decken etc., Bell und Marshall 2003, S. 235 ff.). Sie entwickelten ein Food Involvement Scale (FIS) mit zwölf Items und einer siebenstufigen Bewertungsskala, wobei drei Items der Dimension "*set und disposal*" zuzurechnen sind und die übrigen der Dimension "*preparation and eating*" (Bell und Marshall 2003, S. 238). In einer Studie zur Validierung des FIS bestätigte sich anhand von 34 bzw. 39 Personen in zwei Testgruppen die Hypothese, dass Personen mit einem höheren Food Involvement größere Unterschiede zwischen Geschmacksrichtungen feststellen können. Zudem hatten weibliche sowie ältere Testpersonen ein höheres Involvement in Bezug auf Lebensmittel (Bell und Marshall 2003, S. 241 ff.). Das FIS wurde in einer Reihe nachfolgender Studien im Bereich Konsumforschung zu Lebensmitteln angewandt (Chen 2007; Eertmans et al. 2005; Verbeke et al. 2007).

Schulz (1997) widmete sich der Erklärungskraft des Involvements beim Kauf von Rindfleisch in Deutschland. Die Arbeit erfolgte in zeitlicher Nähe zur sogenannten BSE-Krise (verbreiteter Ausbruch der Krankheit Bovine spongiforme Enzephalopathie bei Rindern) und ihrer negativen Auswirkungen auf den Rindfleischkonsum. Die Daten von Schulz basierten auf einer persönlich-mündlichen Befragung von 568 Personen am POS (Schulz 1997, S. 131). Die Studie hatte zum Ergebnis, dass Involvement durchaus zur Erklärung von Unterschieden im Kaufverhalten geeignet ist und dass es sich zudem individuell in Intensität und Art unterscheidet. Besonders die Dimensionen Freude, Wichtigkeit und Risikobedeutung sind den Ergebnissen zufolge für das Involvement bei Rindfleisch von besonderer Bedeutung (Schulz 1997, S. 237). Schulz entschied sich bei der Messung von Involvement für Statements, die auf einer siebenstufigen Skala bewertet werden. Inhaltlich erachtete er das Messinstrument von Zaichkowsky als das zu dem Zeitpunkt beste Operationalisierungsinstrument für Involvement, kritisierte jedoch dessen erklärte Eindimensionalität. Daher wählte er selbst entwickelte Statements aus, die insgesamt fünf Dimensionen repräsentieren sollten. Zudem achtete er darauf, dass sie insbesondere zur Beschreibung von Rindfleisch taugten. Die ursprünglich 35 Statements wurden im Rahmen von Experteninterviews auf 24 reduziert (Schulz 1997, S. 119 ff.). In der Auswertung zeigte sich, dass 14 der Items sich zur Unterscheidung von Personen, die ihr Kaufverhalten seit dem Auftreten von BSE geändert bzw. nicht geändert hatten, eigneten. Anhand dieser Items errechnete Schulz einen Wert für die Intensität jeder Dimension einzeln sowie für Involvement insgesamt und verglich das obere und untere Quartil der höchsten bzw. niedrigsten Gesamt-Involvementwerte – somit die Gruppen von jeweils besonders hohem bzw. niedrigem Involvement – hinsichtlich ihrer Charakteristika (Schulz 1997, S. 162 ff.).

Weyer (2004) untersuchte Involvement bei Lebensmittelprodukten, die im Lebensmitteleinzelhandel sowohl im Thekenverkauf als auch in Selbstbedienungsregalen angeboten werden. Als Bespiele wählte er Käse und Wurst. Die Fragestellung der Arbeit war, welches Involvement bzw. Involvement-Profil und welches Informationsverhalten Konsumentinnen und Konsumenten hinsichtlich dieser Produkte in den zwei Verkaufsformen zeigen, um hieraus Hinweise für ein zielorientiertes Marketing abzuleiten (Weyer 2005, S. 19 ff.). Weyer sah ebenso wie Schulz fünf Dimensionen des Involvements gegeben: Wichtigkeit, Freude, Symbolhaftigkeit, Risikobedeutung und -wahrscheinlichkeit. Zur Messung der fünf Dimensionen verwendete er lediglich sechs Items. Diese wurden auf einer fünfstufigen Skala bewertet. In einer persönlich-mündlichen Befragung konnten Daten von 497 Personen am POS erhoben werden (Weyer 2005, S. 69). Für alle Dimensionen außer Risikobedeutung – diese Dimension war als gesundheitliches Risiko operationalisiert – konnte für das Produkt Wurst ein signifikanter Einfluss auf die Informationsnutzung im Geschäft festgestellt werden. Für das Produkt Käse konnte Weyer das von ihm entwickelte und in LISREL geschätzte Modell jedoch nicht bestätigen (Weyer 2005, S. 195 ff., S. 203 ff.).

Juhl und Poulsen (2000) wendeten das Involvement-Konstrukt auf den Konsum von Fisch in Dänemark an. Ziel ihrer Studie war erstens, die relative Wichtigkeit verschiedener Einflussfaktoren zu erforschen sowie zweitens, die Vorhersagekraft von Involvement für auf Involvement zurückzuführende Auswirkungen zu untersuchen. Hierfür wendeten sie das Modell von Mittal und Lee (1989) an, passten es jedoch auf das Untersuchungsobjekt Fisch an, indem sie die Dimensionen "*brand ris*" und "*hedonic value*" ausließen – mit der Begründung, dass Marken bei Fisch keine Bedeutung haben und die Dimension Freude Einfluss auf die Involvement-Auswirkung "*shopping enjoyment*" hat, welches in der Studie ebenfalls gemessen wird. Für jede der übrigen Dimensionen "*signal*" und "*utility*" sowie für "*product involvement*" als Ganzes verwendeten sie zwei Items mit einer fünfstufigen Skala (Juhl und Poulsen 2000, S. 262). Die Daten für ihre Studie wurden mit Hilfe eines postalischen, schriftlichen Fragebogens von 325 Haushalten erhoben und das theoretische Modell mit Hilfe statistischer Verfahren geschätzt (Juhl und Poulsen 2000, S. 263). In der Auswertung bestätigten sich die von Juhl und Poulsen getroffenen Annahmen eines Einflusses von Involvement auf die postulierten Auswirkungen; zwischen den Segmenten *"traditional fish eaters"* und *"fish lovers"* stellten sie zudem eine unterschiedliche Gewichtung der Dimensionen fest (Juhl und Poulsen 2000, S. 264 ff.).

Den Beispielen ist gemein, dass eine Anpassung der Involvement-Messung auf das Untersuchungsobjekt Lebensmittel erfolgte. Die Herangehensweise war hierbei unterschiedlich: Während Bell und Marschall das vermutlich einzige eigens auf Lebensmittel bzw. deren Verwendung zugeschnittene Involvement-Messinstrument entwickelten, wurde in den übrigen Beispielen der Weg gewählt, Items aus bereits vorhandenen Messinstrumenten auszuwählen und anzupassen. Dabei wurde die Herkunft der Items zumeist nicht erwähnt, obwohl sie größtenteils den Items aus den bekannten Arbeiten der Involvement-Forschung entsprachen. Im Vergleich der Arbeiten zeigt sich, dass ein unterschiedlicher Fokus in den Studien eher auf die Anzahl der Dimensionen und die Anzahl der Items innerhalb der Dimensionen gelegt wird, als dass ein grundsätzlicher Unterschied im Inhalt der Items an sich bestünde. Während Schulz eine sehr umfangreiche Liste an Items testete und verwendete, erfolgte die Involvement-Messung in den Studien von Juhl und Poulsen sowie in der Arbeit von Weyer mit einem sehr verkürzten Messinstrument. Ein ähnliches Vorgehen ist in weiteren, hier nicht weiter erläuterten Studien speziell zu Involvement bei Lebensmitteln bzw. Konsumverhalten bei Lebensmitteln gewählt worden. Dies gilt insbesondere dann, wenn Involvement nur einen unter mehreren zu untersuchenden Einflussfaktoren darstellte. In einem solchen Fall kann Involvement zwar in seiner Intensität gemessen werden, bei einer geringen Zahl von Items jedoch nicht in seiner Ausprägung in unterschiedlichen Dimensionen.

3.3.4 Involvement-Messung in dieser Arbeit

Aus der bisherigen Literatur zur Involvement-Forschung, insbesondere in Bezug auf Lebensmittel, können verschiedene Schlüsse für die Messung von Involvement in der vorliegenden Arbeit gezogen werden.

Erstens erweist es sich als notwendig, neben der Intensität des Involvements auch die Art des Involvements zu messen. Ein unterschiedlich geartetes Involvement bedeutet einen unterschiedlichen Einfluss auf die dem Involvement zugeordneten Auswirkungen (siehe z.B. Kapferer und Laurent 1985, S. 51), somit liefert u.U. nur eine Untersuchung dieser Struktur des Involvements einen ausreichenden Erklärungsbeitrag für die Auswirkungen. Bei der Untersuchung von Involvement bei Lebensmitteln wird insbesondere die Unterscheidung zwischen dauerhaftem und situationalem Involvement für wichtig erachtet.

Zweitens bietet es sich angesichts der Vielzahl von erprobten Messinstrumenten an, kein grundsätzlich neues Instrument zu entwickeln, sondern sich an bewährten Messinstrumenten zu orientieren. Hierbei ist festzustellen, dass verschiedene Instrumente Weiterentwicklungen oder Zusammenführungen vorheriger Instrumente darstellen. Sofern diese Instrumente auf einer im Grunde als gleich anzusehenden Involvement-Definition basieren und somit derselben ,Forschungsströmung' folgen wie die Auffassung von Involvement in dieser Arbeit, kommen sie grundsätzlich zur Messung in Frage. Allerdings hat sich in der Mehrzahl der Untersuchungen sowohl die Verwendung von ganzen Sätzen im Gegensatz zu nur aus einem Wort bestehenden Eigenschaftspaaren als auch der Einsatz von einer siebenstufigen Bewertungs-Skala als vorteilhaft erwiesen.

Drittens ist bei der Verwendung von Messinstrumenten aus der Literatur eine gewisse Anpassung der Involvement-Messinstrumente auf das jeweilige Untersuchungsthema vonnöten. Die Autorinnen und Autoren haben ihre Messinstrumente zumeist als allgemeingültig vorgesehen, um einen Vergleich von Involvement-Intensität und -Art zwischen unterschiedlichen Objekten zu ermöglichen. Wenn jedoch nur ein spezifisches Objekt bzw. Produkt untersucht wird, ist eine Anpassung auf das zu untersuchende Produkt üblich und angemessen, um geeignete Items zu erhalten. Für die Involvement-Messung wurde bereits in verschiedenen Arbeiten eine Anpassung auf den Bereich Lebensmittel vorgenommen, diesen Instrumenten ist daher der Vorzug zu geben. Das Messinstrument von Bell und Marshall kommt allerdings nicht in Frage, da sich die Items stärker auf die Verwendung von Lebensmitteln (Zubereitung, Verzehr) beziehen und weniger auf den Kauf (Bell und Marshall 2003), außerdem erlaubt das Messinstrument keinen spezifischen Bezug auf einzelne Kategorien von Lebensmitteln.

Innerhalb der übrigen Anwendungen von Messinstrumenten auf Involvement bei Lebensmitteln ist zum einen das Messinstrument von Knox et al. (1994) zu nennen, welches speziell für den Bereich der Lebensmittel und Haushaltswaren entwickelt und getestet wurde und welches in der Folge auch weitergehend auf ein einzelnes Lebensmittel, Käse, angepasst und angewandt wurde (McCarthy et al. 2001). Zum anderen wurden in einer Reihe von Studien zu Involvement bei Lebensmitteln Items eigens für die spezielle Studie als Involvement-Messinstrument zusammengestellt. Diese Item-Listen stimmen darin überein, dass sie nach den Involvement-Dimensionen sortiert sind (z.B. Schulz 1997; Verbeke und Vackier 2004).

Zwei Gründe sprechen dafür, sich für das Messinstrument von Knox et al. (1994) als Ausgangspunkt für das auf den Untersuchungsgegenstand angepasste Messinstrument von Involvement zu entscheiden. Erstens handelt es sich um ein Messinstrument, welches sich in mehreren Untersuchungen bewährt hat (Knox et al. 1994; Knox und Walker 2003; McCarthy et al. 2001). Dass es nicht in einer größeren Zahl von Studien verwendet und somit getestet wurde, liegt zum einen daran, dass das Instrument im Vergleich zu anderen Involvement-Messinstrumenten relativ jung ist, und zum anderen, dass die Anzahl von reinen Involvement-Studien speziell im Lebensmittelbereich gering ist. Im Vergleich zu Involvement-Messinstrumenten, die nur eigens für eine einzelne Untersuchung zusammengestellt und somit auch nur in dieser einen Untersuchung verwendet und getestet wurden, kann es als bewährtes Instrument angesehen werden. Zudem handelt es sich bei dem Involvement-Messinstrument von Knox et al. um eine verkürzte Version des vielfach verwendeten Instrumentes von Mittal und Lee (Mittal und Lee 1989), das wiederum unter anderem auf der Konzeption und den Vorarbeiten von Laurent und Kapferer (1985) und Houston und Rothschild (1978) basiert. Alle drei Quellen sind als konsistent mit der Auffassung von Involvement in dieser Arbeit anzusehen. Zweitens spricht für das Messinstrument von Knox et al., dass die Unterscheidung von dauerhaftem und situationalem Involvement ermöglicht wird. Diese soll in dieser Arbeit besondere Beachtung finden, da von einer höheren Bedeutung dieser Unterscheidung bei Lebensmitteln ausgegangen wird. Eine derartige Trennung beider Involvement-Arten und dennoch gleichzeitige Messung in einem Involvement-Messinstrument findet sich in anderen Instrumenten nicht wieder.

Das ausgewählte Messinstrument soll durch einzelne, z.T. in der Formulierung angepasste Items aus der Literatur ergänzt werden mit dem Ziel, Items über das Involvement bezüglich des Zusammenhanges zwischen Lebensmitteln und Gesundheit zu erhalten. Speziell zu diesem Thema gibt es kein Messinstrument, auf das zurückgegriffen werden könnte. Es werden solche Items gewählt, die eine Aussagekraft für die vorliegende Thematik Gesundheit bzw. Claims erwarten lassen oder sich in anderen Arbeiten speziell für Lebensmittel als wichtig erwiesen, insbesondere in jüngeren Studien und solcher im deutschsprachigen Raum. Hierbei ist besonders auf die Dimension des Risikos, unterscheidbar auch in Risikowahrscheinlichkeit und Risikowichtigkeit, zu achten, da von einer relativ größeren Wichtigkeit dieser Dimension für den Zusammenhang zwischen Lebensmitteln und Gesundheit auszugehen ist (Verbeke und Vackier 2004, S. 160). Für den Bezug auf Gesundheit kann sich an Formulierungen orientiert werden, die von Olsen (2003) unter dem Oberbegriff ‚Health Involvement' vorgeschlagen wurden.

Die Items für die Messung von Involvement liegen zumeist in englischer Sprache vor. Sie müssen daher zunächst übersetzt werden. Hierbei bietet es sich an, ähnlich wie beim Vorgehen der blinden Parallelübersetzung (siehe Hagendorfer 1992, S. 89), eine Übersetzung von mehreren Personen gleichzeitig vornehmen zu lassen. Darüber hinaus wird die Verständlichkeit der Items im Rahmen eines Pretests des Involvement-Instrumentes überprüft.

Für die Einbettung der Involvement-Messung in den beabsichtigten methodischen Ansatz ist festzustellen, dass sich für einige Auswirkungen von Involvement – Ausmaß und Art des Informationsverhaltens und der Kaufentscheidung – die sonst übliche Abfrage im Rahmen der ergänzenden Befragung erübrigt, da diese Auswirkungen direkt durch die Beobachtung gemessen bzw. durch die Kaufsimulation erhoben werden. Durch die ergänzende Frage, welche der Alternativen neben dem gewählten Produkt in der Kaufsimulation nicht in Frage gekommen wären, kann Involvement zusätzlich mit der Befragung von Sherif (Trommsdorf 2004, S. 66) gemessen werden und somit eine ergänzende Überprüfung der Involvement-Messung erfolgen.

4. Methodische Herangehensweise

4.1 Grundlegende Ausrichtung

4.1.1 Fragestellung und Zielsetzung

Inhaltliches Ziel der Untersuchung ist es zu erforschen, ob und wie die Anwesenheit der Information ‚Claim' die Kaufentscheidung von Konsumentinnen und Konsumenten beeinflusst und welche Einflussfaktoren dafür verantwortlich sind. Um möglichst extern valide Ergebnisse zu erzielen, soll dies unter der Prämisse realitätsnaher Bedingungen in der Datenerhebung geschehen. Für die Fragestellung wird insbesondere der Erklärungsbeitrag des Involvement-Konstruktes, seine Struktur und Interaktion mit anderen Variablen untersucht. Die Fragestellung der Arbeit ist somit folgende:

> Können das Konstrukt des Involvements, das Ausmaß des Informationsverhaltens, die Beurteilung der Information des Claims bzw. des Produktes mit einem Claim sowie weitere personenbezogene Einflussfaktoren erklären, welchen Einfluss Claims auf die Kaufentscheidung haben?

Die Ergebnisse der Untersuchung sollen bei der Abwägung der Wirkung von Claims auf das verbraucherpolitische Ziel des Schutzes vor Irreführung und der Stärkung der Entscheidungsfähigkeit in Bezug auf die gesundheitliche Bewertung von Lebensmitteln helfen. Zudem sollen sie die Grundlage für eine Zielgruppendeterminierung und zielgruppengerechte Ansprache von Konsumentinnen und Konsumenten innerhalb des Marketings von Lebensmitteln mit Claim darstellen.

Methodisches Ziel des Vorhabens ist es, durch die ergänzende Anwendung von drei Methoden im Untersuchungsdesign die als relevant anzusehenden Variablen erfassen zu können und ein in sich konsistentes Erklärungsmodell für den Einfluss der Information Claim auf das Kaufverhalten zu entwickeln.

4.1.2 Hypothesen

Im SOR-Modell des Käuferverhaltens wird die Reaktion auf einen Stimulus mit einem beobachtbaren Response-Verhalten durch das nicht direkt beobachtbare innere Verhalten des Organismus erklärt (Kuß und Tomczak 2000, S. 3; Foscht und Swoboda 2005, S. 30). Der Claim als neue Produktinformation ist in diesem Fall der Stimulus, das Response-Verhalten ist der Kauf oder Nichtkauf. Es wird, basierend auf den Erkenntnissen bisheriger Forschung zu Claims (Bech-Larsen et al. 2001, S. 13; Bhaskaran und Hardley 2002, S. 603; Roe et al. 1999, S. 99; Tuorila und Cardello 2002, S. 567), für den Zusammenhang zwischen Stimulus des Claims und Response des Kaufverhaltens hypothetisiert:

> H 1:   Die untersuchten Personen wählen mit höherer Wahrscheinlichkeit ein Produkt mit einem Claim als ein Produkt ohne einen Claim.

Hierbei ist die Wahrscheinlichkeit als höher zu bezeichnen, wenn ein Produkt mit einem Claim häufiger gewählt wird, als es das Verhältnis der Produkte mit Claim im Vergleich zu den Produkten ohne Claim im Sortiment – bei sonst gleichen Bedingungen[9] – erwarten lässt. Die Erklärung für das Response-Verhalten wird in den intervenierenden Variablen, die das innere Verhalten des Organismus bestimmen, gesucht. Im vorliegenden Vorhaben wird insbesondere von dem Konstrukt des Involvements eine große Erklärungskraft erwartet. Daher wird folgende Hypothese zur Erklärung des Verhaltens formuliert:

> H 2: Personen mit höherem Produkt-Involvement wählen mit höherer Wahrscheinlichkeit ein Produkt mit einem Claim.

Der Vergleich erfolgt hierbei – wie bei den folgenden Hypothesen auch – jeweils mit den Personen, für die dies nicht gilt. Ein weiterer Einflussfaktor, von dem auf Basis des Stands der Forschung eine Erklärungskraft für das Kaufverhalten erwartet wird, ist die Glaubwürdigkeit der Claims (z.B. van Kleef et al. 2005, S. 302; Tan und Tan 2007, S. 74 ff.). Daher wird folgende Hypothese formuliert:

> H 3: Personen, die die Glaubwürdigkeit eines Claims als hoch einschätzen, wählen mit höherer Wahrscheinlichkeit ein Produkt mit diesem Claim.

Die Information des Claims kann zu einer u.U. ungerechtfertigt positiveren generellen Beurteilung des Produktes bezüglich seiner gesundheitlichen Funktion – in der Claims-Forschung oft als Halo-Effekt bezeichnet – führen, wie bisherige Forschungserkenntnisse zeigen (Andrews et al. 2000, S. 41; Burton et al. 2000, S. 244 f.; Ford et al. 1996, S. 25; Roe et al. 1999, S. 101). Trommsdorf definiert diesen Effekt als „Wirkungen der Beurteilung eines Merkmals oder Objektes auf die Beurteilung eines anderen Merkmals oder Objektes" (Trommsdorf 2004, S. 282). Vom Halo-Effekt – der Wirkung des Claims auf die generelle gesundheitliche Beurteilung des Produktes – abzugrenzen ist der sogenannte Magic-Bullet-Effekt. Dieser Begriff bezeichnet den Effekt, wenn einem Produkt mit einem Claim neben der im Claim ausgesagten speziellen Wirkung eine oder mehrere weitere spezielle Wirkungen ,zugetraut' werden, die im Claim *nicht* ausgesagt sind[10] (Roe et al. 1999). Um die Auswirkung einer Ausstrahlung des Claims auf die generelle gesundheitliche Beurteilung des Produktes auf die Kaufentscheidung zu untersuchen, soll daher folgende Hypothese überprüft werden:

> H 4: Personen, die den mit einem Claim ausgezeichneten Produkten eine bessere allgemeine gesundheitliche Wirkung zuschreiben, wählen mit höherer Wahrscheinlichkeit ein Produkt mit diesem Claim.

---

[9]   Die ‚sonst gleichen Bedingungen' bedeuten, dass die Claims zwischen den Produkten ‚rotieren', bis sie am Ende mit derselben Häufigkeit auf jedem Produkt präsentiert wurden.

[10] Ein Beispiel für einen Magic-Bullet-Effekt könnte etwa sein, wenn von einem Produkt mit Wirkung auf den Cholesterinspiegel erwartet wird, dass es auch bei der Gewichtsreduktion hilft.

Zurückgehend auf Roe et al. (1999) wird die Hypothese aufgestellt, dass Claims ähnlich wie Schlüsselinformationen verwendet werden und die weitere Informationssuche abkürzen (Kroeber-Riel und Weinberg 2003, S. 284; Trommsdorf 2004, S. 91). Sollten Claims bei der Suche nach kaufentscheidenden Informationen als Schlüsselinformationen dienen und für hilfreich erachtet werden, so könnte als Auswirkung auf das untersuchte Response-Verhalten Folgendes festgestellt werden:

H 5: Personen, die ein geringeres Ausmaß der Informationssuche zeigen, wählen mit höherer Wahrscheinlichkeit ein Produkt mit einem Claim.

Allerdings ist zu bemerken, dass – zurückgehend auf Hinweise aus der bisherigen Claims-Forschung – auch das Gegenteil vermutet werden könnte, und zwar, dass Claims eine verstärkte Informationssuche auslösen (Bhaskaran und Hardley 2002, S. 601; Svederberg 2002, S. 1). Gleichzeitig wird bei einem hohen Involvement oft auch ein stärkeres Ausmaß der Informationssuche festgestellt (z.B. Beatty et al. 1988, S. 162; Mittal und Lee 1989, S. 363; Juhl und Poulsen 2000, S. 261; Bell und Marshall 2003, S. 235). Für den Fall des hohen Involvements wird zumeist eine höhere Wahrscheinlichkeit der Wahl von Produkten mit Claim vermutet. Eine Widerlegung von Hypothese 5 könnte daher bedeuten, dass entweder Claims nicht als Schlüsselinformation genutzt werden, sondern im Gegenteil ein stärkeres Ausmaß der Informationssuche *auslösen* oder dass Produkte mit Claim mit höherer Wahrscheinlichkeit von den Personen gewählt werden, die *sowieso* ein stärkeres Ausmaß der Informationssuche durchführen – etwa, weil sie ein höheres Involvement gegenüber dem Produkt aufweisen.

Entsprechend den bisherigen Forschungsergebnissen wird von der speziellen Art der Formulierung des Claims – der sogenannten Stärke des Claims in der Abfolge Nutrition Claim < Health Claim < Health Risk Reduction Claim – eher ein vergleichsweise geringer Einfluss auf die Claim-Bewertung und infolgedessen das Response-Verhalten erwartet (van Kleef et al. 2005, S. 307; van Trijp und van der Lans 2007, S. 15; Urala et al. 2003, S. 815). Auf die Frage, welche Claim-Art bevorzugt wird, gibt die Literatur keine eindeutige Antwort (Williams 2005, S. 259). Sie entkräftigt jedoch auch nicht die oft formulierte Hypothese, dass ein stärkerer Claim bevorzugt würde, sodass weiterhin überprüft werden soll:

H 6: Personen wählen mit höherer Wahrscheinlichkeit ein Produkt mit einem Claim, wenn die Stärke der Formulierung des Claims größer ist.

Die Resultate der Claims-Forschung zeigen, dass die Wirkung des Claims auch von der Art des Lebensmittels und des Ernährungs-Gesundheits-Zusammenhanges, der im Claim beschrieben ist, beeinflusst wird. Die hierfür in Frage kommenden Gründe sind vielfältig: Einen Einfluss hat etwa, ob das betreffende Lebensmittel als eine gesunde oder ungesunde Kategorie von Lebensmitteln angesehen wird (Balasubramanian und Cole 2002, S. 123; Bech-Larsen et al. 2001, S. 9; van Kleef et al. 2005, S. 299), ob die betreffende Substanz zugesetzt oder natürlicherweise enthalten ist, ob der Ernährungs-Gesundheits-Zusammenhang bekannt ist (Bech-Larsen et al. 2001, S. 16) und für erwiesen gehalten wird und schließlich, ob der Ernährungs-Gesundheits-Zusammenhang eine individuelle persönliche Relevanz hat (Wansink und Cheney 2005, S. 396). Aus diesem Grund wird erwartet, dass die Wirkung der untersuchten Einflussfaktoren je nach Lebensmittelkategorie und – hiermit verknüpft – je nach Inhalt des Ernährungs-Gesundheits-Zusammenhanges unterschiedlich sein kann. Insbesondere wird aber hypothetisiert:

H 7:   Personen wählen mit höherer Wahrscheinlichkeit ein Produkt mit einem Claim, wenn sie das Lebensmittel als eine gesunde Lebensmittelkategorie ansehen.

H 8:   Personen wählen mit höherer Wahrscheinlichkeit ein Produkt mit einem Claim, wenn ihnen der im Claim beschriebene Ernährungs-Gesundheits-Zusammenhang bekannt ist.

H 9:   Personen wählen mit höherer Wahrscheinlichkeit ein Produkt mit einem Claim, wenn sie den im Claim beschriebenen Ernährungs-Gesundheits-Zusammenhang für erwiesen erachten.

H 10: Personen wählen mit höherer Wahrscheinlichkeit ein Produkt mit einem Claim, wenn sie den im Claim beschriebenen Ernährungs-Gesundheits-Zusammenhang für wichtig für ihre Kaufentscheidung halten.

Bei bewusster Wahrnehmung der Claims ist es wahrscheinlicher, dass Claims einen Einfluss auf das Response-Verhalten entfalten, da die Information vermutlich in stärkerem Maße verarbeitet wurde. Zudem ist anzunehmen, dass Claims bei habitualisiertem Kaufverhalten eine geringere Wirkung zeigen, da sich dieses Kaufverhalten durch den Einbezug nur weniger und bereits bekannter Entscheidungskriterien kennzeichnet. Vor diesem Hintergrund wird Folgendes vermutet:

H 11: Personen wählen mit höherer Wahrscheinlichkeit ein Produkt mit einem Claim, wenn sie angeben, den Claim gelesen zu haben.

H 12: Personen wählen mit geringerer Wahrscheinlichkeit ein Produkt mit einem Claim, wenn sie angeben, die habituell gekaufte Marke gewählt zu haben.

Des Weiteren gibt es verschiedene personenspezifische Eigenschaften, von denen ein Einfluss auf die Kaufentscheidung von Produkten mit bzw. ohne Claim erwartet wird. Personenspezifische Eigenschaften sind in diesem Zusammenhang solche Eigenschaften, die für eine einzelne Person konstant angesichts unterschiedlicher Lebensmittel, Claim-Arten und Ernährungs-Gesundheits-Zusammenhängen sind. Während es als relativ gesichert gilt, dass es eher Frauen und ältere Personen sind, die Produkte mit Claim wählen (Williams 2005, S. 259) und ein stärkeres Interesse für gesundheitsrelevante Informationen zeigen (Grunert und Wills 2007, S. 388), sind die Ergebnisse bezüglich des möglichen Einflusses von Bildungsstand und Ernährungswissen uneindeutig (z.B. Tan und Tan 2007, S. 74 ff.). Schließlich kann auf Basis der bisherigen Forschung von einer positiven Beurteilung von Functional Food sowie von einer generellen Skepsis gegenüber Herstelleraussagen auf Lebensmitteln ein im ersten Fall positiver bzw. im zweiten Fall negativer Einfluss erwartet werden; Letzteres, da sich in Befragungen eine entsprechende Skepsis als sehr hoch erwies (siehe z.b. Bhaskaran und Hardley 2002, S. 596; Tan und Tan 2007, S. 59):

H 13: Frauen wählen mit höherer Wahrscheinlichkeit ein Produkt mit einem Claim.

H 14: Ältere Personen wählen mit höherer Wahrscheinlichkeit ein Produkt mit einem Claim.

H 15: Personen mit einem höheren Bildungsstand wählen mit höherer Wahrscheinlichkeit ein Produkt mit einem Claim.

H 16: Personen, die ihr Ernährungswissen als höher einschätzen, wählen mit höherer Wahrscheinlichkeit ein Produkt mit einem Claim.

H 17: Personen, die Functional Food positiv beurteilen, wählen mit höherer Wahrscheinlichkeit ein Produkt mit einem Claim.

H 18: Personen, die eine hohe Skepsis gegenüber Herstelleraussagen auf Lebensmitteln äußern, wählen mit geringerer Wahrscheinlichkeit ein Produkt mit einem Claim.

Involvement kann sowohl Objekten als auch Themen entgegengebracht werden. Ein Thema von Belang für die Reaktion auf Claims ist der Zusammenhang zwischen Lebensmitteln und Gesundheit. Ein hohes Bewusstsein für, eine starke Beschäftigung mit und eine Sorge um den besonderen Zusammenhang zwischen Lebensmitteln, Ernährung und Gesundheit kann als gesundheitsbezogenes Lebensmittel-Involvement bezeichnet werden. Es wird angenommen, dass ein hohes dementsprechendes Involvement einen positiven Einfluss auf die Wahl von Produkten mit einem Claim hat:

H 19: Personen mit einem höheren generellen gesundheitsbezogenen Lebensmittel-Involvement wählen mit höherer Wahrscheinlichkeit ein Produkt mit einem Claim.

Die Hypothesen über das Wahlverhalten bezüglich von Lebensmitteln mit Claim sind in Abbildung 4.1 noch einmal im Überblick dargestellt. Hypothese 1 stellt eine Grundannahme über die Wirkung von Claims auf die Kaufwahrscheinlichkeit von derartigen Produkten generell dar. Die übrigen Hypothesen beschreiben Annahmen über die Richtung des Zusammenhangs zwischen einzelnen Einflussfaktoren und die Kaufwahrscheinlichkeit von Produkten mit Claim. Hierbei wurden zwie Gruppen unterschieden: 1. Hypothesen über Einflussfaktoren, die für jede Entscheidung derselben Person ein andere Ausprägung annehmen (produktspezifisch), da die Frage für jede Lebensmittelkategorie wiederholt wurde, und 2. Hypothesen über Einflussfaktoren, die für jede Entscheidung derselben Person gleich sind (personenspezifisch), wie etwa im Fall von soziodemografischen Variablen.

Abbildung 4.1: Gesamtdarstellung der Hypothesen zur Wahl
von Produkten mit Claim

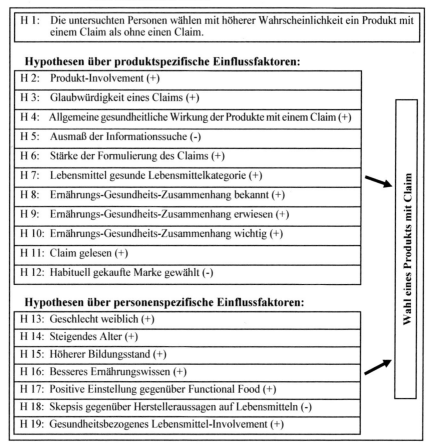

H 1:	Die untersuchten Personen wählen mit höherer Wahrscheinlichkeit ein Produkt mit einem Claim als ohne einen Claim.

Hypothesen über produktspezifische Einflussfaktoren:

H 2:	Produkt-Involvement (+)
H 3:	Glaubwürdigkeit eines Claims (+)
H 4:	Allgemeine gesundheitliche Wirkung der Produkte mit einem Claim (+)
H 5:	Ausmaß der Informationssuche (-)
H 6:	Stärke der Formulierung des Claims (+)
H 7:	Lebensmittel gesunde Lebensmittelkategorie (+)
H 8:	Ernährungs-Gesundheits-Zusammenhang bekannt (+)
H 9:	Ernährungs-Gesundheits-Zusammenhang erwiesen (+)
H 10:	Ernährungs-Gesundheits-Zusammenhang wichtig (+)
H 11:	Claim gelesen (+)
H 12:	Habituell gekaufte Marke gewählt (-)

Hypothesen über personenspezifische Einflussfaktoren:

H 13:	Geschlecht weiblich (+)
H 14:	Steigendes Alter (+)
H 15:	Höherer Bildungsstand (+)
H 16:	Besseres Ernährungswissen (+)
H 17:	Positive Einstellung gegenüber Functional Food (+)
H 18:	Skepsis gegenüber Herstelleraussagen auf Lebensmitteln (-)
H 19:	Gesundheitsbezogenes Lebensmittel-Involvement (+)

Wahl eines Produkts mit Claim

Quelle: Eigene Darstellung

4.2 Methodenwahl für die Datenerhebung

4.2.1 Mehr-Methoden-Ansatz

Entsprechend der beschriebenen Hypothesen muss in der empirischen Erhebung
a) eine Auswahlentscheidung erfolgen, müssen b) das Ausmaß der Informationssuche erhoben, c) Involvement gemessen und d) die Produkt- bzw. Informationsbe-
urteilung sowie weitere personenbezogene Variablen erfragt werden. Zudem müssen verschiedene Lebensmittel, Claim-Arten und Ernährungs-Gesundheits-Zusammenhänge variiert werden. Für die Messung von Involvement und seiner Struktur

wurde sich (siehe Kap. 3.3.4) für eine sprachgebundene Erhebungsmethode ent-
schieden und auch für die Beurteilung der Produkte und Informationen müssen
sprachgebundene Erhebungsmethoden zum Einsatz kommen (Trommsdorf 2004,
S. 182). Für die Messung des Ausmaßes des Informationsverhaltens und für die
Wahlentscheidung sind jedoch auch nicht-sprachgebundene Methoden geeignet
(Kroeber-Riel und Weinberg 2003, S. 263). Diese sind im Hinblick auf die externe
Validität der Forschungsergebnisse generell vorzuziehen bzw. sollten sprachge-
bundene Methoden ergänzen (Liefeld 2002; Liefeld 2003; Grunert 2003). Dies gilt
insbesondere im vorliegenden Vorhaben, da die Prämisse möglichst realistischer
Bedingungen aufgestellt wurde. Die Aufdeckung von Zusammenhängen kann
mittels eines Mehr-Methoden-Ansatzes am selben Fall erfolgen (Bettman et al.
1991, S. 50 ff.; Bohnsack et al. 2003, S. 161 f.; Trommsdorf 2004, S. 42). Mehr-
Methoden-Ansätze bieten einen über die Addition der Erkenntnisse einzelner
Methoden hinausgehenden Erkenntniszuwachs, da die Ergebnisse einer Methode
eine zusätzliche Erklärungskraft für die jeweils anderen Methodenergebnisse
darstellen können. In der Auswertung bedeutet dies, dass die durch die verschiedenen Einzelmethoden erhobenen Variablen in ein gemeinsames theoretisches
Modell einfließen können und so eine höhere Erklärungskraft für den zu untersuchenden Sachverhalt bieten.

4.2.2 Choice Experiment

Um die Prämisse einer annähernd realen Situation zu erfüllen, würde sich die Untersuchung des Kaufverhaltens im Rahmen einer Feldstudie und anhand des alltäglichen Einkaufsverhaltens in der Verkaufsstätte selbst anbieten. Bei Untersuchungen am POS ist zu bedenken, dass eine Feldstudie eine geringere interne Validität
von Untersuchungsergebnissen mit sich bringen kann, da im Feld eine Vielzahl
nicht beeinflussbarer Einflüsse auftreten kann (Louviere et al. 2000, S. 22). In der
Einkaufsstätte selbst ist es zudem oft nicht möglich, eine genaue Beobachtung
durchzuführen sowie eine umfassendere Befragung der Versuchspersonen folgen
zu lassen (Lusk und Schroeder 2004, S. 468). Beim Untersuchungsgegenstand dieser Arbiet musste jedoch vor allem deswegen von der Erhebung sogenannter 'Revealed Preference Data' abgesehen werden, weil Claims zum Zeitpunkt der Erhebung in der von der Verordnung (EC) No 1924/2006 vorgesehenen Form noch nicht
als Produktinformationen in den Lebensmittelgeschäften vorzufinden waren. Aus
diesem Grund auf manipulierte Verpackungen zurückzugreifen und sie am POS
einzusetzen kam aus rechtlichen Gründen nicht in Frage, da sie nicht als Verkaufs-
produkt zugelassen gewesen wären. Für die Untersuchung von Claims war aus diesen Gründen vielmehr eine Laborsituation zu wählen. Werden hierbei die Auswirkungen der Claims unter Konstanthaltung aller übrigen Eigenschaften betrachtet,
die Bedingungen der Präsentation der Claims jedoch variiert, ist eine entsprechende Laboruntersuchung als Laborexperiment einzuordnen (Berekoven et al.
2004, S. 159; Rack und Christophersen 2007, S. 18 ff.).

Auch in einem Laborexperiment ist es möglich, wesentliche Elemente der Einkaufssituation beizubehalten. Ein wichtiges Element ist dabei, die Versuchspersonen vor eine *Wahlentscheidung* zwischen Produktalternativen zu stellen, statt beispielsweise eine *Befragung* zum Untersuchungsgegenstand einer Produktinformation durchzuführen. Eine Entscheidung für ein Produkt ist eine Abwägung von und eine Entscheidung für eine Kombination von Attributen und keine isolierte Beurteilung der einzelnen Attribute. Außer der Attributkombination wird in einer Befragung die Wirkung unbewusster gedanklicher oder emotionaler Vorgänge vernachlässigt, da diese nicht verbalisiert werden können. Es ist zudem bekannt, dass ein großer Unterschied bestehen kann zwischen dem, was Versuchspersonen *sagen,* und dem, was sie tatsächlich *tun* (Kroeber-Riel und Weinberg 2003, S. 262; Louviere et al. 2000, S. 20). Im Themenbereich Lebensmittel und Gesundheit wurde insbesondere eine Diskrepanz zwischen den erwünschten Informationen und den tatsächlich genutzten Informationen auf Produktverpackungen festgestellt (siehe bereits Jacoby et al. 1977) sowie allgemein eine Diskrepanz zwischen den Angaben über die gesunde Lebensmittelwahl und dem entsprechend untersuchten Verhalten beobachtet (etwa Scholderer 2005). Gründe hierfür sind in Befragungs-Artefakten wie soziale Erwünschtheit und strategisches Verhalten, unter Umständen aber auch Reaktanz zu suchen (Felser 2007, S. 468 ff.). Unabhängig vom Thema der Befragung werden schließlich Kaufabsichten im Vergleich zum tatsächlichen Verhalten meistens überschätzt (Chandon et al. 2005). Aus diesen Gründen wird einer Auswahlentscheidung als Aufgabe für die Versuchspersonen in der vorliegenden Untersuchung der Vorzug gegeben.

Eine Auswahlentscheidung bedeutet, dass Versuchspersonen eine Entscheidung für bzw. wider ein Produkt treffen müssen. Dies wird im Englischen 'discrete choice' genannt und spiegelt sich in der Fachbezeichnung ,diskrete Variable' wieder (Temme 2007, S. 327). Die bei einer künstlich geschaffenen Auswahlentscheidung erhaltenen Daten sind als ,Stated Preference-Daten' zu bezeichnen (Street und Burgess 2007, S. 1) und abzugrenzen von sogenannten Revealed Preference-Daten aus Erhebungen realer Marktdaten. Sowohl sogenannte ,Stated' oder ,Discrete Choice Experiments' (DCE), aber auch ,Choice-Based-Conjoint-Analysen' (CBCA), beinhalten eben diesen Aspekt der Entscheidung für bzw. gegen ein Produkt und lassen sich dementsprechend unter der Bezeichnung ,Choice Experiment' zusammenfassen. Sie sind abzugrenzen von Conjoint-Analysen (CA), welche ebenfalls der Untersuchung von Attribut-Präferenzen dienen. Bei Conjoint-Analysen haben Versuchspersonen jedoch die Aufgabe, die präsentierten Produkte mit den ihnen eigenen Kombinationen von Eigenschaften in eine Rangfolge zu bringen. Für Conjoint-Analysen gibt es jedoch auch eine Vielzahl von Weiterentwicklungen, sodass für weitere Details auf die umfangreiche Literatur zu verweisen ist (z.B. Backhaus et al. 2003, S. 543 ff.; Gustafsson et al. 2003; Green und Srinivasan 1990; Teichert 1999).

Hauptfragestellung sowohl der Conjoint-Analysen als auch der meisten Anwendungen von Choice Experiments ist es, den Einfluss mehrerer Eigenschaften sowie ihrer Kombinationen auf die durch die Entscheidung ausgedrückte Beurteilung zu messen und Präferenzen für die entsprechenden Eigenschaften abzuleiten. Oft ist insbesondere die Zahlungsbereitschaft von Interesse. Zurückgehend auf die Random Utility-Theorie wird hierbei davon ausgegangen, dass Konsumentinnen und Konsumenten eine ihren Nutzen maximierende Attribut-Kombination auswählen (Temme 2007, S. 328). Für die Erhebung ist es nötig, ein sich aus der Anzahl der zu untersuchenden Attribute, ihren Ausprägungen und angebotenen Alternativen ergebendes Design zu bilden. Dieses bestimmt die Art und Anzahl der zu testenden sogenannten ‚Choice-Sets‘ von gemeinsam zur Entscheidung angebotenen Produkten bzw. Attributbündeln. In den meisten Fällen ergibt sich hieraus der Bedarf einer vergleichsweise hohen Stichprobe (Green und Srinivasan 1990, S. 8; Enneking 2003, S. 258), die zumeist dadurch gemindert wird, dass dieselbe Person wiederholt über Choice-Sets jeweils unterschiedlichen Kombinationen der Eigenschaften entscheiden soll. Im vorliegenden Vorhaben ist im Gegensatz zum Gros der Studien mit Choice Experiments nur der Einfluss *einer* Eigenschaft, des Claims, unter *Konstanthaltung* aller übrigen Eigenschaften von Interesse. Das sich aus der Anzahl der Attribute, ihren Ausprägungen und der Anzahl der alternativen Produkte ergebene Design ist daher vergleichsweise einfach und die Zahl der zu testenden Choice-Sets gering. Entsprechend der Wortbedeutung ist die Vorgehensweise gleichermaßen als Choice Experiment einzuordnen, jedoch lediglich mit dem Fokus auf nur *eine* Eigenschaft.

In Experimenten besteht die Gefahr, dass das Handeln durch das Bewusstsein um die Versuchssituation überrationalisiert abläuft (Berekoven et al. 2004, S. 90). Diese Erkenntnis basiert auch auf der Feststellung aus der bisherigen Konsumentenverhaltensforschung, dass der Entscheidungskontext eine bedeutende Rolle spielt (Swait et al. 2002, S. 195). Daher sollte sich im Versuchsdesign darum bemüht werden, die Künstlichkeit der Situation im Empfinden der Versuchspersonen in den Hintergrund geraten zu lassen. Zur realitätsnahen Ausgestaltung von Befragungen mit experimentellem Charakter gibt es im Rahmen der Claims-Forschung (siehe Kap. 2.2.2) eine Vielzahl von Vorschlägen; ebenso enthält die Literatur über Choice Experiments hierzu viele Hinweise auf Maßnahmen. Louviere (Louviere 2006, S. 174) – ein führender Forscher im Bereich der Choice Experiments – formuliert dementsprechend über die Bedeutung der Realitätsnähe von Choice Experiments (DCE):

> "… the external validity of DCEs likely rests on the degree to which a DCE simulates all key aspects of a real decision, including the incentive compatability of questions, framing of situations, contexts, consequences, etc. If one can design experiments that simulate real choice situations as closely as possible, one should be more likely to obtain results that mimic real life. If one fails to capture all the relevant aspects of a real situation, there should be systematic deviations. It's that simple."

Da sich um eine realitätsnahe Gestaltung des Kontextes der Entscheidung, angelehnt an die Bedingungen des POS, bemüht werden soll, wird das Choice Experiment in dieser Arbeit auch Kaufsimulationsexperiment genannt, da diese Bezeichnung das Bemühen um die Annäherung von Versuchs- und realer Situation am Besten verdeutlicht. Folgende Maßnahmen werden in der Literatur zur Verbesserung der Realitätsnähe vorgeschlagen und sollten im Versuchsdesign umgesetzt werden:

1. Die Produktalternativen sind **authentisch**, d.h. sie werden in den Lebensmittelgeschäften der entsprechenden Untersuchungsregion angeboten, sind nicht-fiktiv, dreidimensional und tragen Markennamen. Hierbei wird u.a. der Kritik an der Verwendung rein zweidimensionaler Stimuli-Präsentationen (Mitra et al. 1999, S. 116) und dem Fehlen von Markennamen in bisherigen Untersuchungen (Keller et al. 1997, S. 267 f.; Sinn et al. 2007, S. 224) Rechnung getragen. Der fehlende Einbezug von Markennamen steht im Widerspruch zu der Feststellung, dass Marken eine wichtige Information für die Entscheidung von Konsumentinnen und Konsumenten darstellen (Enneking et al. 2007, S. 133; Erdem et al. 2006, S. 34; Louviere 2006, S. 174). Reale Produkte sind insbesondere bei hohen Anforderungen an die externe Validität (Sattler 1994, S. 31; Ernst und Sattler 2000) oder bei geringem Involvement (Strebinger et al. 2000, S. 55) vonnöten. Das Choice-Set ist hierbei nicht komplexer, aber auch nicht einfacher als in der Realität (DeShazo und Fermo 2002, S. 123). Die Produkte werden lediglich durch das Einbinden des zu untersuchenden Attributes, den Claim, auf der Produktverpackung verändert.

2. Auf das Untersuchungsziel wird weder aufmerksam gemacht, noch sind die Claims so auf der Produktverpackung angebracht, dass die erfolgte Manipulation ersichtlich wäre. Hiermit wird eine sogenannte Forced **Exposure-Situation** vermieden (siehe Kritik von Ford et al. 1996, S. 25; Keller et al. 1997, S. 267 f.). Zudem ist das Untersuchungsziel ist nicht ersichtlich, sodass strategisches, sozial erwünschtes oder Reaktanz-Verhalten bezüglich der Claims nicht auftreten kann (Street und Burgess 2007, S. 12; Felser 2007, S. 468 ff.).

3. Jede befragte Person fällt für jede Lebensmittelkategorie nur jeweils *eine* Entscheidung, bekommt somit nur ein **Choice-Set** vorgelegt. Dies entspricht dem typischen Fall am POS, wo zwar aufeinanderfolgend mehrere Entscheidungen für *verschiedene* Lebensmittelkategorien getroffen, aber selten für *dasselbe* Lebensmittel wiederholt werden. Zudem vermeidet dies verzerrende Einflüsse durch Ermüdung (Bradley und Daly 1994, S. 167), Lernen (Johnson und Desvousges 1997 1997, S. 97), Protestverhalten (von Haefen et al. 2005, S. 1061) oder eine Präferenzverschiebung und Steigerung der Wahl der No-Choice-Option (Sattler et al. 2003, S. 3 f.). Eine Wiederholung hätte andernfalls auch den Nachteil, dass der Person das spezielle Untersuchungsziel bewusst wird (Lusk und Schroeder 2004, S. 469).

4. Die Versuchspersonen sind nicht gezwungen, eine der angebotenen Alternativen zu nehmen: sie haben auch die Möglichkeit, *nicht* zu wählen. Eine sogenannte Forced Choice-Situation (Street und Burgess 2007, S. 5) würde aufgrund der Fälle von zufälliger Wahl nicht gewünschter Alternativen zu weniger genauen (Dhar und Simonson 2003, S. 146) und u.U. sogar zu verzerrten Ergebnissen führen, wenn hierdurch etwa die am nächsten positionierte oder billigste Alternative gewählt wird. Das Anbieten der sogenannten None-Option oder **No-Choice-Option** (Street und Burgess 2007, S. 7, 228) trägt der Tatsache Rechnung, dass sich das ‚Consideration-Set' der Versuchsperson nicht mit den angebotenen Alternativen überlappt (Lusk und Schroeder 2004, S. 469).

5. Die Entscheidung der Versuchspersonen ist **nicht-hypothetisch** in dem Sinne, dass sie das ausgewählte Produkt am Ende des Experiments tatsächlich erhalten und dass der Preis des gewählten Produkts von der Aufwandsentschädigung abgezogen wird. Somit ist eine Entscheidung sowohl über die Konsequenzen als auch über das Budget zu treffen (siehe auch Lusk und Schroeder 2004, S. 480). In diesem Fall kann erwartet werden, dass die Versuchspersonen sich entsprechend ihrer tatsächlichen Präferenzen verhalten (siehe auch Völckner 2006).

Zu den erläuterten Maßnahmen fällt auf, dass jede einzelne den zeitlichen und/oder den finanziellen Aufwand der Erhebung erhöht, da zur Erzielung gleich hoher Fallzahlen deutlich mehr Personen befragt werden müssen und diese sowohl Geld als auch Lebensmittelprodukte erhalten. Die Anwendung dieser Maßnahmen sollte daher nur erfolgen, wenn sie in Abwägung von Untersuchungsziel und Aufwand und vor dem Hintergrund der Ergebnisse aus methodologischen Studien als effizient anzusehen sind, wie in der vorliegenden Arbeit argumentiert. Nicht für jede Konsumentenverhaltensstudie ist es jedoch nötig, ein soweit wie möglich realistisches Untersuchungsdesign zu entwickeln: Der derzeitige Stand der Forschung wäre weniger umfangreich, wenn nicht auch weniger realistische Methoden zum Einsatz kämen. So wird etwa für Studien mit dem Ziel der Theorieentwicklung durchaus auch der Standpunkt vertreten, dass die interne Validität unter Umständen relativ wichtiger sein kann als die externe Validität (Lynch 1982, S. 231). Allerdings steigt die Bedeutung von externer Validität – die als verknüpft, aber nicht gleichzusetzen mit der Realitätsnähe des Untersuchungskontextes anzusehen ist – wenn weiterführende Forschung die Realität erklären oder vorhersagen soll. Dies verdeutlicht Wells (2001, S. 495) anschaulich durch folgende Erkenntnis: "… no amount of internal validity can make up for a lack of external validity. If internal validity could replace external validity, medical researchers would never move beyond white rats".

Bei der Umsetzung der Methode in das Versuchsdesign ist es hilfreich, sich an vorangegangenen Studien zu orientieren. Auch im Bereich Lebensmittel werden Choice Experiments zunehmend als Erhebungsmethode eingesetzt. Die untersuchten Lebensmittel sind etwa Fleisch (Christensen et al. 2006, ökologisches

Hühnerfleisch; Loureiro und Umberger 2007, Attribute von Rindfleisch; Enneking 2003, Wurst verschiedener ökologischer Marken), Fisch (Alfnes et al. 2006, Farbe von Lachs), Milch (Schröder et al. 2005, Zahlungsbereitschaft für Frischmilch), Obst (Loureiro et al. 2001, Äpfel aus unterschiedlichem Anbau), Brot (Hu et al. 2006, gentechnische Veränderung), Kaffee (Arnot et al. 2006, fairer Handel) oder Wein (Barreiro-Hurlé et al. 2008; Lockshin et al. 2006, Mtimet und Albisu 2006).

Es gibt Beispiele von Studien, bei denen Choice Experiments via Internet erfolgten (Christensen et al. 2006; Hu et al. 2006), innerhalb einer postalischen Befragung (Loureiro und Umberger 2007), im Rahmen von Befragungen in der Fußgänger-zone (Enneking 2003) sowie innerhalb mündlicher (Barreiro-Hurlé et al. 2008), schriftlicher (Lockshin et al. 2006, Mtimet und Albisu 2006) oder Laptop-ge-stützter (Schröder et al. 2005) Befragungen am POS. Viele Choice Experiments werden jedoch aufgrund des Zeit- und Materialbedarfs auch in vorher anberaum-te Face-to-Face-Interviews im Labor eingebettet. Dies gilt insbesondere dann, wenn, wie in der vorliegenden Untersuchung, ‚echte' Produkte zum Einsatz kommen (z.B. Alfnes et al. 2006; Lusk und Schroeder 2004).

Nicht immer ist die Vorgehensweise bei der Datenerhebung im Einzelnen spezi-fiziert (Scarpa et al. 2007) oder erläutert, welche Anstrengungen zur Verringe-rung von Befragungs-Artefakten unternommen wurden (z.b. Barreiro-Hurlé et al. 2008[11]). Die Zahl der Choice Experiments, in denen eine deutlich verbesserte Realitätsnähe in Form einer oder mehrerer der oben genannten Punkte oder in noch anderer Weise umgesetzt wurde, ist allerdings gering. Einige interessante Beispiele sollen im Folgenden erläutert werden.

In einer norwegischen Studie haben Alfnes et al. (2006) in einem als *"experimen-tal market"* bezeichneten Versuchsdesign echte Lachsfilets eingeschweißt und in Eis-gefüllten Boxen liegend präsentiert (Alfnes et al. 2006, S. 1050). Die Ver-suchspersonen bezahlten mit ihrem eigenen Geld und bekamen das von ihnen gewählte Produkt am Ende des Versuches ausgehändigt; eine No-Choice-Option war möglich. Die über die Produkte verfügbare Information beschränkte sich dabei jedoch auf Preis und Farbe der Filets und es wurde über eine hohe Anzahl von Choice Sets abgestimmt. Beachtlich ist allerdings, dass – trotz des mit einem Frischprodukt verbundenen Aufwandes – echte Produkte verwendet wurden. Loureiro et al. (2001) führten ein Choice Experiment mit ökologischen, umwelt-freundlichen ('eco-labeled') und konventionellen Äpfeln in den USA am POS, jedoch nicht mit Revealed Choice Data, durch, um einen realitätsnahen Ent-

---

[11] In dieser Studie geht es um die Frage der Kaufwahrscheinlichkeit und Preiszahlungsbereit-schaft für Rotwein mit besonderen gesundheitlichen Eigenschaften. Das Choice Experiment folgt jedoch der Befragung, aus der das Thema (Gesundheitsaspekte beim Kauf) und der Un-tersuchungsgegenstand (die funktionelle Eigenschaft) deutlich hervorgehen. Nach Chandon et al. (2005) dürfte hier ein starker Einfluss von 'self-generated validity' zu erwarten sein, welcher die hohe Nachfrage nach dem Untersuchungsgegenstand zum Teil erklärt.

scheidungskontext zu schaffen. Sie verwendeten ebenfalls echte Produkte, welche jedoch alle annähernd gleich aussahen und denselben Preis hatten (Loureiro et al. 2001). Eine interessante Herangehensweise für die Datenerhebung wählten Arnot et al. (2006) in einer Studie in Kanada, indem sie die Untersuchung von Preisbereitschaft für fair gehandelten Kaffee über den Verkauf des entsprechenden Produktes in der Cafeteria ihrer Universität durchführten. Im Durchführungszeitraum wurde der Preis je Tasse im Verhältnis zum nicht fair gehandelten in mehreren Schritten angehoben. Die Daten können als Revealed Preference-Daten angesehen werden, da sie in einem realen, allerdings nicht generalisierbaren Kontext des Einkaufes von Kaffee erhoben wurden (Arnot et al. 2006).

4.2.3 Beobachtung

Das der Auswahl und der Entscheidung vorangehende Informationsverhalten soll im vorliegenden Vorhaben gemessen werden. Zur Untersuchung von Informationsverhalten kommen in der Regel Methoden der Prozessverfolgung zum Einsatz. Dies können sowohl sprachgebundene als auch nicht-sprachgebundene Methoden sein.

Ein Problem sprachgebundener Prozessverfolgungsmethoden – beispielsweise retrospektiver Befragungen (retrospective verbal protocols) – ist, dass die erinnerte Informationssuche sich von der tatsächlichen stark unterscheiden kann und somit eine Ungenauigkeit entsteht (Kroeber-Riel und Weinberg 2003, S. 281). Eine Befragung während des Verhaltensablaufes selber – wie bei der Methode des lauten Denkens (think-aloud protocol) – hat zudem eine recht starke Überrationalisierung durch die Verbalisierung des Verhaltens zur Folge und ist daher als stark Einfluss nehmend zu bewerten (Silberer 2005, S. 264 f.). Zudem ist die Auswahlentscheidungssituation weniger realistisch. Bei sprachgebundenen Methoden ist durch die Verbalisierung zudem von einem stärkeren Einfluss der interviewenden Person und von mehr sozial erwünschtem Antwortverhalten als Messartefakte auszugehen. Daher ist einer nicht-sprachgebundenen Methode den Vorzug zu geben.

Auch für nicht-sprachgebundene Methoden der Prozessverfolgung gilt, dass diese einen unterschiedlich starken Einfluss auf das zu untersuchende Verhalten ausüben können, auch wenn dies auf andere Weise als durch eine Verbalisierung erfolgt. So liefert die computerbasierte Methode der Informations-Display-Matrix, bei der die Versuchsperson gewünschte Informationen in einer Matrix-Darstellung aktiv aufdeckt, sehr genaue Daten über den Informationssuchprozess, stellt die interviewte Person jedoch vor eine gänzlich andere Informationsdarbietung als in einer realistischen Situation üblich (Biggs et al. 1993, S. 190; Büttner et al. 2005, S. 1; Jacoby et al. 1987, S. 154; Schopphoven 1996, S. 177; Trommsdorf 2004, S. 312; Williamson et al. 2000, S. 204). Bei der Methode der Blickaufzeichnung (eye-tracking) mittels eines entsprechenden, am Kopf angebrachten Gerätes ist es möglich, Informationen gleichzeitig anzubieten, da die Betrachtung der einzelnen Informationen durch das

Gerät selbst aufgezeichnet wird. Der Informationssuchprozess wird daher nicht durch einen Eingriff in die Art der Informationsdarbietung bei dieser Methode beeinflusst und die Methode liefert exakte Daten (Kroeber-Riel und Weinberg 2003, S. 283 f.). Dagegen kann jedoch durch die Anwesenheit des Aufnahmegerätes am Kopf der Versuchsperson von einer höheren Irritation und einem erhöhten Gefühl des ‚Beobachtetwerdens‘ ausgegangen werden, welches ebenfalls das Verhalten beeinflussen könnte (Büttner et al. 2005, S. 1).

Die Methode der direkten Beobachtung ermöglicht es, die Informationsdarbietung in gleicher Weise wie bei einem Einkauf zu gestalten und den negativen Einfluss der Methode sowohl auf das zu untersuchende Verhalten als auch auf das Wohlbefinden der Versuchsperson gering zu halten. Im Vergleich zu den Methoden der Informations-Display-Matrix und der Blickaufzeichnung hat sie den Nachteil einer geringeren Informationsfülle (Kroeber-Riel und Weinberg 2003, S. 283). Da in der vorliegenden Untersuchung die Information des Ausmaßes der Informationssuche jedoch ausreichend ist und die Prämisse möglichst realitätsnaher Bedingungen besteht, ist die direkte Beobachtung als die in diesem Fall geeignete Methode anzusehen.

Eine Beobachtung kann unter unterschiedlichem Bewusstseinsgrad der zu untersuchenden Personen stattfinden (Berekoven et al. 2004, S. 152). Aus den Hypothesen ergibt sich die Notwendigkeit, zur Untersuchung der Auswahlentscheidung die Versuchspersonen zur Auswahl aufzufordern, somit sind sie sich der *Aufgabe* bewusst. Da die Untersuchung als Laboruntersuchung geplant ist, ist den Personen zwangsläufig die *Versuchssituation* und die darin erfolgende Beobachtung bewusst. Um einen Einfluss von Claims auf die Auswahlentscheidung unter möglichst realistischen Bedingungen untersuchen zu können, darf den Versuchspersonen folglich nicht klar sein, dass der spezielle *Versuchszweck* die Claims sind. Somit ist eine nicht-durchschaubare und gleichzeitig nicht-teilnehmende Beobachtungssituation gegeben, in der der Beobachtungseffekt so gering wie unter den Versuchsumständen möglich gehalten wird.

Neben dem Bewusstseinsgrad muss bei der Methode der Beobachtung über den Standardisierungsgrad entschieden werden. Da es sich weder um eine explorative Studie handelt noch ein bislang wenig strukturierter Untersuchungsgegenstand zu beobachten ist, kann ein hoher Standardisierungsgrad der Beobachtung gewählt werden (Berekoven et al. 2004, S. 152 f.). Es ist lediglich das Ausmaß des Informationsverhaltens von Interesse und in quantifizierbarer Weise anhand geeigneter, beobachtbarer Indikatoren zu erheben.

Eine Beobachtung erfolgt zumeist über die visuelle Wahrnehmung des Beobachtungsgegenstandes. Aufgrund des hohen Standardisierungsgrades und der quantitativen Auswertung kann in diesem Fall nach visueller Wahrnehmung des Informationsverhaltens eine einfache ‚Strichliste‘ (Produkt berührt: Ja/Nein usw.) erstellt werden. Da eine Laboruntersuchung gewählt wird, ist eine Beobachtung mit Hilfe von Videoaufzeichnung möglich. Eine per Videoaufzeichnung erfolgte

Beobachtung kann im Vergleich zu simultan erfolgenden Notizen durch eine interviewende Person mehr, exaktere und überprüfbare Informationen über das beobachtete Verhalten generieren (Belk und Kozinets 2005; Berekoven et al. 2004, S. 153; Kroeber-Riel und Weinberg 2003, S. 263; Stafford und Stafford 1993; Lee und Broderick 2007; S. 121). Die Videoaufzeichnung erlaubt es zudem, die Gesamtdauer bis zur Entscheidung und ggf. die Dauer der Betrachtung einzelner Alternativen oder Produktseiten sekundengenau notieren zu können.

Für die Auswertung sollte aus der Beobachtung letztlich nur eine einzige Variable zur Messung des Ausmaßes der Informationssuche ermittelt werden. Es gibt zwar mehrere Indikatoren, die einen Hinweis hierauf liefern, sie können aber in einer synthetischen Variablen zusammengefasst werden. Als Indikatoren für das Ausmaß der Informationssuche eignen sich zum einen die Dauer der Informationssuche bezüglich aller Alternativen (so verwendet etwa von Dickson und Sawyer 1990) und zum anderen das Ausmaß der Betrachtung jeder einzelnen Alternative bezüglich des Berührens oder Berührens und Drehens (siehe z.B. Roe et al. 1999). Die beiden Indikatoren können als Quantität und Qualität der Informationssuche bezeichnet werden. Sofern nicht eine Annahme über die höhere Wichtigkeit eines Indikators vorliegt, können sie gleich gewichtet werden.

Eine direkte Beobachtung wird in der Konsumentenverhaltensforschung vergleichsweise wenig verwandt (Lee und Broderick 2007, S. 123), dies gilt entsprechend auch für das Untersuchungsobjekt Lebensmittel. Sie wird besonders dann eingesetzt, wenn das Verhalten im natürlichen Zusammenhang und unbemerkt beobachtet werden soll; Video-Aufnahmen sind hierbei besonders hilfreich (Belk und Kozinets 2005, S. 130 f.). Bei Lebensmitteln wird entweder beobachtet, welches Verhalten Konsumentinnen und Konsumenten bei der Lebensmittelauswahl am POS oder im Versuch zeigen oder wie sie bereits gekaufte Lebensmittel handhaben und verwenden. Letzteres ist z.B. im Zusammenhang mit der Gefahr von Verunreinigungen bei falscher Lagerung und Zubereitung und daraus folgenden Lebensmittelvergiftungen von Interesse im Bereich der Ernährungsforschung.

Im Folgenden sollen für die direkte Beobachtung von Konsumentinnen und Konsumenten am POS drei Studien beispielhaft erläutert werden. In einer Studie in den USA wurde etwa die Nutzung von Behältern zur Selbstabfüllung loser Ware im Supermarkt verdeckt beobachtet und festgestellt, dass häufig mit der Hand hineingegriffen und probiert wurde. In diesem Fall wurden Verhaltensabläufe am POS untersucht, um die Ladengestaltung und Produktpräsentation zu optimieren. Vorher festgelegte Beobachtungen über die Interaktion mit den Behältern lagen als Liste vor und wurden entsprechend angekreuzt, sodass quantitative Daten erzielt wurden (Johnson et al. 1985).

Häufig ist das Ziel von Beobachtungen am POS, etwas über die tatsächliche Nutzung von Produktinformationen zu erfahren. Dickson und Sawyer (1990) etwa maßen die Zeit zwischen Zuwendung zu den im Regal liegenden Produkten und dem Moment, in dem das gewählte Produkt in den Einkaufswagen gelegt wurde. Außerdem wurde, ebenfalls quantitativ, die Anzahl berührter Alternativprodukte während dieser Phase notiert. Sie stellten fest, dass nur sehr wenig Zeit für die Auswahlphase aufgewendet wurde. Zudem konnten sie zeigen, dass Preise oft nicht geprüft wurden, sodass das Preiswissen gering war. Eine ähnliche, unbemerkt ablaufende und quantitative Beobachtung wurde in zwei Studien durchgeführt, die die Untersuchung der tatsächlichen Nutzung von Ernährungsinformationen zum Ziel hatte. Daher wurde insbesondere die Zeit gemessen, die augenscheinlich dem Durchlesen der Nährwertkennzeichnung auf der Rückseite gewidmet wurde (Balasubramanian und Cole 2002; Moorman 1996).

In einem Experiment zu Claims – allerdings im Labor – wurde durch die interviewenden Personen unbemerkt notiert, ob nur die Frontseite des Produktes betrachtet wurde, nur die Rückseite (in dem Fall die Nährwertinformation), beides oder keines von beidem angeschaut wurde und hieraus eine kategoriale Variable der Informationssuche gewonnen (Roe et al. 1999). An diese Vorgehensweise kann sich in der vorliegenden Arbeit angelehnt werden.

4.2.4 Mündliche Befragung

Befragungen haben je nach der zu untersuchenden Fragestellung eine Reihe von Nachteilen. Diese Nachteile ergeben sich zum einen aus der Feststellung, dass Befragungspersonen mitunter nicht fähig sind, eine Frage wahrheitsgetreu zu beantworten, da sie sich etwa nicht richtig erinnern oder sich die Frage auf unbewusste Vorgänge oder Zusammenhänge bezieht, die nicht verbalisiert werden können (Kroeber-Riel und Weinberg 2003, S. 281). Zum anderen sind befragte Personen aber unter Umständen bewusst oder unbewusst nicht gewillt, eine Frage richtig zu beantworten. Dies beruht auf unterschiedlichen psychologischen Effekten und hat, je nachdem, worum es in der Frage geht, einen unterschiedlich stark verzerrenden Einfluss auf die Messgenauigkeit der Frage. Beispiele von Effekten bzw. Gründen, die auch für das Themengebiet ‚Gesundheit/Ernährung‘ und ‚Lebensmittelwahl‘ von Belang sein könnten, sind (im Überblick: Felser 2007, S. 468 ff.; Jacob und Eirmbter 2000, S. 53 ff. und 149 ff.; Schnell 2005, S. 352 ff.):

a) die Ablehnung von Fragen zu bestimmten Themengebieten,

b) die Antwort gemäß dem eigenen Wunschdenken statt des tatsächlichen Handelns,

c) eine ‚strategische‘ Antwort entsprechend dem, was die befragte Person sich als Ergebnis der Untersuchung wünschen würde,

d) eine ablehnende Haltung und dadurch beeinflusste Beantwortung von Fragen, wenn dem tatsächlichen oder vermeintlichen Untersuchungsziel negativ gegenübergestanden wird (etwa als Reaktanzverhalten), oder

e) die soziale Erwünschtheit, also das Geben von Antworten, die nach Ansicht der befragten Person dem Wunsch der Gesellschaft bzw. der interviewenden Person entsprechen.

Aus diesen Gründen wird bei Fragestellungen, für die oben genannte Einflüsse auf die Antworten zu erwarten sind, auf andere, nicht-sprachgebundene Methoden zurückgegriffen, obwohl diese mit einem höheren Aufwand verbunden sind. Ist dies nicht möglich, wird im Allgemeinen versucht, eventuelle Nachteile der Methode der Befragung durch entsprechende Fragenformulierung abzumildern. Dies kann etwa durch indirekte Fragen, ablenkende Fragen oder Projektionsfragen erfolgen oder über die Abfolge der Fragen im Fragebogen. In der vorliegenden Untersuchung kann für einige Fragestellungen auf eine ergänzende Befragung als dritte Erhebungsmethode nicht verzichtet werden, da sich diese Fragestellungen auf innere Vorgänge des Organismus beziehen. Neben dem Involvement sollen in der Befragung weitere psycho- bzw. soziodemografische Variablen erhoben werden, Beurteilungen von Einstellungs-Statements erfolgen und zudem das Wissen über und die Beurteilung des Claims erfragt werden.

Die Befragung sollte zeitlich nach der Auswahlentscheidung erfolgen, um einen Einfluss der Befragung und der Beantwortung der Fragen auf die Entscheidung auszuschließen (Chandon et al. 2005, S. 10 ff.). Aufgrund der persönlichen Anwesenheit der befragten Personen in der Kaufsimulation ist eine direkt anschließende Befragung sowohl in mündlicher als auch in schriftlicher Form möglich. In einer mündlichen Befragung können auch Fragen, die wie offene Fragen umfangreichere und komplexere Antworten erfordern, behandelt werden. Letztere haben den Vorteil, dass sie von der Frageformulierung weitgehend unbeeinflusste Antworten generieren. Durch die mündliche Form können Fragen gestellt werden, die die Versuchspersonen beantworten, ohne vom speziellen Untersuchungsziel der Claims zu wissen. Bei einem schriftlichen Fragebogen könnten die Befragten vor der Beantwortung zu späteren, spezifischen Fragen vorblättern, durch die sie das Untersuchungsziel frühzeitig erfahren (Schnell 2005, S. 360; Hüttner und Schwarting 2002, S. 68 ff.; Berekoven et al. 2004, S. 108, 118 ff.). Für die vorliegende Untersuchung wird aus diesen Gründen eine mündliche Befragung bzw. ein sogenanntes Face-to-Face-Interview gewählt.

Die zu erhebenden Variablen ergeben sich aus den formulierten Hypothesen. Darüber hinaus werden zumeist Variablen erhoben, die der Charakterisierung der Stichprobe hinsichtlich wichtiger soziodemografischer Variablen dienen, Kontrollfragen darstellen oder Hintergrundwissen zur Einordnung anderer Variablen darstellen, etwa Informationen über die vorherige Vertrautheit mit den verwendeten Produkten und die Kaufhäufigkeit derselben. In Verknüpfung mit der Kaufsimulation kann eine offene Frage nach den Gründen der Wahlentscheidung gestellt werden, um die Ergebnisse dieser direkten Frage mit dem Ergebnis der statistischen Auswertung kontrastieren zu können.

Da die Befragung unmittelbar der Kaufsimulation folgt, sollten im ersten Schritt Fragen zur vorangegangenen Informationssuche und Auswahlentscheidung gestellt werden, damit die Erinnerung hierzu möglichst vollständig ist. Um die frühzeitige Erkennung des genauen Untersuchungszieles zu verhindern, bietet sich eine entsprechende Reihenfolge der Fragen an. Im zweiten Schritt können die Fragen folgen, durch die den befragten Personen deutlich wird, dass es um das Thema Gesundheitsaspekte bei der Lebensmittelauswahl geht. Erst am Schluss sollte der Teil folgen, in dem die Befragten auf die Claims aufmerksam gemacht und zu diesen befragt werden. Die Befragung gliedert sich somit in drei Schritte, die sich durch eine zunehmende Annäherung an das Untersuchungsziel Claims kennzeichnen. Der Fragebogen für die mündliche Befragung enthält bis auf eine Frage geschlossene und standardisierte Fragen, da quantitative Daten generiert werden sollen und ein weitgehend standardisierter Fragebogen zudem aus Zeitgründen und zur Vermeidung von Ermüdung der Versuchspersonen angemessen ist.

4.3 Methodenwahl für die Datenauswertung

4.3.1 Wahl der logistischen Regression als Auswertungsverfahren

Zur Überprüfung der Hypothesen anhand der erhobenen quantitativen Daten stehen verschiedene statistische Analysemethoden zur Auswahl. Da Hypothesen über die Zusammenhänge bestehen und überprüft werden sollen, verengt sich die Auswahl auf Strukturen prüfende Verfahren (Backhaus et al. 2003, S. 8).

Den Hypothesen liegt die Frage zu Grunde, ob ein bestimmter Einflussfaktor in der Kaufsimulation einen merklichen Einfluss auf das Entscheidungsergebnis ausübt. Ziel- und abhängige Variable ist die Wahl oder Nicht-Wahl eines Claim-Produktes. Diese Variable ist nicht-metrisch und binär operationalisiert. Durch das nominale Skalenniveau der abhängigen Variablen wird die Auswahl der in Frage kommenden Strukturen prüfenden Verfahren stark eingeschränkt (Backhaus et al. 2003, S. 8). Es stellt sich daher die Frage, ob die abhängige Variable auch mit metrischer Skalierung operationalisiert werden könnte, um die Möglichkeit einer Durchführung einer linearen Regression sowie einer Varianzanalyse zu eröffnen. Generalisierte lineare Modelle wie lineare Regression und Varianzanalyse haben u.a. den Vorteil, dass sie auch bei einer relativ geringen Stichprobengröße anwendbar sind. Bei einer linearen Regression kann darüber hinaus eine Vielzahl von unabhängigen Variablen einbezogen werden. Die Varianzanalyse dagegen zeichnet sich dadurch aus, dass sie sich für die Untersuchung von Interaktionseffekten und bei Vorliegen nicht-metrischer unabhängiger Variablen eignet.

Eine metrische Skalierung der Zielvariablen mit Claim wäre erstens gegeben, wenn statt der Wahl bzw. Nicht-Wahl die Kaufwahrscheinlichkeit operationalisiert würde. Dies könnte erstens in der Form geschehen, dass die befragten Personen in der Befragung ihre Kaufbereitschaft bzw. -wahrscheinlichkeit für Produkte mit entsprechenden Claims einschätzen. Eine Erhebung der Zielvariablen über die Erhebungsmethode der Befragung wird jedoch unter der Prämisse möglichst realitätsnaher Erhebungsbedingungen abgelehnt.

Zweitens könnten die Produkte mit Claim im ‚Einkaufskorb' der Versuchsperson gezählt werden. Hierfür müsste jedoch eine relativ hohe Anzahl von verschiedenen Lebensmittelkategorien in der Kaufsimulation angeboten werden, damit die Auszählung der Produkte mit Claim innerhalb der gesamten von der Versuchsperson ausgewählten Produkte als metrische Variable angesehen werden kann. Eine deutliche Erhöhung des Produktsortimentes in der Kaufsimulation würde aber bedeuten, dass die Erfragung der produktbezogenen Variablen für jede Lebensmittelkategorie viel Zeit bedarf. Dies ist bei begrenzter Interviewlänge zur Vermeidung von Ermüdung bei den Versuchspersonen nicht möglich; abgesehen davon würden die Manipulation und der Kauf weiterer Produkte auch höhere Kosten verursachen. Da es im Hinblick auf die Fragestellung jedoch auch eher von Interesse ist, *ob* eine Person ein Produkt mit einem Claim wählt und weniger *wie viele*, erscheint eine dichotome Operationalisierung der abhängigen Variable an dieser Stelle angemessen.

Drittens könnte die abhängige Variable als Kaufhäufigkeit bzw. Marktanteil der Produkte operationalisiert werden. Hierbei würde z.B. für jedes Produkt ohne Claim und für jedes mit einem Claim versehene Produkt in jeder der Formulierungsweisen des Claims erhoben, welche Anzahl von Personen dieses Produkt in der Kaufsimulation auswählte. Dabei würden die Variablen jedoch nicht mehr auf der Ebene der einzelnen Kaufentscheidungen einer Person als einzelner Fall erhoben, sondern die Variablen würden über mehrere Personen, die sich für dasselbe Produkt entschieden haben, aggregiert. Da keine Wiederholungen (etwa in Form von Daten aus verschiedenen Experimentwiederholungen) vorliegen, würde sich die Zahl der Fälle dadurch jedoch stark reduzieren, da der einzelne Fall dann nur noch das einzelne Produkt in der jeweiligen Manipulation mit/ohne Claim und in der entsprechenden Formulierungsweise des Claims ist. Durch die Aggregierung würde zudem Informationstiefe verloren gehen. Aus diesem Grund erscheint diese dritte Möglichkeit ebenfalls nicht vorteilhaft.

Während die interessierende abhängige Variable somit nominales Skalenniveau hat, sind die zu untersuchenden Einflussfaktoren auf die abhängige Variable – die unabhängigen Variablen – von unterschiedlichem Skalenniveau. Aufgrund der nicht-metrischen Skalierung der abhängigen Variablen kommen als Auswertungsverfahren Diskriminanzanalyse, Kontingenzanalysen/Kontingenztabellen und logistische Regression in Frage. Die logistische Regression erlaubt, anders als Kontingenztabellen, sowohl nicht-metrische als auch metrische unabhängige Variablen (Andreß et al. 1997, S. 20). Im Vergleich vor allem zur Diskriminanzanalyse wird die logistische Regression als ein besonders ‚robustes' Verfahren angesehen, da u.a. weniger Modellprämissen, d.h. Annahmen über die Eigenschaften der zu Grunde gelegten Daten erfüllt werden müssen (Backhaus et al. 2003, S. 418; Gerpott und Mahmudova 2006, S. 498; Tabachnik und Fidell 2007, S. 437). Daher wird bei ähnlichen Fragestellungen zunehmend die logistische Regression vorgezogen (Krafft 1997, S. 626; Tabachnik und Fidell 2007, S. 441). Zudem haben die unabhängigen Variablen in der vorliegenden Arbeit unterschiedliches Skalen-Niveau. Aus diesen Gründen wird für die Auswertung der Daten die logistische Regression gewählt.

4.3.2 Erläuterung der logistischen Regression

Die logistische Regression wird, ähnlich wie die Diskriminanzanalyse, bei Fragestellungen über Gruppenunterschiede verwendet (Tabachnik und Fidell 2007, S. 437). Sie dient dazu, die Wahrscheinlichkeit der Zugehörigkeit eines Falls zu einer Gruppe der *abhängigen* Variablen durch eine oder mehrere *unabhängige* Variablen zu erklären. Die Zugehörigkeit zu einer Gruppe entspricht der Ausprägung einer nominal skalierten abhängigen Variablen, welche im einfachsten Fall einer binären logistischen Regression dichotom kodiert ist. Typische Beispiele einer Anwendung sind etwa in der Medizin Tod oder Überleben einer Krankheit, im Bankwesen Kreditwürdigkeit oder Kreditunwürdigkeit, in der Wahlverhaltensforschung die Wahl oder Nicht-Wahl einer Partei sowie in der Konsumentenverhaltensforschung der Kauf oder Nicht-Kauf eines Produktes (Backhaus et al. 2003, S. 418 f.).

Mathematisch findet bei der logistischen Regression – im Gegensatz zur Varianz- und Regressionsanalyse – eine nicht-lineare Funktion Anwendung, da die S-förmige logistische Funktion zu Grunde gelegt wird. Für die Wirkungsbeziehung zwischen den aus sachlogischen Gründen vermuteten Einflussfaktoren auf die abhängige Variable wird demzufolge ein nicht-linearer Zusammenhang angenommen (Backhaus et al. 2003, S. 426). Die S-förmige Funktion dient als Verknüpfungsfunktion. Durch sie kann eine angenommene latente abhängige Variable nur Werte zwischen 0 und 1 annehmen (Rohrlack 2007, S. 200). Die Höhe des Wertes der latenten abhängigen Variablen bestimmt, ob für den betreffenden Fall in der tatsächlichen abhängigen Variable 0 oder 1 vorausgesagt wird. Maßgeblich für die Klassifizierung ist der festgelegte Trennwert oder ‚Cut-Value‘, welcher dem Anteil der Beobachtungsfälle mit dem Wert 1 entspricht (Rohrlack 2007, S. 202).[12] Ähnlich wie bei der linearen Regressionsanalyse erfolgen bei der logistischen Regression eine Modellformulierung, eine Schätzung der Regressionsfunktion, eine Interpretation der Regressionskoeffizienten und eine Prüfung des Modells und der Merkmalsvariablen. Statt einer Minimierung der Abweichungsquadrate (ordinary least sqare, OLS) erfolgt jedoch eine Schätzung der maximierten Wahrscheinlichkeit (maximum likelihood estimation, MLE). Die Übereinstimmung der vorausgesag-

---

[12] Der Trennwert ist bei vielen Anwendungen von logistischen Regressionen auf 0,50 voreingestellt, da in anderen Fachdisziplinen – anders als zumeist in der Konsumentenverhaltensforschung – die tatsächliche Verteilung oft *nicht* bekannt ist (etwa bei Prognosen in der Medizin). Vermutlich aus diesem Grund findet der Trennwert in vielen Fachbüchern keine Erwähnung (z.B. Bühl 2006, S. 372 ff.), anders als z.B. in einem Skript für die Sozialwissenschaften (Fromm 2005, S. 16). Zur Einstellung des Trennwertes siehe auch (Hosmer und Lemeshow 2000, S. 156 ff.).

ten Wahrscheinlichkeiten mit den beobachteten Werten wird dabei in einem iterativen Prozess maximiert (Backhaus et al. 2003, S. 418 ff.).

Die binäre/binomiale logistische Regression – auch als binäres Logit-Modell bezeichnet (Rohrlack 2007, S. 199) – stellt die einfachste Variante einer logistischen Regression dar. Bei mehr als zwei Ausprägungen der abhängigen Variablen liegt jedoch eine multinomiale logistische Regression vor, etwa beim Beispiel der Entscheidung für eine von mehreren Parteien. Lassen sich die Ausprägungen im letzteren Fall in eine Reihenfolge bringen, beispielsweise bei der Wahl von erster, zweiter und dritter Klasse bei Flugreisen, so ist eine ordinale logistische Regression möglich (Gerpott und Mahmudova 2006; O'Connell 2006). Für diese Varianten ergeben sich im Einzelnen, etwa bei der Verwendung der Gütemaße, kleinere Unterschiede (Backhaus et al. 2003, S. 420). Darüber hinaus wurden im Zusammenhang mit Choice Experiments eine Vielzahl weiterer auf der Logit-Funktion basierende Modelle entwickelt, die jeweils Weiterentwicklungen oder Anpassungen auf unterschiedliche Fragestellungen und spezielle Datenprobleme darstellen (siehe hierzu etwa Andreß et al. 1997, S. 261 ff.; Hensher et al. 2005, S. 479 ff.; Louviere et al. 2000, S. 138 ff.). Bei den in der vorliegenden Arbeit zu untersuchenden Daten kann eine binäre logistische Regression Anwendung finden, sodass im Folgenden nur auf diese Variante der logistischen Regression eingegangen wird.

Zur Verwendung einer logistischen Regression sind vergleichsweise geringe Anforderungen an die Daten und das Modell zu erfüllen (Backhaus et al. 2003, S. 418; Gerpott und Mahmudova 2006, S. 498; Green et al. 1998, zitiert in Roth und Schrott 2006, S. 164; Krafft 1997, S. 639). Die unabhängigen Variablen können sowohl metrisch als auch nicht-metrisch skaliert sein, da nominal und ordinal skalierte Variablen mit Hilfe der Dummy Variablen-Technik in binäre Variablen zerlegt werden können (z.B. Andreß et al. 1997, S. 276 ff.; Hosmer und Lemeshow 2000, S. 32, Rohrlack 2007, S. 201). Zwischen den unabhängigen Variablen sollte keine Multikollinearität vorliegen sowie keine Autokorrelation bestehen (Backhaus et al. 2003, S. 470; Rohrlack 2007, S. 199). Es sollten möglichst keine fehlenden Werte enthalten sein, da dies durch den fallweisen Ausschluss zu einer Verringerung der Stichprobengröße führt (Andreß et al. 1997, S. 52). Insbesondere sollten keine ‚leeren Zellen' auftreten, d.h. dass für eine Ausprägung einer kategorialen unabhängigen Variablen keine Fälle in einer von beiden Gruppen der abhängigen Variable existieren (Andreß et al. 1997, S. 50; Menard 1995, S. 68; Tabachnik und Fidell 2007, S. 442). Ausreißer sollten aufgrund ihrer verzerrenden Wirkung genauer betrachtet und u.U. eliminiert werden (Backhaus et al. 2003, S. 448; Tabachnik und Fidell 2007, S. 443), das Gleiche gilt für übermäßig einflussreiche Fälle (Menard 1995, S. 73).

Besondere Beachtung verdient die Stichprobengröße: für die logistische Regression ist eine im Vergleich zur linearen Regression größere Stichprobe notwendig. Zur Abschätzung der Mindest-Stichprobengröße finden sich in der Literatur verschiedene Faustzahlen, es gibt jedoch keine einheitliche Empfehlung. So wird z.B. angegeben, dass die Fallzahl der gesamten Stichprobe mindestens 50 (Krafft 1997,

S. 629) bzw. mindestens 100 (Rohrlack 2007, S. 199) und die Fallzahl pro Gruppe der abhängigen Variablen mindestens 25 betragen sollte (Backhaus et al. 2003, S. 470). Peduzzi et al. schlagen als Orientierungsregel für die Fallzahl die ‚Events per Variable (EVP)‘ vor, errechnet als die Anzahl der Fälle in der *kleineren* Gruppe der abhängigen Variablen geteilt durch die Anzahl der einbezogenen unabhängigen Variablen. Die EVP sollte mindestens zehn sein (Peduzzi et al. 1996, S. 1373; hierauf Bezug nehmend auch Hosmer und Lemeshow 2000, S. 339 ff.). Beim Erhebungsdesign muss darauf geachtet werden, einen ausreichenden Stichprobenumfang sicherzustellen, um valide Ergebnisse zu erhalten. Einschränkend ist jedoch folgendes anzumerken: Hosmer und Lemeshow folgern in ihrem Grundlagenwerk zur logistischen Regression "There has been surprisingly little work on sample size for logistic regression" (Hosmer und Lemeshow 2000, S. 339). Sie erwähnen die Faustregel von Peduzzi et al. (1996) als hilfreiche Regel, empfehlen aber Folgendes: "As is the case with any overly simple solution to a complex problem, the rule of 10 should only be used as a guideline and a final determination must consider the context of the total problem" (Hosmer und Lemeshow 2000, S. 347). Die Faustregel der 10 EVP stellt tatsächlich die ‚strengste‘ aller Regeln für die Stichprobengröße logistischer Regressionsanalysen dar und ihr wird, wie die Literatur und die darin präsentierten Forschungsergebnisse zeigen, in vielen Fällen nicht gefolgt.

Bei der Interpretation der Regressionskoeffizienten ß ist zu beachten, dass durch den nicht-linearen Zusammenhang auch keine lineare Interpretation möglich ist. Regressionskoeffizienten können nicht direkt miteinander verglichen werden und einzelne unabhängige Variablen sind – aufgrund des S-förmigen Funktionsverlaufes – in ihrer Wirkung nicht konstant über die Breite ihrer Ausprägung (Backhaus et al. 2003, S. 431 f.). Eine absolut gleiche Veränderung der Ausprägungen einer unabhängigen Variablen um z.B. +1 führt daher zu einem unterschiedlich starken Einfluss auf die abhängige Variable, je nachdem ob diese Veränderung von z.B. 3 auf 4 oder von 13 auf 14 erfolgte (Beispiel siehe Backhaus et al. 2003, S. 433). Bei der Interpretation der Koeffizienten einer logistischen Regression ist daher nur die Richtung des Einflusses mühelos erkennbar. Zur Interpretation der Stärke des Einflusses wird auf die sogenannte ‚Odds Ratio‘ zurückgegriffen, definiert als Exp(ß) und auch ‚Effekt-Koeffizient‘ genannt.[13] Die Odds Ratio gibt an, wie sich eine Erhöhung der unabhängigen Variablen um eine Einheit auf das Chancenverhältnis der Eintrittswahrscheinlichkeit der Ausprägung 1 der abhängigen Variablen zur Gegenwahrscheinlichkeit des Eintretens der Ausprägung 0 auswirkt (Rohrlack 2007, S. 204). Das 95-%-Intervall der Odds Ratio liefert eine Information darüber, wie gesichert die Richtung und die Stärke des Einflusses ist: je kleiner es ist, desto gesicherter ist die *Stärke* des Einflusses. Sollte das Intervall aber den Bereich von unter

---

[13]   Der Regressionskoeffizient ß entspricht somit der logarithmierten Odds Ratio. Dass er auch als ‚Logit‘ bezeichnet wird, hat zu der Bezeichnung ‚logistische Regression‘ geführt (Krafft 1997, S. 628).

1 bis über 1 umspannen, dann ist die *Richtung* des Einflusses nicht gesichert (Rese und Bierend 1999, S. 240; Rohrlack 2007, S. 205). Zusammen mit den Regressions- koeffizienten wird zudem oft die Wald-Statistik angegeben: Alle Variablen, deren Wald-Wert größer als der jeweilige χ^2-Wert bei entsprechendem Freiheitsgrad ist, haben einen signifikanten Einfluss auf die abhängige Variable. Bei der Interpretati- on von kategorialen Variablen mit mehr als zwei Ausprägungen, welche entspre- chend Dummy-kodiert wurden, muss zudem beachtet werden, dass sich die Werte bezüglich der Wirkung auf die abhängige Variable zumeist auf den Vergleich mit der jeweiligen Referenzkategorie beziehen (Rohrlack 2007, S. 201, 205).[14]

Zur Beurteilung der Güte des Klassifikationsergebnisses steht eine Reihe von Gü- temaßen zur Verfügung, wie sie beispielsweise anschaulich von Backhaus et al. (2003), Krafft (1997), Rese und Bierend (1999) sowie Rohrlack (2007) beschrieben werden: Die folgende Beschreibung bis zum Ende des Kapitels basiert, wenn nicht anders gekennzeichnet, auf den eben genannten Quellen. Durch die Gütemaße wird zum einen getestet, *ob* die unabhängigen Variablen einen Erklärungsbeitrag liefern, und zum anderen, in *welchem Maße* sie zur Erklärung der Ausprägung der Be- obachtungsfälle beitragen. Gütemaße können in der Aussagekraft von einer stark unbalancierten Stichprobe – d.h. einem Ungleichgewicht der Häufigkeiten in den beiden Gruppen der abhängigen Variablen – beeinträchtigt werden, dies kommt je- doch erst für einen Bereich von mindestens 75/25% zur Geltung (Christensen et al. 2008). Im Folgenden werden die wichtigsten Gütemaße näher erläutert.

Im **Likelihood-Ratio-Test** (auch: Model-χ^2) wird ein Modell ohne unabhängige Variablen und nur mit einer Konstanten, das sogenannte Null-Modell LL_0, sowie ein Modell unter Einbezug aller unabhängiger Variablen, das sogenannte vollstän- dige Modell LL_v, geschätzt. Nach Abzug des Log-Likelihood-Wertes (LL) des voll- ständigen Modells vom Null-Modell verbleibt der Likelihood-Ratio-Wert (LR). Die Größe des LR-Wertes zeigt den zusätzlich durch die unabhängigen Variablen gelieferten Erklärungsbeitrag an. Ist der Wert des LR größer als der χ^2-Wert ent- sprechend der Anzahl der unabhängigen Variablen – gleichzusetzen mit Anzahl der Freiheitsgrade (FG) – des Modells, dann kann von einem bedeutenden Einfluss der abhängigen Variablen ausgegangen werden. Der Likelihood-Ratio-Test sollte de- mentsprechend für ein aussagekräftiges Modell einen recht hohen LR-Werts (in der Literatur sowie im SPSS-Output als χ^2-Wert bezeichnet) und ein Signifikanz- niveau unter der Signifikanzschwelle aufweisen.

Der **Hosmer-Lemeshow-Test** (auch: Hosmer-Lemeshow Goodness-of-Fit-Test) prüft, ob zwischen den beobachteten bzw. tatsächlichen Werten und den vorher- gesagten Werten eine Differenz besteht. Rechnerisch werden anhand der vor- hergesagten Wahrscheinlichkeiten 10 Gruppen gebildet und die Unterschiede

---

14 Der Vergleich mit einer Ausprägung der kategorialen Variablen, die als Referenzkategorie definiert wird, ist besonders gebräuchlich, es gibt allerdings auch andere Definitionsmög- lichkeiten bei der Dummy-Kodierung (Rohrlack 2007, S. 201, 205).

zwischen beobachteten und vorhergesagten Häufigkeiten des Ereignisses 1 per χ^2-Test geprüft. Die Nullhypothese lautet, dass die Differenz gleich Null ist, daher sollte sie dementsprechend für ein aussagekräftiges Modell *nicht* abgelehnt werden, damit gefolgert werden kann, dass die Abweichungen der vorhergesagten Werte zu den Beobachtungswerten lediglich zufällig sind. Der Hosmer Lemeshow-Test sollte bei einem aussagekräftigen Modell, im Gegensatz zum Likelihood-Ratio-Test, einen recht kleinen χ^2-Wert und ein Signifikanzniveau über der Signifikanzschwelle aufweisen.[15]

Als weiteres Gütemaß kann die **Klassifikationsmatrix** dienen. In dieser sind die Fälle in einer Vier-Felder-Matrix danach sortiert, ob für diesen Fall erstens Ausprägung 0 vorhergesagt *und* beobachtet wurde, zweitens Ausprägung 1 vorhergesagt, *aber* Ausprägung 0 beobachtet wurde, drittens Ausprägung 0 vorhergesagt, *aber* Ausprägung 1 beobachtet wurde und viertens Ausprägung 1 vorhergesagt *und* beobachtet wurde. Die im jeweiligen Feld der Matrix angegebene Zahl gibt die Anzahl der Fälle wieder, für die dies gilt, während am Rand der Matrix der Prozentsatz der richtigen Klassifizierungen – erstes Feld und viertes Feld, auf der Hauptdiagonalen von links oben nach rechts unten – angegeben ist. Die korrekte Klassifizierung eines aussagekräftigen Modells sollte höher sein als bei zufälliger Einordnung aller Fälle in die größere Gruppe der abhängigen Variablen, bezeichnet als *maximale* Zufallswahrscheinlichkeit oder ‚maximum change criterium' (MCC). Bei einer ungleichen Verteilung der Fälle in die Gruppen der abhängigen Variablen sollte die korrekte Klassifizierung mit der *proportionalen* Zufallswahrscheinlichkeit verglichen werden. Die proportionale Zufallswahrscheinlichkeit oder ‚proportional change criterium' (PCC) berechnet sich als: $a^2+(1-a)^2$; a entspricht dabei dem Anteil einer der beiden Gruppen der abhängigen Variablen.

Schließlich finden bei der logistischen Regression, ähnlich dem Bestimmtheitsmaß R^2 in der linearen Regression, R^2-Werte Anwendung, die zur besseren Abgrenzung auch **Pseudo-R^2-Statistiken** genannt werden. Diese quantifizieren den Anteil der durch das Modell erklärten Varianz der abhängigen Variablen. Rechnerisch beruhen die Pseudo-R^2-Statistiken ebenfalls auf einem Einbezug der Differenz zwischen vollständigem Modell LL_v und Null-Modell LL_o, wobei bei den R^2-Gütemaßen von McFadden, Cox & Snell sowie Nagelkerke je leichte Unterschiede in der Herleitung des Wertes bestehen. Nur Nagelkerkes R^2 ist so definiert, dass auch der Maximalwert von 1 erreicht werden kann, daher ist die inhaltliche Interpretation leichter und dieses Gütemaß den anderen vorzuziehen. Für ein aussagekräftiges Modell sollten die Werte über 0,2 liegen, in der Literatur wird ein Wert ab 0,2 als ‚akzeptabel', ein Wert über 0,4 als ‚gut' und ein Wert ab 0,5 als ‚sehr gut' interpretiert.

---

[15] Nach (Backhaus et al. 2006, S. 457) sollte das Signifikanzniveau sogar *über* 70% liegen. Diese Schwelle wird von Hosmer und Lemeshow (2000) selbst jedoch nicht erwähnt (Hosmer und Lemeshow 2000, S. 147 f.).

5.   Empirische Erhebung

5.1   Vorgehensweise und Datengrundlage

5.1.1 Umsetzung des Versuchsdesigns

Als Beispiellebensmittel wurden für die Erhebung die Kategorien Joghurt, Cerealien und Nudeln ausgewählt. Die Auswahl basierte auf einer vorangegangenen Expertenbefragung und inhaltlichen Überlegungen. Entsprechend Hypothese 7 waren Lebensmittel mit unterschiedlichem gesundheitlichem ‚Image' auszuwählen. Als eher ungesund eingeordnete Lebensmittel kamen nicht in Frage, da für diese aufgrund der Nährwertprofilvorgaben in der Claims-Verordnung nicht zu erwarten ist, dass sie mit Health Claims oder Reduction of Disease Risk Claims versehen werden können. Joghurt und Cerealien können als gesunde Lebensmittelkategorien angesehen werden, Nudeln dagegen als neutrale. Insbesondere Joghurt und Cerealien gehören zu den Lebensmitteln, die oft und zudem schon seit längerer Zeit mit gesundheitlichem Zusatznutzen versehen werden.[16] Aus diesem Grund sind sie auch häufig Untersuchungsobjekt in der Claims-Forschung (siehe Kap. 2.2.2). Von den als gesundheitlich neutral angesehenen Kategorien – zumeist Grundnahrungsmittel – wurden Nudeln gewählt, da sie von besonders vielen Personen in Deutschland konsumiert und entsprechend gekauft werden. Zudem sind sie ein verarbeitetes und entsprechend verpacktes Lebensmittel, sodass die Möglichkeit zur Auszeichnung mit einem Claim besteht.

Die als Stimuli auszuwählenden Produkte jeder Lebensmittelkategorie sollten bezüglich Geschmacksrichtung, Zutaten und Verpackung möglichst ähnlich sein, damit die Entscheidung nicht zu stark von diesen Faktoren abhängt. Die drei Lebensmittelkategorien wurden schließlich als Erdbeerjoghurt mit 3,5-3,7% Fettgehalt im 100-150-g-Becher, als Früchte-Müsli in der 500-750-g-Karton-Schachtel und als Hartweizen-Spaghetti ohne Ei in der 500-g-Packung operationalisiert. Hierfür wurde sich entschieden, da Produkte mit diesem Profil besonders typisch und verbreitet innerhalb der entsprechenden Lebensmittelkategorie sind. Aus den Sortimenten der Lebensmitteleinzelhandels-Geschäfte der Region wurden fünf Artikel unterschiedlicher Marken und Preisstellungen ausgewählt, die diesem Profil entsprachen (siehe Anhang, Tab. A.1). Im Folgenden werden die Lebensmittelkategorien mit Joghurt, Müsli und Spaghetti bezeichnet und jegliche Angaben bezüglich der drei Kategorien jeweils in dieser Reihenfolge aufgeführt.

---

[16]   In der Literatur wird oft als populäres Beispiel aufgeführt, dass Kellog's All-Bran Cerealien 1984 in den USA das erste mit einem Health Claim vermarktete Produkt waren. Der Claim soll sehr zum Erfolg des Produktes beigetragen, aber auch das Ernährungswissen bezüglich des Zusammenhanges zwischen Ballaststoffen und Darmkrebs verbessert haben (Calfee und Pappalardo 1991, S. 33 ff.; Williams 2005, S. 256).

Für die ausgewählten Lebensmittel gibt es in anderen Ländern (FDA 2008b; SNF 2004) bereits zugelassene Claims für Substanzen, die in diesen Lebensmittelkategorien enthalten sind. Diese Ernährungs-Gesundheits-Zusammenhänge sind zu den relativ bekannten und etablierten Zusammenhängen zu zählen. Entsprechend Hypothese 8 waren jedoch Ernährungs-Gesundheits-Zusammenhänge mit unterschiedlicher Bekanntheit zu verwenden. Für einen weniger bekannten, somit als innovativ und neuartig anzusehenden Ernährungs-Gesundheits-Zusammenhang bot sich aufgrund der breiten Palette an Zutaten Müsli an. Als innovativer Ernährungs-Gesundheits-Zusammenhang auf Müsli diente die Substanz Folsäure (Vitamin B 9) und deren Wirkung auf die Gehirnfunktion bzw. das Risiko von Altersdemenz (Koletzko und Pietrzik 2004).[17] Für Joghurt wurde Calcium und dessen Wirkung auf Knochen und Zähne bzw. das Risiko von Osteoporose – ein zugelassener Claim in den USA und Schweden – ausgewählt. Für Spaghetti schließlich fiel die Wahl auf Ballaststoffe und deren Wirkung auf die Darmfunktion bzw. das Risiko von Darmkrebs; dies ist in den USA ein zugelassener Claim. Der Wortlaut der Claims orientierte sich an den Formulierungen aus der Richtlinie der CAC (CAC 2004) und ist im Anhang zu finden (siehe Anhang, Tab. A.2). Am POS konnten Beispiele von Produkten gefunden werden, die die ausgewählten oder nah verwandte Ernährungs-Gesundheits-Zusammenhänge in einem Claim erwähnen: diese Beispiele verdeutlichen, dass die im Versuch verwendeten Ernährungs-Gesundheits-Zusammenhänge eine Relevanz für den Lebensmittelmarkt haben (siehe Anhang, Abb. A.4-7).

Die Claims sollten auf den Artikeln angebracht werden, ohne dass diese Manipulation offensichtlich ist. Aus diesem Grund wurde ein Grafikbüro damit beauftragt, die Claims in das Layout von jedem Artikel einzupassen. Das bis auf den Claim unveränderte Layout wurde als Aufkleber gedruckt (siehe Anhang, Abb. A.1-3). Während die Aufkleber bei Joghurt die komplette Außenwand der Joghurtbecher umfassten, hatten die Aufkleber bei Müsli die Größe der Frontseite der Karton-Schachteln. Dieses Vorgehen wurde gewählt, da ein Aufkleber nur in der Größe der Claims bei allen drei Lebensmittelkategorien ein Erkennen des Untersuchungsobjektes Claims zur Folge haben könnte. Nur bei Spaghetti entschied man sich aufgrund der Verpackungsart für Aufkleber in der gleichen Größe wie der Claim.

Die Claims waren nach Hypothese 6 in unterschiedlichen Claim-Arten zu formulieren. Da es gemäß der Definition in der Verordnung (EC) No 1924/2006 drei Arten gibt, ergaben sich hieraus im Versuchsdesign drei Experimentalgruppen. Jede befragte Person nahm an jeder Experimentalgruppe einmal teil, jedoch jeweils mit einem anderen Lebensmittel – die Claim-Art wurde über die jeweils drei Lebensmittel je Interview rotiert. Jeweils zwei der fünf Artikel jeder Le-

---

[17] Die Substanz Folsäure ist auch Gegenstand einer Untersuchung zu Claims und Konsumentenverhalten an der Universität Bonn (siehe Lensch et al. 2008).

bensmittelkategorie wurden mit einem Claim angeboten. Der Claim wurde zwischen den fünf Artikeln ebenfalls rotiert, sodass jeder Artikel gleich oft in Verbindung mit einem Claim präsentiert wurde (siehe Anhang, Tab. A.4). Zur Vereinfachung des Designs wurden nicht alle fünf Marken in jeglicher Kombination gemeinsam mit einem Claim präsentiert, sondern nur in der Kombination Marke A+B, B+C, C+D, D+E, E+A. Die Rotation sollte dazu dienen, den Einfluss von einzelnen Marken auf die Zielvariable ‚Kauf oder Nichtkauf eines Produktes mit Claim' zu minimieren. Die Zuordnung von Versuchspersonen zu den unterschiedlichen Versuchsbedingungen, die sich aus der Experimentalgruppe beim jeweiligen Lebensmittel und der Marken-Claim-Kombination ergeben, erfolgte durch Zufall. Aus der Anzahl möglicher Versuchsbedingungen (3 x 5) ergab sich der Bedarf einer durch 15 teilbaren Stichprobengröße, damit jede Marke gleich oft mit einem Claim jeder Claim-Art präsentiert wurde.

Als Labor-Räumlichkeiten konnte auf Räume der Universität Kassel in Witzenhausen, auf Räume der Universität Göttingen sowie der katholischen Hochschulgemeinde Göttingen (khg) und des Christlichen Vereins junger Menschen (CVJM) in Kassel zurückgegriffen werden, die alle jeweils zentral gelegen waren. Konsumentinnen und Konsumenten wurden vor Lebensmittelgeschäften und in Fußgängerzonen der drei Städte angesprochen. Teilnehmende Personen sollten verantwortlich für die Haushaltseinkäufe sein und wurden nach einer Alters- und Geschlechterquote ausgewählt (siehe Anhang: Tab. A.3). Zudem sollten sie die in der Untersuchung verwendeten Lebensmittelkategorien mindestens gelegentlich kaufen. Mit in Frage kommenden Personen wurde ein 45-minütiger Termin wochentags im Zeitraum 8.00-20.00 Uhr und samstags vormittags abgestimmt, an den in einem Telefonanruf noch einmal erinnert wurde. Der Termin bestand aus einer kurzen Einführung in die Aufgabe (siehe Anhang, Abb. A.8), der per Videokamera aufgenommenen und von den Versuchspersonen eigenständig ausgeführten Kaufsimulation, dem mündlichen Interview (siehe Anhang, Abb. A.9) im Laborraum und dem Erhalt der gekauften Produkte und der Aufwandsentschädigung für die Teilnahme im Vorraum des Laborraumes.

5.1.2 Charakterisierung der Stichprobe

Die empirische Erhebung fand im März und April 2007 statt. Insgesamt konnten 220 Interviews durchgeführt werden, von denen 10 wegen mangelnder Kriterienerfüllung der Versuchspersonen nicht auswertbar waren. Die 210 gültigen Interviews lieferten durch die Multiplikation mit der Anzahl der zur Wahl stehenden Lebensmittelkategorien 630 Fälle. In 31 Fällen bzw. in 5% der Fälle wurde die No-Choice-Option gewählt. Daher können 599 Fälle in die Auswertung bezüglich der Wahl eines Produktes mit bzw. ohne Claim einbezogen werden. Die Fälle wurden jeweils zu einem Drittel für Nutrition Claims, Health Claims und Health Risk Reduction Claims erhoben. Jede dieser Experimentalgruppen untergliederte sich wiederum in die drei Lebensmittelkategorien (siehe Abb. 5.1).

Die befragten Personen waren zu 71% Frauen und zu 29% Männer, was den höheren Anteil von Frauen unter den für den Haushaltseinkauf verantwortlichen Personen widerspiegelt und von der Quotenvorgabe bezüglich des Geschlechtes von 70% weiblicher zu 30% männlicher Personen leicht abwich.[18] Die Stichprobe entfiel entsprechend der Quoten-Vorgabe jeweils zu etwa der Hälfte auf Personen im Alter von 18-44 bzw. 45-75 Jahren, gemäß der Verteilung innerhalb der 18-75-Jährigen in Deutschland, welche 75% der Bevölkerung Deutschlands darstellen (Statistisches Bundesamt 2007). Innerhalb der Quotenvorgabe für Alter und Geschlecht war – abweichend von der Vorgabe von 70% für die Gesamtstichprobe – ein mit 75% höherer Frauenanteil unter den älteren und ein mit 67% niedrigerer Frauenanteil unter den jüngeren Personen angestrebt worden, um der Tatsache eines Frauenüberschusses in der älteren Altersgruppe und eines Männerüberschusses in der jüngeren Altersgruppe sowie unterschiedlich ausgeprägter Rollenaufteilungen Rechnung zu tragen. Bei circa einem Viertel der Befragten lebten Kinder im Alter von 0-18 Jahren im Haushalt. Die Haushaltsgröße verteilte sich zu etwa je einem Drittel auf Single-Haushalte (31%), Haushalte mit zwei Personen (33%) und Haushalte mit mehr als zwei Personen (35%). Personen mit höherer Bildung – gemeint ist in diesem Fall mindestens Abitur oder Fachabitur – sind mit 53% überrepräsentiert (Statistisches Bundesamt 2007, siehe auch Tab. 5.1).

Innerhalb der Stichprobe bestehen verschiedene Zusammenhänge zwischen den soziodemografischen Variablen. Aufgrund der Quotenvorgabe sind in der älteren Gruppe vergleichsweise mehr Frauen vertreten. Vor dem Hintergrund des üblichen Lebenszyklus ist es einleuchtend, dass ältere Versuchsteilnehmerinnen und Versuchsteilnehmer eher in Zwei-Personen-Haushalten wohnen (χ^2 [2, N = 630] = 35,015, p = ,000) und seltener noch Kinder im Haushalt leben (χ^2 [1, N = 630] = 5,320, p = ,021). Schließlich ist der Bildungsstand in der älteren Gruppe niedriger (χ^2 [1, N = 630] = 51,798, p = ,000), da erst in den letzten Jahrzehnten der Anteil der Schulabgängerinnen und Schulabgänger mit Abitur oder Fachabitur gestiegen ist (Statistisches Bundesamt fortlaufend).

Das Ernährungswissen ist keine soziodemografische Variable, soll aber aufgrund der möglichen Nähe zum Bildungsstand an dieser Stelle erwähnt werden. Auf die Frage *„Wie gut wissen Sie Ihrer Einschätzung nach über Fragen gesunder Ernährung Bescheid?"*, bewertet auf einer siebenstufigen Skala mit einem negativen und einen positiven Bereich, gab die Mehrheit der Befragten eine recht positive Selbsteinschätzung ab: 62% (Mittelwert 4,75; Standardabweichung 1,053) hielten ihr Ernährungswissen für eher, ziemlich oder sehr gut. Mit 39% wählten die meisten Befragten die mit *„eher gut"* beschriebene Skalenstufe.

---

[18] Eine Versuchsperson war bezüglich des Geschlechtes falsch eingeordnet worden, sodass in der älteren Altersgruppe eine Frau zuviel und ein Mann zu wenig befragt worden war.

Abbildung 5.1: Grafische Abbildung des Experimentaldesigns

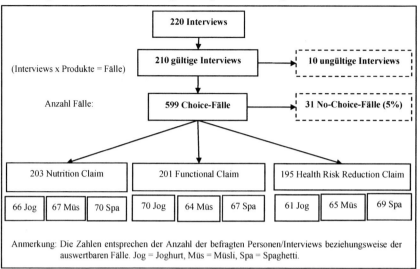

Anmerkung: Die Zahlen entsprechen der Anzahl der befragten Personen/Interviews beziehungsweise der auswertbaren Fälle. Jog = Joghurt, Müs = Müsli, Spa = Spaghetti.

Quelle: Eigene Darstellung

Tabelle 5.1: Charakterisierende Variablen der Stichprobe

Variable	Mittelwert oder Prozentsatz
Alter in Jahren	43,4
Altersgruppen:	
18 bis 44 Jahre:	49,5% (davon Frauen: 66,4%)
45 bis 75 Jahre:	50,5% (davon Frauen: 76,4%)
Geschlecht:	
Weiblich	71,4%
Männlich	28,6%
Kinder im Haushalt (0-18 Jahre)	26,7%
Haushaltsgrößen:	
Single-Haushalte	31,4%
Zwei-Personen-Haushalte	33,3%
Haushaltsmitgliederzahl >2	35,3%
Bildungsstand:	
Volks-/Hauptschule	16,2%
Realschule	28,1%
(Fach-)Abitur	32,4%
Hochschulabschluss	20,5%
Kein Abschluss/Sonstiges	2,9%
N = 210	

Quelle: Eigene Erhebung

5.1.3 Methodenbewährung im Versuchsablauf

Generell konnten die Versuchspersonen dem Eindruck der Durchführenden nach die Aufgabenstellung gut verstehen und bewältigen und zeigten sich zumeist interessiert und positiv eingestellt gegenüber Kaufsimulation, Beobachtung und Interview. Aus diesem Grund ist nicht zu erwarten, dass Protestverhalten, Unwillen oder Ermüdung einen negativen Einfluss auf die Messung und die Datenqualität hatte (Bradley und Daly 1994, S. 167; von Haefen et al. 2005, S. 1061).

Kaufsimulation

In der Kaufsimulation haben nur in Ausnahmefällen Teilnehmerinnen oder Teilnehmer angemerkt, dass der Claim eine Manipulation sei; und dies nur bei der Lebensmittelkategorie Spaghetti. Somit konnten die Befragten anscheinend erfolgreich im Unklaren über das spezielle Untersuchungsziel gelassen werden; eine Verzerrung der Ergebnisse speziell bezüglich der Claim-Wahl aufgrund von sozialer Erwünschtheit, strategischem Verhalten oder Reaktanz dürfte somit ausgeschlossen sein (Brehm 1989; Felser 2007, S. 467 ff.; Trommsdorf 2004, S. 295 f.). Nur etwas mehr als die Hälfte der Versuchspersonen, 52%, antwortete auf die Frage „*Zwei [Lebensmittelkategorie] in unserem Test tragen diese Aussage:* [Zeigen der Claims] *Haben Sie das gelesen?*" mit Ja. Hieraus kann geschlossen werden, dass es sich bezüglich der Claims im Experiment, wie geplant, nicht um eine Forced-Exposure-Situation handelte und die Claims somit z.T. nicht bewusst oder sogar gar nicht wahrgenommen wurden.

Von den im Versuch verwendeten jeweils fünf Marken hatten 77% (93% bei Joghurt, 61% bei Müsli und 77% bei Spaghetti) der Versuchspersonen mehr als eine Marke bereits vorher einmal gekauft. 38,7% der Befragten gaben an, sie hätten die gewohnte Marke gewählt. Der Anteil habitualisierter Kaufentscheidungen war somit, wie am POS auch (Block und Morwitz 1999, S. 343), mit fast 40% bedeutend. Aufgrund der für viele Artikel bestehenden Produkterfahrung ist es auch nicht verwunderlich, dass positive Produkterfahrungen und insbesondere der Geschmack bei der offenen Frage „*Warum haben Sie vorhin gerade diese[n/s] [Lebensmittelkategorie] ausgewählt?*" besonders häufig (zu 44% bzw. 26%) als Grund genannt wurden. Dieses Ergebnis bekräftigt, dass Marken eine wichtige Information beim Kauf darstellen und ihr Einbezug somit zu der Realitätsnähe des Versuchdesigns beiträgt.

Erwartungsgemäß wurden die unterschiedlichen Marken mit differierender Häufigkeit ausgewählt, so wie es auch am POS in Form eines unterschiedlichen Marktanteils zu beobachten ist (siehe Tab. 5.2).[19] Bei Joghurt wurde beispiels-

---

[19] Genaue Daten über die Marktanteile der verwendeten Marken in der Erhebungsregion liegen nicht vor, sodass nicht überprüft werden kann, inwieweit die Marktanteile in der Erhebung mit den Marktanteilen am POS übereinstimmen.

weise die Marke Landliebe deutlich bevorzugt, während bei Müsli die Wahl besonders oft auf die Marken Kölln und Dr. Oetker fiel. Bei Spaghetti schließlich zeigte sich, dass Barilla, gefolgt von der preislich günstigen Alternative Gut & Günstig, bevorzugt wurde und die Marke Kattus mit einer Wahlhäufigkeit von unter 5% stark aus dem Rahmen fiel. Für fünf Marken zeigte sich ein auf dem 10-%-Niveau signifikanter positiver Zusammenhang zwischen der Präsentation der Marke mit einem Claim und der Wahlentscheidung für diese Marke. Dies deutet darauf hin, dass zwischen der Marke und dem Claim eine Wechselwirkung bezüglich der Kaufentscheidung bestehen kann. Eine markenspezifisch unterschiedliche Wirkung von Claims auf die Kaufentscheidung könnte z.B. auf einer aus Sicht der Konsumentinnen und Konsumenten unterschiedlichen Glaubwürdigkeit der Herstellerunternehmen beruhen. Daher sollte bei Versuchsanstellungen unter Einbezug von Marken die Präsenz der Claims zwischen den Marken wechseln, etwa durch eine Rotation, so wie sie auch hier vorgenommen wurde (siehe Anhang, Tab. A.4).

Tabelle 5.2: Kaufentscheidungsergebnis je Marke und bei Präsenz eines Claims

Wahlentscheidungen für:			
Joghurt-Marke	**Von gesamt Joghurt (N = 197)**	**Anzahl**	**Davon mit Claim**
Almighurt*	20,3%	40	55,0%
Landliebe	33,0%	65	38,5%
Danone	14,2%	28	32,1%
Mibell*	13,7%	27	55,6%
Bauer	18,8%	37	46,5%
Müsli-Marke	**Von gesamt Müsli (N = 196)**	**Anzahl**	**Davon mit Claim**
Kölln*	26,0%	51	49,0%
Dr. Oetker	25,0%	49	40,8%
Schneekoppe	14,8%	29	51,7%
Hahne*	18,4%	36	52,8%
Brüggen Gourmet	15,8%	31	38,7%
Spaghetti-Marke	**Von gesamt Spaghetti (N = 206)**	**Anzahl**	**Davon mit Claim**
Barilla	31,5%	65	40,0%
Bancetto	18,0%	37	45,9%
Gut und Günstig	25,2%	52	44,2%
Buitoni	20,9%	43	46,5%
Kattus*	4,4%	9	66,7%

* Diese Marken wurden signifikant (p ≤ 0,1) häufiger gewählt als zu erwarten wäre (40%), wenn sie mit einem Claim präsentiert wurden. Keine Marke wurde signifikant *weniger* gewählt als die übrigen, wenn sie mit einem Claim versehen war.

Quelle: Eigene Erhebung

In 31 Fällen (somit etwa 5% der gesamten Fälle) wurde die No-Choice-Option gewählt: 13-mal bei Joghurt und 14-mal bei Müsli, aber nur viermal bei Spaghetti.

Auf die in diesem Fall gestellte Frage „*Warum haben Sie keine[n/s] ausgewählt?*"
gaben 20 Befragte zur Antwort, dass keine der fünf Marken mit ihren Wünschen
bezüglich Verpackung, Zutaten oder Preis etc. übereinstimmte. Weitere sechs Personen gaben Antworten wie etwa „*Ich habe derzeit genug [Lebensmittelkategorie]
zu Hause*", obwohl sie sich vorstellen sollten, dass diese Produkte auf ihrem Einkaufszettel standen. In den verbleibenden fünf Fällen einer Wahl der No-Choice-
Option stellte sich heraus, dass die Befragten ihre Nichtwahl mit „*Ich esse nie [Le-
bensmittelkategorie]*" erklärten, dies aber z.T. in der Screening-Befragung nicht
geäußert hatten. Alle genannten Antworten auf die Frage nach dem Grund, warum
keine Alternative gewählt wurde, verdeutlichen die Notwendigkeit der Einbeziehung einer No-Choice-Option, da Befragte – ohne wirkliches Interesse am Produkt und ohne diese Möglichkeit – eine willkürliche und u.U. sogar das Ergebnis
verzerrende Wahl treffen würden (Dhar und Simonson 2003, S. 146).

Beobachtung

Das beobachtete Verhalten der teilnehmenden Personen lässt ebenfalls den Schluss
zu, dass ein realitätsnahes Verhalten in der Informationssuch- und Entscheidungssituation gezeigt wurde. Die Informationssuche dauerte für alle Lebensmittelkategorien zusammen im Durchschnitt nur 1,81 Minuten. Je Choice Set wurden in dieser Zeit im Durchschnitt lediglich 1,2 der alternativ angebotenen Produkte berührt.
Dieses Verhalten dürfte recht gut dem Verhalten am POS nahekommen, bei dem
ebenfalls nur sehr wenig Zeit für die Auswahl der einzelnen Artikel aufgewendet
wird und wenige Produkte berührt werden (siehe etwa Dickson und Sawyer 1990,
S. 42: etwa 15 Sekunden je Entscheidung, 1 bis 2 Produkte berührt; Grunert
2008: 30 Sekunden je Entscheidung).

Befragung

Bei der Befragung schienen einige für Befragungen typische Artefakte wirksam
zu werden (siehe Kap. 4.2.4). Ein Beispiel ist die Tatsache, dass circa ein Drittel
der Befragten angab, den Ernährungs-Gesundheits-Zusammenhang zwischen
Folsäure (Vitamin B 9) und der Gehirnfunktion bzw. dem Risiko von Altersdemenz zu kennen. Dies erscheint vor dem Hintergrund der nur geringen Erwähnung dieses Zusammenhangs in Literatur und Medien nicht plausibel. Es lässt
sich vermutlich damit erklären, dass ein Unwissen nicht gerne zugegeben wird
und Wissen und Bildung sozial hoch angesehen sind. Zudem ist bekannt, dass in
Befragungen eine Tendenz zur Bejahung von Fragen besteht (sogenannte Ak-
quieszenz, siehe Schnell 2005, S. 354). Ein anderes Beispiel ist die gesundheitliche Einschätzung des gewählten Produktes im Vergleich zu den nicht-gewählten
Alternativen. Das gewählte Produkt wurde von 58% der Befragten als gesünder
eingeschätzt als der Durchschnitt der nicht-gewählten Produkte. Hier könnte
auch eine Rolle gespielt haben, dass die Befragten in der Beurteilung der gesundheitlichen Wirkung der Produkte das Ergebnis ihrer vorherigen Kaufent-

scheidung nachträglich mit einer guten gesundheitlichen Einschätzung rechtfertigten, um kognitive Dissonanz zu vermeiden (Felser 2007, S. 274 ff.). Hierbei insbesondere mit der besseren Wirkung auf die Gesundheit zu argumentieren und nicht mit anderen Gründen, wie etwa dem Preis, dürfte zudem aufgrund einer sozialen Erwünschtheit dieses Kaufgrundes erfolgt sein, denn das Argument der Gesundheit stellt ein ‚vernünftiges‘ und gesellschaftlich anerkanntes Argument dar.

Des Weiteren traten einige nur eingeschränkt vermeidbare Schwierigkeiten mit dem Verständnis der Fragen auf. Als ein Beispiel ist die siebenstufige Bewertungs-Skala bei den Statements zu nennen: Sie wurde z.T. sowohl unterschiedlich interpretiert als auch verschieden verwendet. Es gab etwa Befragte mit der Tendenz zur Verwendung der Extreme und solche mit der Tendenz zur Verwendung der Mitte; mitunter wurde sogar gedacht, jede Zahl der Skala dürfe nur einmal vergeben werden. Ein Beispiel einer nicht treffend genug gestalteten Frage ist die Formulierung „*Ist Ihnen das bekannt?*", die in der Experimentalgruppe Nutrition Claims anstelle der in diesem Fall unzutreffenden Frage „*Ist Ihnen der Zusammenhang, der in dieser Aussage beschrieben wird, bekannt?*" gestellt wurde. Dies stellte sich in den Interviews als ungenau formuliert heraus und musste jeweils erläutert werden.

Die Beispiele – insbesondere die einer Wirkung von Befragungs-Artefakten – verdeutlichen die Notwendigkeit eines soweit wie möglichen Verwendens von Methoden, die nicht auf Verbalisierung basieren. Der höhere Aufwand nichtsprachgebundener Methoden kann vor diesem Hintergrund als gerechtfertigt angesehen werden.

5.1.4 Beschreibung der Daten

Kaufsimulation

In der Kaufsimulation entschieden sich die Befragten in 45% der Fälle für ein Produkt mit einem Claim (siehe Tab. 5.3). Grundgesamtheit sind hier die 599 Fälle, in denen eine Entscheidung für eines der fünf angebotenen Produkte getroffen wurde. Über die drei Kaufentscheidungen hinweg betrachtet haben sich 17% der befragten Personen bei *keinem* der drei Lebensmittel für ein Produkt mit einem Claim entschieden, wohingegen 39% der Befragten in *mehr als einem* Fall eine Produktalternative mit einem Claim auswählten. Bezogen auf die Lebensmittelgruppen unterschied sich die Verteilung der Kaufentscheidungen für ein Produkt mit einem Claim mit 43% bei Joghurt, 46% bei Müsli und 45% bei Spaghetti nur wenig. Dasselbe lässt sich über die Verteilung in den verschiedenen Experimentalgruppen gemäß der Claim-Art sagen: mit 44% Entscheidungen für ein Produkt mit einem Claim angesichts von Nutrition Claims, 46% bei Health Claims und 44% bei Health Risk Reduction Claims.

Tabelle 5.3: Produkt- bzw. personenbezogenes Ergebnis der Kaufsimulation

Produktbezogene Ergebnisse (N = 630)		
	Ja	Nein
Kaufentscheidungen	95,1%	4,9%
Davon: Claim-Wahl	44,6%	55,4%
Claim-Wahl, aufgeteilt nach der Lebensmittelkategorie:		
Joghurt (197)	42,6%	57,4%
Müsli (196)	46,4%	53,6%
Spaghetti (206)	44,7%	55,3%
Claim-Wahl, aufgeteilt nach Claim-Art:		
Nutrition Claim (203)	43,8%	56,2%
Health Claim (201)	45,8%	54,2%
Health Risk Reduction Claim (195)	44,1%	55,9%
Personenbezogene Ergebnisse (N = 210)		
Anzahl der Kaufentscheidungen für ein Produkt mit einem Claim:		
Kein Produkt mit einem Claim gewählt (36)	17,1%	
Ein Produkt mit einem Claim gewählt (92)	43,8% (Zusammen: 61%)	
Zwei Produkte mit einem Claim gewählt (71)	33,8%	
Drei Produkte mit einem Claim gewählt (11)	5,2% (Zusammen: 39%)	

Quelle: Eigene Erhebung

Beobachtung

Die Videoaufzeichnung der Informationssuchdauer bzw. Entscheidungsdauer wurde rein quantitativ ausgewertet. Die Informationssuche für alle drei Produkte zusammen dauerte im Durchschnitt 1,81 Minuten, wobei die kürzeste Beobachtung bei einer Versuchsperson weniger als eine halbe Minute und die längste mehr als sieben Minuten dauerte (siehe Tab. 5.4). Die Zeit innerhalb der Informationssuchphase, die den einzelnen Lebensmittelkategorien gewidmet wurde, war für Joghurt und Spaghetti im Durchschnitt etwa gleich lang: circa eine halbe Minute. Der Kategorie Müsli widmeten sich die Befragten mit im Durchschnitt 0,80 Minuten etwas länger, was angesichts der größeren Fülle an Informationen auf den Müsli-Verpackungen einleuchtend ist.

Neben der Dauer der Informationssuche wurde die nähere Beschäftigung mit den einzelnen zur Wahl stehenden Alternativen beobachtet.[20] In reichlich der

---

[20] Keine Berührung eines Produktes wurde mit 0 kodiert, eine Berührung und Betrachtung lediglich der Vorderseite mit 1 und eine Berührung und Drehung des Produktes mit 2. Aus der Summe dieser zugeordneten Zahlen für fünf Produkte einer Lebensmittelkategorie ergab sich eine Quantifizierung des Ausmaßes der Informationssuche von minimal 0 bis maximal 10. Im Bereich 1-2 wurden somit ein oder zwei Produkte berührt, ab einem Wert von 3 mindestens zwei.

Hälfte der Fälle wurde bei der Informationssuche *keines* der Produkte berührt, wohingegen in knapp einem Drittel der Fälle *mindestens zwei* Produkte berührt wurden. Bei Müsli wurden mit 43% im Vergleich zu Joghurt und Spaghetti mit je 57% durch deutlich weniger Befragte *keine* Produkte berührt. Dafür wurden mit 40% im Vergleich zu Joghurt und Spaghetti mit 26% bzw. 25% durch deutlich mehr Befragte *mindestens zwei* Müsli-Produkte berührt.

Tabelle 5.4: Ergebnis der Beobachtung

Suchdauer in Minuten:				
	Mittelwert	**Minimum**	**Maximum**	**Standardabweichung**
Gesamt	1,81	0,27	7,28	1,344
Joghurt	0,45	0,00	2,48	0,395
Müsli	0,80	0,00	3,70	0,703
Spaghetti	0,53	0,00	3,47	0,503
Ausmaß der Informationssuche (Bereich 0-10):				
	Mittelwert	**Kein Produkt berührt**	**Ein oder zwei Produkte berührt**	**Mindestens zwei Produkte berührt**
			% (Anzahl Fälle)	
Gesamt	2,17	52,2%	17,5%	30,3%
Joghurt	2,04	56,7%	17,1%	26,2%
Müsli	2,77	43,3%	17,1%	39,5%
Spaghetti	1,70	56,7%	18,1%	25,2%

Alle Fälle wurden ausgewertet, daher ist die Fallzahl bei Gesamt 630 und bei den jeweiligen Lebensmittelkategorien 210.

Quelle: Eigene Erhebung

Befragung

Die Befragung gliederte sich in drei Abschnitte mit Fragen a) zur Kaufsimulation und den verwendeten Marken, b) der gesundheitlichen Bewertung der Produkte und der Bewertung von Involvement- und Einstellungs-Statements sowie c) der Beurteilung der Claims. Im Folgenden werden die hieraus gewonnenen Daten in der Reihenfolge beschrieben, in der die Abschnitte des Interviews aufeinanderfolgten.

Von den jeweils fünf alternativen Marken hatten die Befragten im Durchschnitt die Hälfte der Marken bereits früher gekauft (siehe Tab. 5.5). Die entsprechende Produkterfahrung mit den einzelnen Marken war bei Joghurt am weitesten verbreitet, da zwischen drei und vier der Marken bereits gekauft worden waren, bei Müsli dagegen am geringsten, da dies bei diesem Lebensmittel für weniger als zwei der Marken im Versuch galt. Auf die Frage, ob sie in der Kaufsimulation die üblicherweise gekaufte Marke gewählt hatten, antworteten bei Joghurt und Spaghetti reichlich bzw. knapp 40% mit Ja, bei Müsli bejahte dies jedoch nur etwa ein Drittel der Befragten.

Tabelle 5.5: Vorerfahrung der Befragten und Gewohnheitskauf der Marken

„Welche der [Lebensmittelkategorie] in der Auswahl wurden in Ihrem Haushalt schon mal gekauft?" (Auswertung: Anzahl genannter Alternativen)				
	Gesamt	Joghurt	Müsli	Spaghetti
Mittelwert	2,49	3,53	1,73	2,20
Standardabweichung	1,373	1,253	1,088	1,081
„Ist die gewählte Marke auch die [Lebensmittelkategorie]-Marke, die Sie am meisten kaufen?"				
	Gesamt	Joghurt	Müsli	Spaghetti
Mittelwert	38,7%	43,4%	33,9%	38,7%
Fallzahl bei der ersten Frage 630 (je Lebensmittelkategorie 210), bei der zweiten Frage 599 (je Lebensmittelkategorie 197, 196 bzw. 206).				

Quelle: Eigene Erhebung

In der einzigen offenen Frage innerhalb des Interviews wurden die Befragten gebeten, ihre Kaufgründe zu erläutern (siehe Tab. 5.6). Die Antworten wurden im Nachhinein kodiert, wobei viele Aussagen mehrere Antwortkategorien enthielten. Mit in 44% der Fälle am häufigsten wurden Gründe genannt, die aus einer vorherigen Produkterfahrung herrühren. Innerhalb dieser Kategorie spielte der Geschmack eine besondere Rolle, aber auch nicht weiter spezifizierte Aussagen über Gewohnheit und Qualität, wie etwa: *„kenne ich schon"*, *„kaufe ich am häufigsten"* und *„finde ich gut"*. Auf der Produkterfahrung basierende Gründe wurden für Joghurt am häufigsten genannt, was somit konsistent mit den Antworten auf die Produkterfahrung und die Kaufgewohnheiten bezüglich der Marken in der Erhebung ist. Durch jeweils rund ein Viertel der Befragten wurden inhaltliche Merkmale der Produkte – d.h. Zutaten (beispielsweise Fruchtgehalt in den Joghurts, Rosinen bei den Müslis und Hartweizengrieß bei den Spaghetti) und Nährwerte – und der Preis bzw. das Preis-Leistungs-Verhältnis genannt. Zutaten bzw. Nährwerte wurden bei Müsli vergleichsweise häufig genannt, während bei Spaghetti der Preis als Grund relativ oft Erwähnung fand. Schließlich wurden in etwa gleich vielen Fällen (zu je 13%) die Marke sowie deren Image und Leistung sowie optische Merkmale des Produktes genannt. Beispielhafte Aussagen hierzu sind etwa *„[Nennung des Markennamens] ist mir sympathisch"*, *„vermittelt am besten italienische Lebensart"* oder *„sehr bekannt, ist ein Markenprodukt"* für den als Marke bezeichneten Grund bzw. für die Optik *„sah lecker aus"* oder *„hat mich angesprochen"*. Beide Gründe wurden bei Müsli am häufigsten erwähnt. Ein Fazit bezüglich der gesundheitlichen Eignung wurde – zumindest explizit – kaum gezogen: nur in knapp 3% der Fälle (in 17 Fällen) wurde Gesundheit in der Begründung genannt, etwa durch Aussagen wie *„sah gesünder aus"*, *„am gesündesten zusammengestellt"* oder *„suggeriert Gesundheit"*. Für knapp 6% (in 36 Fällen) der Wahlentscheidungen erwähnten die Befragten die auf den Produkten angebrachten Claims als einen Kaufgrund.

Tabelle 5.6: Ergebnis der offenen Frage nach den Gründen des Kaufes

„Warum haben Sie vorhin gerade diese(n/s) [Lebensmittelkategorie] ausgewählt?" (Antworten wurden kodiert, Mehrfachantworten möglich)				
Grund	**Gesamt**	**Joghurt**	**Müsli**	**Spaghetti**
Produkterfahrung	44,1%	64,4%	24,8%	46,2%
Inhaltliche Merkmale	27,5%	19,0%	45,2%	18,1%
Preis	26,4%	19,5%	22,9%	36,7%
Marke	13,2%	11,4%	19,5%	8,6%
Optische Merkmale	13,0%	7,6%	18,1%	10,5%
Claim	5,7%	1,9%	4,3%	11,0%
Gesundheitsbewertung	2,7%	1,4%	6,2%	0,5%
Lebensmittelkategorie, in der der Grund am häufigsten genannt wurde, hervorgehoben. Gesamtfallzahl entspricht den 599 Fällen, in denen eine Alternative ausgewählt wurde.				

Quelle: Eigene Erhebung

Die Befragten wurden – sofern sie eine Wahlentscheidung getroffen hatten – gefragt, welche der angebotenen Alternativen *nicht* in Frage gekommen wären (siehe Tab. 5.7). Diese Frage gibt einen Hinweis auf die sogenannte Zurückweisungsrate. Der Involvement-Literatur zufolge ist das Involvement als höher anzusehen, wenn eine größere Anzahl von Produkt-Alternativen zurückgewiesen würde bzw. *nicht* in Frage kommt. In 44% der Fälle wurde in der Erhebung geantwortet, dass *keine* Alternative *nicht* in Frage gekommen wäre, und in 41%, dass *eine* nicht in Frage gekommen wäre. Nur in 15% der Entscheidungen wurden zwei oder mehr der alternativ angebotenen Artikel zurückgewiesen. Im Vergleich der Lebensmittelkategorien war dieser Anteil bei Müsli am höchsten und bei Spaghetti am geringsten.

Tabelle 5.7: Nicht in Frage kommende Alternativen in der Erhebung

„Welche[s] [Lebensmittelkategorie] wäre[n] gar nicht in Frage gekommen?" (Auswertung: Anzahl genannter Alternativen)				
	Gesamt	**Joghurt**	**Müsli**	**Spaghetti**
Mittelwert	0,75	0,70	0,87	0,69
Standardabweichung	0,818	0,838	0,928	0,663
Antwort: 0	44,1%	49,2%	42,3%	40,8%
Antwort: 1	40,7%	36,5%	34,7%	50,5%
Antwort: >1	15,2%	14,2%	23,0%	8,7%
Fallzahl beträgt 599 (je Lebensmittelkategorie 197, 196 bzw. 206).				

Quelle: Eigene Erhebung

Die Versuchspersonen wurden im zweiten Abschnitt des Interviews gefragt, für wie gesund sie die angebotenen Alternativen im Vergleich zueinander halten. Dafür sollten sie die einzelnen Produkte auf einer Rating-Skala von eins bis fünf (1 = am wenigsten gesund, 5 = am gesündesten) einsortieren. Ziel dieser Frage war es zu ermitteln, ob und um wie viele Punkte die Produkte mit Claim im Durchschnitt als gesünder eingeschätzt wurden als die Produkte ohne Claim. Die Produkte mit Claim wurden um + 0,2 Punkte als gesünder eingeordnet als die übrigen (siehe Tab. 5.8). Allerdings wurden mit + 0,6 Punkten auch die zuvor *gewählten* Alternativen tendenziell besser bewertet. Auf die Gesamtzahl der Fälle bezogen bedeutet dies, dass 48% der Befragten die Produkte mit einem Claim im Durchschnitt als gesundheitlich *besser* bewerteten als die Alternativen ohne einen Claim. Lässt man das gewählte Produkt bei diesem Vergleich außen vor, so haben mit 43% annähernd ebenso viele der Befragten Produkte mit Claim, die sie nicht gewählt haben, gesundheitlich besser bewertet als Produkte ohne Claim, die sie nicht gewählt haben.

Tabelle 5.8: Gesundheitliche Bewertung der Produkte in der Erhebung

Durchschnittliche gesundheitliche Bewertung der Produkte mit Claim im Vergleich zu den Produkten ohne Claim				
	Gesamt	**Joghurt**	**Müsli**	**Spaghetti**
Mittelwert	+ 0,18 (+ 0,17)	+ 0,13	+ 0,22	+ 0,19
Standardabweichung	1,143 (1,245)	1,190	1,153	1,088
Ergebnis: Weniger gesund	30,3% (31,7)	31,9%	35,7%	23,3%
Ergebnis: Gleich gesund	21,7% (25,6)	17,6%	11,4%	36,2%
Ergebnis: Gesünder	47,9% (42,7)	50,5%	52,9%	40,5%
Durchschnittliche gesundheitliche Bewertung des gewählten Produktes im Vergleich zu den nicht gewählten Produkten				
	Gesamt	**Joghurt**	**Müsli**	**Spaghetti**
Mittelwert	+ 0,60	+ 0,60	+ 0,69	+ 0,51
Standardabweichung	1,163	1,209	1,243	1,032
Es wurde eine fünfstufige Skala verwendet mit 1 = *„am wenigsten gesund"* und 5 = *„am gesündesten"*. Fallzahl beträgt für die erste Auswertung 630 (je Lebensmittelkategorie 210) und für die zweite 599 (je Lebensmittelkategorie 197, 196 bzw. 206). Angaben in Klammern geben die Werte für den Fall wieder, dass man die Bewertung der *nicht gewählten* Produkte *mit Claim* mit der Bewertung der *nicht gewählten* Produkte *ohne Claim* vergleicht.				

Quelle: Eigene Erhebung

Zur Messung des Produkt-Involvements wurden acht Statements verwendet, die jeweils einmal auf jede der drei Lebensmittelkategorien bezogen bewertet wurden. Jedes der Statements steht für eines der vier Dimensionen jedes Subkonstruktes von Involvement, wie es Mittal und Lee bzw. Knox et al. vorsahen (siehe Tab. 5.9; basierend auf Mittal und Lee 1989, S. 389 f.; Knox et al. 1994, S. 151 f.;

und Schulz 1997, S. 121). Drei der Dimensionen haben eine Entsprechung im jeweils anderen Subkonstrukt.

Zur Berechnung eines Involvementwertes werden die Bewertungen der acht auf einer siebenstufigen Skala beurteilten Involvement-Statements addiert, sodass jede Dimension jedes Subkonstruktes mit der gleichen Gewichtung einbezogen wird. Über alle 630 Fälle hinweg ergibt sich ein Mittelwert von 33,5. Der Involvementwert unterscheidet sich für die jeweils 210 Fälle je Lebensmittelkategorie nur leicht mit 35,0 bei Joghurt, 34,6 bei Müsli und 30,8 bei Spaghetti (siehe Tab. 5.10).

Tabelle 5.9: Verwendete Items zur Messung von Produkt-Involvement

Sub-konstrukt	Dimension	Item	Quelle
Objektbezogen	Wichtigkeit	Ich interessiere mich sehr für Fruchtjoghurt.	1
	Signal	Es verrät mir sehr viel über eine Person, wenn ich weiß, *ob* eine Person Fruchtjoghurt isst oder nicht.	1
	Freude	Ich gönne mir gerne einen besonders guten Fruchtjoghurt.	2
	Nutzen	Ich halte Fruchtjoghurt für einen sehr wichtigen Bestandteil einer gesunden Ernährung.	1
Kaufsituations-bezogen	Wichtigkeit	Ich wähle meinen Fruchtjoghurt sehr sorgfältig aus.	1
	Signal	Es sagt mir eine Menge über eine Person aus, *welche* Marken sie bei Fruchtjoghurt kauft.	1
	Freude	Ich glaube, dass man an Fruchtjoghurts verschiedener Marken unterschiedlich viel Freude hat.	1
	Risiko	Ich finde es ärgerlich, wenn man einen Fruchtjoghurt kauft, der nicht den eigenen Vorstellungen entspricht.	1
Formulierungen am Beispiel von Fruchtjoghurt erfolgten im Fragebogen entsprechend angepasst auch für Früchte-Müsli und Spaghetti (siehe Anhang, A.9). 1 = Quelle: Knox et al. 1994, 2 = Quelle: Schulz 1997.[21]			

Quelle: Eigene Erhebung

Die Fälle in der Erhebung wurden entsprechend des ermittelten Involvementwertes in eine Gruppe hohen Involvements und eine Gruppe niedrigen Involvements eingeteilt. Dabei wurde nicht nach einem Median-Split vorgegangen (Lockshin et al. 2006, S. 176; Verbeke et al. 2007, S. 180) oder die äußeren Quartile gewählt (Schulz 1997, S. 167), sondern eine Drittelung[22] und Auswahl der äußeren Terzile vorgenommen (siehe etwa Hollebeek et al. 2007, S. 13). Bei dieser Vorgehensweise wird eine bessere Unterscheidung der beiden Gruppen erreicht als beim

---

[21] Das entsprechende Item für objektbezogene Freude aus Knox et al. (1994) wirkte ins Deutsche übersetzt vergleichsweise umständlich, sodass es durch ein gleichbedeutendes Item aus Schulz (1997) ausgetauscht wurde.

[22] Anhand des Involvementwertes wurden *innerhalb* jeder Lebensmittelkategorie Terzile gebildet; Fälle auf den Trennwerten wurden den äußeren Gruppen zugeordnet.

Median-Split, jedoch die Fallzahl je Gruppe auch nicht zu sehr verringert. Die Gruppe von Fällen niedrigen Involvements umfasst 232 Fälle und weist einen Mittelwert des Involvements von 25,6 auf. In der Gruppe hohen Involvements dagegen ergibt sich ein Mittelwert des Involvements von 41,7 für 226 Fälle. Die Bewertungen der einzelnen Dimensionen im Mittelwert der gesamten Fälle bzw. der Fälle niedrigen und hohen Involvements sind in Tabelle 5.10 abzulesen.

Tabelle 5.10: Bewertung der einzelnen Items des Produkt-Involvements

Subkonstrukt bzw. Dimension		Lebensmittel	Gesamt (n = 630)		Niedriges Involvement (n = 232)	Hohes Involvement (n = 226)
			Mittelwert	Standard-abweichung	Mittelwert	Mittelwert
Objektbezogen	Wichtigkeit	Joghurt	5,07	1,787	3,88	6,19
		Müsli	4,26	1,786	3,06	5,51
		Spaghetti	4,78	1,867	3,39	5,93
	Signal	Joghurt	1,97	1,327	1,45	2,69
		Müsli	2,41	1,726	1,78	3,54
		Spaghetti	2,15	1,649	1,49	3,06
	Freude	Joghurt	5,45	1,640	4,42	6,33
		Müsli	4,77	1,896	3,46	6,01
		Spaghetti	4,86	1,809	3,31	6,25
	Nutzen	Joghurt	4,63	1,844	3,42	5,68
		Müsli	5,37	1,385	4,63	6,28
		Spaghetti	3,82	1,701	2,86	4,75
Kaufsituationsbezogen	Wichtigkeit	Joghurt	5,05	1,630	4,15	5,70
		Müsli	5,11	1,802	4,10	6,10
		Spaghetti	4,35	1,848	2,88	5,76
	Signal	Joghurt	2,49	1,572	1,79	3,37
		Müsli	2,40	1,647	1,76	3,23
		Spaghetti	2,40	1,672	1,68	3,37
	Freude	Joghurt	4,97	1,761	4,12	5,87
		Müsli	4,97	1,782	4,11	5,92
		Spaghetti	3,96	2,002	2,51	5,42
	Risiko	Joghurt	5,35	1,884	4,40	6,18
		Müsli	5,31	1,893	4,37	6,15
		Spaghetti	4,50	2,203	3,25	5,75
Involvementwert		Joghurt	34,97	7,393	27,64	42,01
		Müsli	34,62	7,614	27,27	42,73
		Spaghetti	30,81	8,732	21,36	40,28
		Gesamt	33,47	8,143	25,56	41,69

Es wurde eine siebenstufige Skala verwendet mit 1 = „Ich stimme überhaupt nicht zu" und 7 = „Ich stimme voll zu".

Quelle: Eigene Darstellung

In Tabelle 5.10 zeigt sich sehr deutlich, dass die Dimension Signal des Kaufes oder des Konsums für alle drei Lebensmittel im Vergleich zu den anderen Dimensionen als gering eingeschätzt wurde: Mit einem Mittelwert im Bereich von 2,0 bis 2,5 wurde den beiden Items am wenigsten zugestimmt. Die Zustimmung zu den Items der Dimensionen Risiko, Freude, Wichtigkeit und Nutzen bewegte sich dagegen im Mittelwert im Bereich zwischen 4,0 und 5,5 auf der siebenstufigen Skala. Den Befragten wurden über die Items des Produkt-Involvements hinaus weitere Aussagen zur Beurteilung vorgelegt, die sich auf den Zusammenhang zwischen Lebensmitteln und Gesundheit beziehen (siehe Tab. 5.11). In diesen Items drückt sich aus, ob die Versuchspersonen ein hohes Bewusstsein für, eine Beschäftigung mit und eine Sorge um den besonderen Zusammenhang zwischen Lebensmitteln, Ernährung und Gesundheit zeigen. Sie wurden als gesundheitsbezogenes Lebensmittel-Involvement zusammengefasst, indem – nach Umkodierung zweier Statements – die Bewertungen addiert wurden. Während die ersten drei Statements allgemeiner gehalten sind und eher der Dimension Wichtigkeit zugeordnet werden können, sind die übrigen ihrer Quelle gemäß der Dimension Risikobedeutung bzw. -wahrscheinlichkeit und der Dimension Signal zuzurechnen.

Tabelle 5.11: Verwendete Items zur Messung von gesundheitsbezogenem Lebensmittel-Involvement

Item	Quelle
Meine Ernährung hat einen sehr großen Einfluss auf meine Gesundheit.	
Ich mache mir oft Gedanken darüber, wie ich mich am besten gesund ernähren kann.	
Ich finde, es wird zu viel Wirbel um eine gesunde Ernährung gemacht.	1
Bei sehr billigen Lebensmitteln bin ich skeptisch, ob diese auch gesundheitlich unbedenklich sind.	2
Ich empfinde es als sehr große Verantwortung, für mich und andere Lebensmittel einzukaufen.	2
Ich denke, die Lebensmittelkontrolle sorgt für eine ausreichende gesundheitliche Qualität aller Lebensmittel.	2
Ich achte sehr darauf, welche Marke ein gesundes Image hat oder nicht.	3
Quelle 1 = Gesellschaft für Konsumforschung (GfK); Quelle 2 = angelehnt an Schulz 1997 (die ersten beiden Statements: Dimension Risikobedeutung, das letzte Risikowahrscheinlichkeit); Quelle 3 = angelehnt an Mittal und Lee (Dimension Signal).	

Quelle: Eigene Darstellung

Aus den sieben Statements ergibt sich ein mittlerer Involvementwert von 34,3. Auch für das gesundheitsbezogene Lebensmittel-Involvement wurde eine Einteilung in Terzile vorgenommen, um eine Gruppe niedrigen und eine Gruppe hohen Involvements unterscheiden zu können. 71 Befragte sind der Gruppe niedrigen Involvements zuzuordnen; sie zeigten im Mittel ein Involvement von 27,4, während 78 Befragte ein hohes Involvement von im Mittelwert 40,2 aufwiesen. Die Zustimmung zu den ersten beiden Statements bewegte sich im Mittelwert im Bereich zwischen 5,0 und 6,0, für die übrigen Aussagen im Bereich 4,0 bis 5,0 (siehe Tab. 5.12).

Tabelle 5.12: Bewertung der einzelnen Items des gesundheitsbezogenen Lebensmittel-Involvements

Item	Gesamt (n = 210)		Niedriges Involvement (n = 71)	Hohes Involvement (n = 78)
	Mittelwert	Standard-abweichung	Mittelwert	Mittelwert
Meine Ernährung hat einen sehr großen Einfluss auf meine Gesundheit.	6,20	1,219	5,31	6,90
Ich mache mir oft Gedanken darüber, wie ich mich am besten gesund ernähren kann.	5,12	1,442	4,04	5,96
Ich finde, es wird zu viel Wirbel um eine gesunde Ernährung gemacht. (Umkodiert)	5,10	1,771	3,96	6,00
Bei sehr billigen Lebensmitteln bin ich skeptisch, ob diese auch gesundheitlich unbedenklich sind.	4,81	1,822	3,68	6,08
Ich empfinde es als sehr große Verantwortung, für mich und andere Lebensmittel einzukaufen.	5,01	1,620	3,79	6,00
Ich denke, die Lebensmittelkontrolle sorgt für eine ausreichende gesundheitliche Qualität aller Lebensmittel. (Umkodiert)	4,16	1,703	3,68	4,55
Ich achte sehr darauf, welche Marke ein gesundes Image hat oder nicht.	3,87	1,733	2,96	4,55
Gesamt	34,27	3,046	27,41	40,24

Es wurde eine siebenstufige Skala verwendet mit 1 = *„Ich stimme überhaupt nicht zu"* und 7 = *„Ich stimme voll zu"*. Umkodierte Aussagen sind so zu interpretieren, dass ein höherer Wert eine stärkere *Ablehnung* der Aussage bedeutet.

Quelle: Eigene Darstellung

Im Rahmen der Befragung wurden auch vier Einstellungs-Statements bewertet (siehe Tab. 5.13). Zwei davon bezogen sich auf die Zustimmung zu Functional Food und sind an Statements der Gesellschaft für Konsumforschung angelehnt (Niessen 2008, S. 217). Der in Tabelle 5.13 zuerst aufgeführten Aussage wurde auf der siebenstufigen Skala mit im Mittelwert 4,8 stärker zugestimmt als der zweiten, welche eher abgelehnt wurde (Mittelwert 3,0). Die zwei übrigen Statements sind aus Aussagen der Befragten im Pretest abgeleitet und beziehen sich auf die Glaubwürdigkeit von durch Herstellerunternehmen formulierte Produktinformationen auf Lebensmitteln bzw. – als Gegensatz dazu – der Skepsis gegenüber eben diesen Texten. Die erste der beiden Aussagen wurde für die Auswertung revers kodiert, um die Werte addieren zu können. Den beiden Statements über Skepsis wurde mit im Mittelwert 4,8 in gleichem Maße zugestimmt.

Tabelle 5.13: Bewertungen der Einstellungs-Statements

„Ich finde es sehr gut, dass immer mehr spezielle Lebensmittel mit besonderem Nutzen für die Gesundheit entwickelt werden."								
1	2	3	4	5	6	7	Mittelwert	Standardabweichung
8,6%	13,3%	8,6%	9,5%	12,4%	19,5%	28,1%	4,75	2,067

„Ich kann mich nicht immer gesund ernähren, deswegen finde ich mit Vitaminen angereicherte Lebensmittel als Ergänzung sehr praktisch."								
1	2	3	4	5	6	7	Mittelwert	Standardabweichung
19,5%	17,6%	16,7%	16,7%	13,3%	9,0%	7,1%	3,00	1,855

„Was auf den Lebensmitteln draufsteht, ist wahr – sonst wäre es nicht erlaubt." (Umkodiert)								
1	2	3	4	5	6	7	Mittelwert	Standardabweichung
3,8%	9,5%	9,0%	17,6%	18,1%	22,4%	19,5%	4,82	1,727

„Was die Lebensmittelhersteller alles über die gesundheitliche Wirkung ihrer Produkte schreiben, ist nur ein Marketing-Trick."								
1	2	3	4	5	6	7	Mittelwert	Standardabweichung
0,5%	5,7%	15,7%	21,0%	22,9%	21,9%	12,4%	4,75	1,444

Fallzahl beträgt jeweils 630. Es wurde eine siebenstufige Skala verwendet mit 1 = „Ich stimme überhaupt nicht zu" und 7 = „Ich stimme voll zu". Die umkodierte Aussage ist so zu interpretieren, dass ein höherer Wert eine stärkere *Ablehnung* der Aussage bedeutet.

Quelle: Eigene Darstellung

Im letzten Teil der Befragung wurden die Befragten bewusst mit den Claims konfrontiert, indem die beiden jeweiligen Marken mit den Claims herausgesucht wurden und auf den Claim hingewiesen wurde. Auf die Frage „Haben Sie das gelesen?" wurde in reichlich der Hälfte der Fälle mit Ja geantwortet (siehe Tab. 5.14). Bei Joghurt lag die Zahl der positiven Antworten mit einem Viertel deutlich darunter, bei Müsli mit 60% leicht und bei Spaghetti mit 71% deutlich darüber. Diese Abstufung entspricht der sich aus den Verpackungen und deren Layout ergebenden Auffälligkeit der Claims – wenig augenfällig auf den kleinen Joghurtbechern, sehr dagegen auf den mit weniger Informationen ausgestatteten Spaghetti-Packungen – und ist vor diesem Hintergrund plausibel (siehe Anhang, A.1-3).

Tabelle 5.14: Erinnertes Lesen des Claims

„Haben Sie das [die Claims] gelesen?"				
	Gesamt	Joghurt	Müsli	Spaghetti
Ja	52,2%	24,8%	60,5%	71,4%
Fallzahl beträgt 630 (bzw. je Lebensmittelkategorie 210).				

Quelle: Eigene Darstellung

Angesichts der Claims wurden die Versuchspersonen um eine produktbezogene Beurteilung der Glaubwürdigkeit der Claims anhand einer jeweils siebenstufigen Skala mit einer negativen und positiven Seite gebeten. Die Glaubwürdigkeit des

Claims wurde im Mittelwert mit 4,3 bewertet (siehe Tab. 5.15). In 29% der Fälle wurde der Claim auf dem Produkt für sehr, ziemlich oder eher unglaubwürdig gehalten, mit 45% der Fälle wurde er aber deutlich häufiger für sehr, ziemlich oder eher glaubwürdig angesehen. Diese Beurteilung unterschied sich zwischen den Lebensmittelkategorien nur wenig. War der Claim als Nutrition Claim bzw. als Health Claim formuliert, bewertete ihn knapp die Hälfte der Befragten mit sehr, ziemlich oder eher glaubwürdig. Health Risk Reduction Claims wurden dagegen mit 37% vergleichsweise seltener als glaubwürdig eingestuft.

Tabelle 5.15: Beurteilung der Glaubwürdigkeit des Claims

„Für wie glaubwürdig halten Sie diese Aussage auf [Lebensmittelkategorie]?"								
1	2	3	4	5	6	7	Mittelwert	Standardabweichung
4,3%	8,1%	16,3%	9,5%	26,5%	16,8%	5,1%	4,26	1,472

Bezogen auf die Teilstichprobe ...	Joghurt	Müsli	Spaghetti	NC	HC	HRRC
Mittelwert	4,31	4,24	4,23	4,45	4,36	3,98
Standardabweichung	1,420	1,419	1,577	1,448	1,411	1,519
Sehr, ziemlich oder eher unglaubwürdig	26,2%	29,0%	31,0%	23,3%	26,2%	36,7%
Teils/teils	29,0%	24,3%	26,2%	28,1%	25,7%	25,7%
Sehr, ziemlich oder eher glaubwürdig	44,8%	46,7%	42,9%	48,6%	48,1%	37,6%

Die Skala war ausformuliert angegeben, der Bereich 1-3 entsprach jeweils der Bewertung sehr, ziemlich oder eher unglaubwürdig, der Bereich 5-7 der Bewertung sehr, ziemlich oder eher glaubwürdig; 4 entsprach der Antwort ‚Teils/teils'. NC = Nutrition Claim, HC = Health Claim, HRRC = Health Risk Reduction Claim. Fallzahl gesamt beträgt 630, je Lebensmittelkategorie und Experimentalgruppe 210.

Quelle: Eigene Darstellung

Die Frage nach der Vertrautheit mit dem im Claim beschriebenen Ernährungs-Gesundheits-Zusammenhang (siehe Tab. 5.16) beantworteten knapp zwei Drittel der Befragten mit Ja. Auf die Lebensmittelkategorien bezogen war dieser Anteil bei Joghurt mit 87% und Spaghetti mit 69% höher, bei Müsli hingegen mit nur einem Drittel deutlich niedriger. Wie die Antworten auf die Frage nach der wissenschaftlichen Erwiesenheit zeigen, hielten insgesamt 70% der Befragten den jeweiligen Claim für erwiesen; in 10% der Fälle konnten Befragte allerdings hierauf keine Antwort geben. Der Claim auf Joghurt wurde mit 81% im Vergleich zu Gesamt deutlich häufiger für erwiesen gehalten, der Claim auf Müsli mit 60% dafür etwas seltener. Diese Abstufung bezüglich der Kenntnis und der Einschätzung der Erwiesenheit des Claims entspricht dem Grad, mit dem sich die beschriebenen Zusammenhänge bezüglich ihrer Etabliertheit und Anerkanntheit unterscheiden (Joghurt > Spaghetti > Müsli). Unterschieden nach der Claim-Formulierung als Nutrition Claim, Health Claim oder Health Risk Reduction Claim, zeigt sich, dass den Befragten der Health Claim jeweils eher bekannt war als der Health Risk Reduction Claim und auch häufiger für erwiesen gehalten wurde.

Tabelle 5.16: Bekanntheitsgrad und Einschätzung der wissenschaftlichen Anerkanntheit des Ernährungs-Gesundheits-Zusammenhanges.

„Ist Ihnen der Zusammenhang, der in dieser Aussage beschrieben wird, bekannt?" (Auswertung: Ja)						
Gesamt	**Joghurt**	**Müsli**	**Spaghetti**	**NC**	**HC**	**HRRC**
63,5%	87,1%	34,3%	69,0%	55,2%	75,7%	59,5%
„Glauben Sie, dass dieser Zusammenhang wissenschaftlich erwiesen ist?" (Auswertung: Ja)						
Gesamt	**Joghurt**	**Müsli**	**Spaghetti**	**NC**	**HC**	**HRRC**
70,3%	81,4%	60,0%	69,5%	64,8%	78,6%	67,6%
Fallzahl bei der ersten Variablen gesamt beträgt 630, je Lebensmittelkategorie und Experimentalgruppe 210. Bei der zweiten Variablen Fallzahl gesamt 570, je Lebensmittelkategorie 201, 180 bzw. 189, je Experimentalgruppe 190, 195 bzw. 185. NC = Nutrition Claim, HC = Health Claim, HRRC = Health Risk Reduction Claim.						

Quelle: Eigene Darstellung

Tabelle 5.17: Beurteilung der Wichtigkeit des Claims für die Kaufentscheidung

„Für wie wichtig halten Sie diese Aussage für Ihre Einkaufsentscheidung von [Lebensmittelkategorie]?"								
1	**2**	**3**	**4**	**5**	**6**	**7**	**Mittelwert**	**Standardabweichung**
18,3%	18,4%	23,7%	12,1%	11,6%	10,5%	5,6%	3,34	1,794

Bezogen auf die Teilstichprobe ...						
	Joghurt	**Müsli**	**Spaghetti**	**NC**	**HC**	**HRRC**
Mittelwert	3,31	3,36	3,35	3,16	3,55	3,30
Standardabweichung	1,760	1,788	1,843	1,802	1,731	1,836
Sehr, ziemlich oder eher unglaubwürdig	61,90	59,05	60,00	64,76	54,29	61,90
Teils/teils	13,33	12,86	10,00	10,95	16,19	9,05
Sehr, ziemlich oder eher glaubwürdig	24,76	28,10	30,00	24,29	29,52	29,05
Die Skala war auch ausformuliert angegeben, der Bereich 1-3 entsprach jeweils der Bewertung sehr, ziemlich oder eher unwichtig, der Bereich 5-7 der Bewertung sehr, ziemlich oder eher wichtig; 4 entsprach der Antwort ‚Teils/teils'. NC = Nutrition Claim, HC = Health Claim, HRRC = Health Risk Reduction Claim. Fallzahl gesamt beträgt 630, je Lebensmittelkategorie und Experimentalgruppe 210.						

Quelle: Eigene Erhebung

Schließlich wurde die Wichtigkeit der Aussage des Claims für die eigene Kaufentscheidung erfragt (siehe Tab. 5.17). Hierbei wurde wiederum eine siebenstufige Skala mit einer negativen und positiven Seite verwendet. Mit 60% wurde in der deutlichen Mehrheit der Fälle die Bedeutung der Aussage für die Kaufentscheidung für sehr, ziemlich oder eher unwichtig gehalten. Nur in 28% der Fälle wurde die Aussage des Claims für sehr, ziemlich oder eher wichtig für die Entscheidung angesehen. Diese Einschätzung unterschied sich zwischen den Lebensmitteln und für die verschiedenen Claim-Formulierungen kaum.

5.2 Auswertungen bezüglich des Involvements

Bevor die Auswertung der Daten bezüglich der Hypothesen und der Wahl von Claim-Produkten erfolgt, soll zuerst einmal das Involvement näher betrachtet werden. Das Involvement stellt ein multidimensionales Konstrukt dar, für dessen Messung, wie Kapitel 3.3 gezeigt hat, eine Vielzahl von Instrumenten vorliegt. Involvement kann nicht direkt, sondern nur mit Hilfe von geeigneten Indikatoren erhoben werden. Die Tauglichkeit und der Eignungsvergleich dieser Instrumente ist in der Involvement-Literatur ein wichtiges Thema. Es hat sich wiederholt gezeigt, dass dasselbe Instrument bei Anwendung auf ein anderes Untersuchungsobjekt nicht unbedingt die gleichen Ergebnisse bezüglich der Unterscheidbarkeit der Dimensionen von Involvement liefert. Mit Hilfe einer Faktorenanalyse soll daher im **ersten Schritt** überprüft werden, inwiefern die gewählten Items für das Produkt-Involvement bzw. das gesundheitsbezogene Lebensmittel-Involvement die an sie gestellten Anforderungen der Messung unterschiedlicher Arten bzw. Subkonstrukte und Dimensionen des Involvements erfüllen.

Des Weiteren ergibt sich aus der Involvement-Literatur (siehe Kap. 3.2.1) eine Reihe von Annahmen über das Informations- und Entscheidungsverhalten unterschiedlich hoch involvierter Personen. Im **zweiten Schritt** soll daher geprüft werden, inwieweit sich diese Annahmen anhand der vorliegenden Daten bestätigen lassen und ob dabei hinsichtlich des Produkt- bzw. des gesundheitsbezogenen Lebensmittel-Involvements Unterschiede zu erkennen sind.

5.2.1 Überprüfung der Dimensionsmessung des Involvements

Zur Überprüfung des Involvement-Messinstrumentes erfolgt eine Faktorenanalyse. Eine Faktorenanalyse dient im Allgemeinen der Informationsverdichtung. Mit ihrer Hilfe wird in den Wirtschafts- und Sozialwissenschaften eine Vielzahl von Variablen auf die zugrunde liegenden, voneinander unabhängigen ‚Hintergrundvariablen' bzw. Faktoren reduziert (Backhaus et al. 2003, S. 260 ff.; Brosius 2006, S. 763). Das Verfahren wird somit auf Sachverhalte angewendet, die ähnlich wie Involvement nicht direkt, sondern nur über eine größere Zahl zu bewertender Items gemessen werden können. In der Involvement-Forschung findet es Anwendung, wenn Involvement-Messinstrumente entwickelt werden (Reduktion der Zahl von Items, siehe Laurent und Kapferer 1985, S. 44; McQuarrie und Munson 1992, S. 112; Mittal 1989b, S. 155) oder wenn die Involvement-Messung daraufhin überprüft wird, ob sie die Erwartungen erfüllt (Übereinstimmung von erwarteten Dimensionen und ermittelten Faktoren, siehe Hollebeek et al. 2007, S. 13; Jain und Srinivasan 1990, S. 596; McCarthy et al. 2001, S. 320; Schulz 1997, S. 177 ff.).

In der im Folgenden beschriebenen Faktorenanalyse (Hauptkomponentenmethode mit Varimax-Rotation) werden die acht Items des Messinstrumentes für das Produkt-Involvement und die sieben Items, die in der Erhebung als gesundheitsbezogenes Lebensmittel-Involvement zusammengefasst werden, gemeinsam untersucht. Für das Ergebnis wird erwartet, dass erstens, Produkt-Involvement und gesundheitsbezogenes Lebensmittel-Involvement auf unterschiedliche Faktoren zurückzuführen sind und zweitens, dass innerhalb des Produkt-Involvements die Subkonstrukte (objektbezogenes bzw. kaufsituationsbezogenes Involvement) und die Dimensionen (Wichtigkeit, Signal, Freude, Nutzen, Risiko) Unterschiede in der Faktorzuordnung aufweisen.

In Tabelle 5.18 ist das Ergebnis der Faktorenanalyse dargestellt. In der Tabelle ist auch eingetragen, ob das Item zur Messung von Produkt-Involvement (PI) oder gesundheitsbezogenem Lebensmittel-Involvement (GLMI) dienen soll bzw. welchem Subkonstrukt und welcher Dimension es zuzuordnen ist (siehe Kap. 5.1.4).

Tabelle 5.18: Ergebnis der Faktorenanalyse für die Involvement-Items

Ladung	Item	PI/ GLMI	Subkonstrukt	Dimension
Faktor 1: Erklärte Varianz: 23,076%; Eigenwert: 3,461 **– ‚Individuelle Produktbedeutung'**				
,768	Ich interessiere mich sehr für ___ .	PI	Objektbezogen	Wichtigkeit
,832	Ich gönne mir gerne einen besonders guten ___ .	PI	Objektbezogen	Freude
,709	Ich wähle meinen ___ sehr sorgfältig aus.	PI	Kaufsituationsbezogen	Wichtigkeit
,590	Ich halte ___ für einen sehr wichtigen Bestandteil einer gesunden Ernährung.	PI	Objektbezogen	Nutzen
Faktor 2: Erklärte Varianz: 12,088%; Eigenwert: 1,813 **– ‚Bedeutung der Ernährung für die Gesundheit'**				
,771	Meine Ernährung hat einen sehr großen Einfluss auf meine Gesundheit.	GLMI	–	–
,703	Ich mache mir oft Gedanken darüber, wie ich mich am besten gesund ernähren kann.	GLMI	–	–
,659	Ich empfinde es als sehr große Verantwortung, für mich und andere Lebensmittel einzukaufen.	GLMI	–	Risiko (Bedeutung)
,616	Ich finde, es wird zu viel Wirbel um eine gesunde Ernährung gemacht.[a]	GLMI	–	–

Tabelle 5.18: Ergebnis der Faktorenanalyse für die Involvement-Items – *Fortsetzung*

Ladung	Item	PI/ GLMI	Subkonstrukt	Dimension
Faktor 3: Erklärte Varianz: 9,915%; Eigenwert: 1,487 **– ‚Signalwirkung des Produktes'**				
,814	Es verrät mir sehr viel über eine Person, wenn ich weiß, <u>ob</u> eine Person ___ isst oder nicht.	PI	Objektbezogen	Signal
,799	Es sagt mir eine Menge über eine Person aus, <u>welche</u> Marken sie bei ___ kauft.	PI	Kaufsituations- bezogen	Signal
Faktor 4: Erklärte Varianz: 8,758%; Eigenwert: 1,318 **– ‚Unterschiede von Marken bzgl. des Gesundheitswertes'**				
,719	Bei sehr billigen Lebensmitteln bin ich skeptisch, ob diese auch gesundheitlich unbedenklich sind.	GLMI	–	Risiko (Bedeutung)
,802	Ich achte sehr darauf, welche Marke ein gesundes Image hat oder nicht.	GLMI	–	Signal
Faktor 5: Erklärte Varianz: 6,906%; Eigenwert: 1,036 **– , Unterschiede von Marken bzgl. der Qualität'**				
,679	Ich glaube, dass man an ___ verschiedener Marken unterschiedlich viel Freude hat.[b]	PI	Kaufsituations- bezogen	Freude
,654	Ich finde es ärgerlich, wenn man einen ___ kauft, der nicht den eigenen Vorstellungen entspricht.[b]	PI	Kaufsituations- bezogen	Risiko
,594	Ich denke, die Lebensmittelkontrolle sorgt für eine ausreichende gesundheitliche Qualität aller Lebensmittel.[a]	GLMI	–	Risiko (Wahrschein lichkeit)
Summe erklärte Varianz: 60,8%; Kaiser-Meyer-Olkin-Maß (KMO): 0,741; Bartlett-Test auf Sphärizität (χ^2 [105, N = 630] = 1953,027, p = ,000).				
[a] Die Bewertungen dieser Items wurden für die Analyse umkodiert, da sie in umgekehrter Richtung formuliert sind. [b] Bei Aufteilung der Stichprobe in die drei Lebensmittelkategorien sind diese Items für die Kategorie Spaghetti Faktor 3 statt Faktor 5 zugeordnet. PI = Produkt-Involvement, GLMI = gesundheitsbezogenes Lebensmittel-Involvement.				

Quelle: Eigene Darstellung

Die Faktorladungen der Items liegen über 0,5, sodass alle Items beibehalten werden. Für die 15 Items ergibt sich bei Auswahl nur der Faktoren, deren Eigenwert größer als 1 ist, eine fünffaktorielle Lösung, welche 61% der Gesamtstreuung erklärt. Gemäß der Interpretation des Kaiser-Meyer-Olkin-Maßes (KMO) von 0,741 ist das Modell ‚mittelprächtig' gut für eine Faktorenanalyse geeignet (Brosius 2006, S. 772). Gemäß dem Bartlett-Test auf Sphärizität (χ^2 [105, N = 630] = 1953,027, p = ,000) kann davon ausgegangen werden, dass die ermittelten Zusammenhänge zwischen den Items signifikant sind (Brosius 2006, S. 769).

Entsprechend dem Vorgehen von Mittal (1989b, S. 155) wird die Faktorenanalyse auch getrennt für alle drei Lebensmittelkategorien durchgeführt. Dabei ist zu beachten, dass Produkt-Involvement für jede Kategorie einzeln erfasst wurde, das gesundheitsbezogene Lebensmittel-Involvement jedoch nur einmal erfragt wurde, somit für jede Produkentscheidung (Fall) einer Person gleich ist. Hierbei ergibt sich für Joghurt und Müsli die gleiche Zuordnung der Faktoren wie für die Gesamtdaten, lediglich bei Spaghetti laden zwei Items in Faktor 5 für diesen zwar auch hoch, höher jedoch für Faktor 3 (siehe [b] in Tab. 5.18). Somit stimmen die Faktoren über die drei verwendeten Lebensmittelkategorien relativ gut überein. Die Ergebnisse für die auf die Lebensmittelkategorien aufgeteilte Faktorenanalyse werden daher nicht dargestellt.

Die Erwartung, dass Produkt-Involvement und gesundheitsbezogenes Lebensmittel-Involvement auf unterschiedliche Faktoren zurückzuführen sind, bestätigt sich im Ergebnis der Faktorenanalyse. Während die Faktoren 1 und 3 allein auf Items des Produkt-Involvements beruhen, gilt dies umgekehrt für Faktor 2 und 4 und das gesundheitsbezogene Lebensmittel-Involvement. Lediglich in Faktor 5 sind zwei Items des Produkt-Involvements mit einem Item des gesundheitsbezogenen Lebensmittel-Involvements zusammengefasst (mit Ausnahme von Spaghetti: hier sind die Items des Produkt-Involvements aus Faktor 5 dem Faktor 3 zugeordnet). Daher wird gefolgert, dass die zur Messung von Produkt-Involvement bzw. gesundheitsbezogenem Lebensmittel-Involvement ausgewählten Items wie erwartet in der Lage sind, zwei voneinander unabhängige ‚Hintergrundvariablen‘ zu messen.

Diese Erwartung kann jedoch für die Unterscheidbarkeit von Subkonstrukten und Dimensionen innerhalb des Produkt-Involvements nicht erfüllt werden. Es hat sich in der Involvement-Literatur oft gezeigt, dass bei der Zuordnung einzelner Items oder der Unterscheidbarkeit von zwei Dimensionen bei Prüfung oder Anwendung selbst bewährter Messinstrumente Abweichungen zu beobachten sind: So konnte etwa in mehreren Studien die Unterscheidbarkeit der Dimensionen *"pleasure"* und *"interest"* im ‚Consumer Involvement Profile‘ von Kapferer und Laurent (1985) nicht nachvollzogen werden (Jain und Srinivasan 1990, S. 601; Schneider und Rodgers 1996, S. 249), während die Dimension Freude zudem auch nicht eindeutig trennbar zu sein schien von der Dimension Signal (McCarthy et al. 2001, S. 319). Die Faktorenanalyse deutet in diesem Fall jedoch an, dass dies nicht nur für lediglich zwei der fünf, sondern für alle Dimensionen *mit Ausnahme* der Dimension Signal zu beobachten ist. Auch die Unterscheidbarkeit der durch Mittal und Lee (1989) vorgeschlagenen und mit dauerhaftem bzw. situationalem Involvement gleichgesetzten Subkonstrukte des objektbezogenen bzw. kaufsituationsbezogenen Involvements lässt sich nicht zeigen. Somit kann gefolgert werden, dass eine getrennte Messung der Subkonstrukte bzw. Dimensionen in den vorliegenden Daten nicht möglich ist.

Über die Gründe für die mangelnde Unterscheidbarkeit der Subkonstrukte bzw. Dimensionen kann an dieser Stelle nur spekuliert werden. So könnte ein Grund sein, dass Konsumentinnen und Konsumenten bei relativ häufig und wiederholt gekauften Produkten wie Lebensmitteln evtl. nicht zwischen der Kaufsituation und der generellen ‚Beziehung' zum Produkt unterscheiden, da die Kaufsituation – anders als etwa beim Autokauf – kein besonderer, entscheidender und seltener Moment in der Beziehung zwischen dem Individuum und dem Produkt ist. Die mangelnde Unterscheidbarkeit der Dimensionen könnte darin begründet sein, dass die drei verwendeten Lebensmittelkategorien evtl. eine relativ ähnliche Rolle spielen und das ihnen entgegengebrachte Involvement keine großen Unterschiede in der relativen Bedeutung der Dimensionen zueinander aufweist. Dies könnte anders sein, wenn als Kontrast ein Produkt wie beispielsweise Schokolade (bedeutend in der Dimension Freude) oder Sekt (bedeutend in der Dimension Signal) in der Erhebung verwendet worden wäre.

5.2.2 Unterschiede zwischen hoch und niedrig involvierten Personen

Die Involvement-Forschung hat gezeigt, dass es bezüglich des individuellen Verhaltens bei der Informationssuche und anderen mit der Kaufentscheidung zusammenhängenden Faktoren Unterschiede zwischen Personen mit einem hohen und einem niedrigen Involvement gibt (siehe Kap. 3.2.1). So kann etwa erwartet werden, dass hoch involvierte Personen mit höherer Wahrscheinlichkeit:

1. sich extensiver informieren,
2. eine höhere Zahl von Alternativen ablehnen (d.h. angeben, dass diese nicht in Frage gekommen wären),
3. ihr Ernährungswissen als höher einschätzen,
4. die im Claim beschriebenen Ernährungs-Gesundheits-Zusammenhänge kennen,
5. eine ausgeprägte Einstellung bezüglich Functional Food zeigen (unabhängig von der Richtung),
6. eine ausgeprägte (Nicht-)Skepsis gegenüber Herstelleraussagen auf Lebensmittelverpackungen aufweisen,
7. eine höhere Anzahl an Gründen für ihre Kaufentscheidung nennen und
8. Claims vergleichsweise wichtiger für ihre Kaufentscheidung halten.

Im Folgenden werden die Personen mit hohem Involvement mit den Personen niedrigen Involvements verglichen, um diese Annahmen zu überprüfen. Die Personengruppen unterschiedlich hohen Involvements werden mit Hilfe der in Kapitel 5.1.4 beschriebenen Terzilbildung identifiziert und als Gruppe der ‚Hochinvolvierten' bzw. der ‚Niedriginvolvierten' bezeichnet. Als Testverfahren findet für nominal skalierte Variablen der χ^2–Test Anwendung. Bei metrisch skalierten Variablen und annähernder Normalverteilung der Daten wird ein T-Test eingesetzt, andernfalls sowie bei ordinal skalierten Variablen der Mann-Whitney-Test. Der Vergleich erfolgt sowohl auf Basis des Produkt-Involvements als auch auf Basis des gesundheitsbezogenen Involvements. Der Stichprobenumfang beträgt dabei für ‚Hoch-/ Niedriginvolvierte' bezüglich des Produkt-Involvements 267/332 Fälle und bezüglich des gesundheitsbezogenen Involvements 234/213 Fälle (bzw. 78/71 Personen, da für alle durch eine Person erzeugten Fälle derselbe Wert gilt). Zwischen der Höhe des Produkt-Involvements und der Höhe des gesundheitsbezogenen Lebensmittel-Involvements besteht eine schwache positive Korrelation (Korrelationskoeffizient nach Pearson ,295; p = ,000).

Das Informationsverhalten wird bezüglich der Suchdauer für alle drei Lebensmittelkategorien in Minuten sowie des Ausmaßes der Informationssuche verglichen (siehe Kap. 5.1.4). Um zu ermessen, ob eine Einstellung ausgeprägt ist oder nicht, wird auf den jeweils siebenstufigen Skalen der Bereich von unter drei sowie der Bereich über fünf als ausgeprägt definiert. Neben den sich aus den Annahmen ergebenden Variablen werden die Gruppen zusätzlich auf mögliche Unterschiede in weiteren erhobenen Variablen untersucht. Dies sind die soziodemografischen Variablen (Alter, Geschlecht, Haushaltsgröße, Bildungsstand), die Variablen der gesundheitlichen Beurteilung der Produkte (der Claim-Produkte, des jeweils gewählten Produktes), der Beurteilung der Claims bzw. deren Inhalt (Glaubwürdigkeit der Claims, Erwiesenheit des Ernährungs-Gesundheits-Zusammenhanges) sowie die Frage, ob der Claim vor der Befragung gelesen wurde und ob die gewohnte Marke gewählt worden ist.

Im Hinblick auf das Informationsverhalten (siehe Tab. 5.19) zeigt sich, dass die Annahme eines extensiveren Informationsverhaltens von ‚Hochinvolvierten' für das gesundheitsbezogene Lebensmittel-Involvement bezüglich beider Indikator-Variablen bestätigt werden kann. Im Gegensatz dazu weisen die bezüglich des Produktes hoch involvierten Personen eine *kürzere* Informationssuchdauer auf, die Annahme wird für das Produkt-Involvement somit widerlegt.

Tabelle 5.19: Informationsverhalten hoch und niedrig involvierter Personen

| Variable | Involvement-Intensität: | | Test | N |
	hoch	niedrig		
Produkt-Involvement:				
Dauer der Informationssuche in Minuten (*)	Ø 1,76	Ø 1,89	Z = -1,742, p = ,081	458
Ausmaß der Informationssuche (0-10)	Ø 2,02	Ø 2,25	Z = -1,111, p = ,267	458
Gesundheitsbezogenes Lebensmittel-Involvement:				
Dauer der Informationssuche in Minuten (*)	Ø 1,91	Ø 1,62	Z = -1,910, p = ,056	149
Ausmaß der Informationssuche (0-10) (*)	Ø 2,52	Ø 1,82	Z = -1,715, p = ,086	149
Signifikante Variablen hervorgehoben. Es gilt: p ≤ ,001 = ***; p ≤ ,01 = **; p ≤ ,05 = * und p ≤ ,1 = (*). Zur Operationalisierung der Variablen siehe Kapitel 5.1.4.				

Quelle: Eigene Darstellung

Betrachtet man die Anzahl der abgelehnten Alternativen – d.h. der alternativen Produkte, die nach Aussage der befragten Person nicht für den Kauf in Frage gekommen wäre –, so ist kein Unterschied zwischen den Gruppen zu erkennen; dasselbe gilt für die Anzahl der für die Kaufentscheidung genannten Gründe. Jedoch schätzen die ‚Hochinvolvierten' in beiden Gruppenvergleichen ihr Ernährungswissen entsprechend der Erwartung als besser ein und tendieren auch mit größerer Wahrscheinlichkeit zu der Antwort, dass ihnen der Ernährungs-Gesundheits-Zusammenhang bekannt sei. In beiden Gruppenvergleichen bewerten die ‚Hochinvolvierten' die Claims, wie vorweg vermutet, als wichtiger für ihre Kaufentscheidung. Die Wichtigkeit wurde dabei aber auch durch die hoch involvierten Personen nicht als hoch, sondern im Mittelwert nur entsprechend der Aussage „*Teils/teils*" eingeschätzt (siehe Tab. 5.20).

Tabelle 5.20: Gruppenunterschiede hoch und niedrig involvierter Personen

Variable	Involvement-Intensität:		Test	N
	hoch	niedrig		
Produkt-Involvement:				
Anzahl der abgelehnten Alternativen (0- 5)	Ø 0,78	Ø 0,71	Z = -,537, p = ,141	433
Anzahl der für die Kaufentscheidung genannten Gründe	Ø 1,83	Ø 1,79	Z = -1,473, p = ,591	458
Einschätzung des Ernährungswissens (7-stufige Skala) ***	**Ø 5,05**	**Ø 4,53**	Z = -5,301, p = ,000	458
Kenntnis des Ernährungs-Gesundheits-Zusammenhanges *	**68,6%**	**59,1%**	χ^2 = 4,502, p = ,034	458
Wichtigkeit des Claims für die Kaufentscheidung (7-stufige Skala) ***	**Ø 3,81**	**Ø 3,05**	Z = -4,128; p = ,000	458
Gesundheitsbezogenes Lebensmittel-Involvement:				
Anzahl der abgelehnten Alternativen (0-5)	Ø 0,78	Ø 0,72	Z = -,537, p = ,141	424
Anzahl der für die Kaufentscheidung genannten Gründe	Ø 1,83	Ø 1,77	Z = -,134, p = ,894	447
Einschätzung des Ernährungswissens (7-stufige Skala) ***	**Ø 5,09**	**Ø 4,37**	Z = -6,267, p = ,000	447
Kenntnis des Ernährungs-Gesundheits-Zusammenhanges *	**69,7%**	**58,2%**	χ^2 = 6,352, p = ,012	447
Wichtigkeit des Claims für die Kaufentscheidung (7-stufige Skala) ***	**3,73**	**2,95**	Z = -4,496, p = ,000	447

Signifikante Variablen hervorgehoben. Es gilt: p ≤ ,001 = ***; p ≤ ,01 = **; p ≤ ,05 = * und p ≤ ,1 = [(*)].
Zur Operationalisierung der Variablen siehe Kapitel 5.1.2 und 5.1.4.

Quelle: Eigene Darstellung

Bezüglich Functional Food zeigen die hoch involvierten Personen im Gruppenvergleich auf Basis des Produkt-Involvements, wie erwartet, eine ausgeprägtere Einstellung als die niedrig involvierten Personen. Das Gegenteil ist jedoch hinsichtlich der Skepsis gegenüber Herstelleraussagen auf Lebensmitteln zu beobachten: die ‚Hochinvolvierten‘ auf Basis des Produkt-Involvements weisen hier *seltener* eine ausgeprägte Einstellung auf als die ‚Niedriginvolvierten‘. Bei beiden Gruppenvergleichen ist zu erkennen, dass hoch involvierte Personen eine positivere Einstellung gegenüber Functional Food und eine geringere Skepsis bezüglich der Herstelleraussagen auf Lebensmitteln zeigen (siehe Tab. 5.21).

Tabelle 5.21: Einstellungsunterschiede hoch und niedrig involvierter Personen

| Variable | Involvement-Intensität: | | Test | N |
	hoch	niedrig		
Produkt-Involvement:				
Zustimmung zu Functional Food **(Ø von 2 Items, 7-stufige Skala) *****	**Ø 4,52**	**Ø 3,67**	**Z = -5,878; p = ,000**	**458**
Ausgeprägte Zustimmung/Ablehnung von Functional Food (*)	**53,1%**	**44,4%**	**$\chi^2 = 3,469$, p = ,063**	**458**
Skepsis gegenüber Herstelleraussagen auf Lebensmitteln (Ø von 2 Items, 7-stufige Skala) **	**Ø 4,62**	**Ø 4,92**	**Z = -2,708; p = ,007**	**458**
Ausgeprägte (Nicht-)Skepsis gegenüber Herstelleraussagen auf Lebensmitteln *	**36,7%**	**47,0%**	**$\chi^2 = 4,947$, p = ,026**	**458**
Gesundheitsbezogenes Lebensmittel-Involvement:				
Zustimmung zu Functional Food **(Ø von 2 Items, 7-stufige Skala) *****	**Ø 4,46**	**Ø 3,82**	**Z = -4,724; p = ,000**	**447**
Ausgeprägte Zustimmung/Ablehnung von Functional Food	46,2%	45,1%	$\chi^2 = ,053$, p = ,818	447
Skepsis gegenüber Herstelleraussagen auf Lebensmitteln (Ø von 2 Items, 7-stufige Skala) **	**Ø 4,69**	**Ø 4,98**	**Z = -2,598; p = ,009**	**447**
Ausgeprägte (Nicht-)Skepsis gegenüber Herstelleraussagen auf Lebensmitteln	44,1%	42,3%	$\chi^2 = ,311$, p = ,577	447

Signifikante Variablen hervorgehoben. Es gilt: p ≤ ,001 = ***; p ≤ ,01 = **; p ≤ ,05 = * und p ≤ ,1 = (*).
Zur Operationalisierung der Variablen siehe Kapitel 5.1.4.

Quelle: Eigene Darstellung

Die beiden Gruppen Hochinvolvierter und Niedriginvolvierter werden ferner hinsichtlich Unterschieden in weiteren Variablen untersucht. Bezüglich soziodemografischer Variablen (siehe Tab. 5.22) ist festzustellen, dass die hoch involvierten Personen in beiden Gruppenvergleichen älter und häufiger weiblichen Geschlechts sind. Personen mit mindestens (Fach-)Abitur sind in der bezüglich des

Produktes hoch involvierten Gruppe zu einem *geringeren* Prozentsatz vertreten. In letzterem Vergleich sind auch Unterschiede in den Haushaltsgrößen zu erkennen: Zwei-Personen-Haushalte sind in der Gruppe der hoch involvierten Personen häufiger anzutreffen als Haushalte mit mehr als zwei Personen, was vor dem Hintergrund des Unterschieds im Alter plausibel ist. Unterschiede in dem Anteil von Haushalten mit Kindern zeigen sich in keinem der beiden Gruppenvergleiche.

Tabelle 5.22: Soziodemografische Unterschiede hoch und niedrig involvierter Personen

Variable	Involvement-Intensität:		Test	N
	hoch	niedrig		
Produkt-Involvement:				
Alter in Jahren ***	**Ø 46,95**	**Ø 41,10**	T = -4,229; p = ,000	458
Geschlecht (weiblich) *	**77,4%**	**69,0%**	$\chi^2 = 4,179$, p = ,041	458
Bildungsstand (mind. [Fach-]Abitur) ***	**44,7%**	**61,2%**	$\chi^2 = 12,539$, p = ,000	458
Kinder im Haushalt	24,3%	25,9%	$\chi^2 = ,142$, p = ,707	458
Haushaltsgröße (1-/2-/>2-Personen-Haushalt) (*)	**31,4/39,8/28,8%**	**33,2/30,6/36,2%**	$\chi^2 = 4,831$, p = ,089	458
Gesundheitsbezogenes Lebensmittel-Involvement:				
Alter in Jahren ***	**Ø 46,95**	**Ø 41,10**	T = -8,135; p = ,000	447
Geschlecht (weiblich) ***	**79,5%**	**59,2%**	$\chi^2 = 21,867$, p = ,000	447
Bildungsstand (mind. [Fach-]Abitur)	47,4%	53,5%	$\chi^2 = 1,652$, p = ,199	447
Kinder im Haushalt	25,6%	22,5%	$\chi^2 = ,587$, p = ,444	447
Haushaltsgröße (1-/2-/>2-Personen-Haushalt)	33,3/33,3/33,3%	38,0/31,0/31,0%	$\chi^2 = 1,072$, p = ,585	447

Signifikante Variablen hervorgehoben. Es gilt: $p \leq ,001$ = ***; $p \leq ,01$ = **; $p \leq ,05$ = * und $p \leq ,1$ = (*).

Quelle: Eigene Darstellung

Bei der Beurteilung der Produkte mit Claim ist kein signifikanter Unterschied in der gesundheitlichen Bewertung zu erkennen, die hoch involvierten Personen halten somit die Claim-Produkte nicht in stärkerem Maße für gesünder im Vergleich zu den übrigen Produkten als die niedrig involvierten Personen. Dafür ordnen ,Hochinvolvierte' gemäß beider Gruppenvergleiche das *gewählte* Produkt als deutlich gesünder im Vergleich zu den nicht-gewählten Produkten ein. Hoch involvierte Personen halten die im Claim beschriebenen Ernährungs-Gesundheits-Zusammenhänge nicht signifikant häufiger für erwiesen, aber bewerten die

Claims dennoch – im Gruppenvergleich bezüglich des Produkt-Involvements – als glaubwürdiger (siehe Tab. 5.23).

Tabelle 5.23: Unterschiede in der Claim-Beurteilung hoch und niedrig involvierter Personen

Variable	Involvement-Intensität: hoch	niedrig	Test	N
Produkt-Involvement:				
Gesundheitliche Beurteilung der Claim-Produkte im Vergleich zu den Produkten ohne Claim	Ø 0,13	Ø 0,19	$Z = -,715,$ $p = ,475$	458
Gesundheitliche Beurteilung des gewählten Produktes * **	**Ø 0,73**	**Ø 0,37**	$Z = -3,206,$ $p = ,001$	458
Ernährungs-Gesundheits-Zusammenhang als erwiesen angesehen	79,6%	74,9%	$\chi^2 = 1,303,$ $p = ,254$	412
Glaubwürdigkeit der Claims (7-stufige Skala) * **	**Ø 4,49**	**Ø 4,02**	$Z = -3,374,$ $p = ,001$	458
Gesundheitsbezogenes Lebensmittel-Involvement:				
Gesundheitliche Beurteilung der Claim-Produkte im Vergleich zu den Produkten ohne Claim	Ø 0,30	Ø 0,14	$Z = -1,478,$ $p = ,139$	447
Gesundheitliche Beurteilung des gewählten Produktes * **	**Ø 0,76**	**Ø 0,41**	$Z = -3,600,$ $p = ,000$	447
Ernährungs-Gesundheits-Zusammenhang als erwiesen angesehen	78,0%	79,1%	$\chi^2 = ,062,$ $p = ,803$	405
Glaubwürdigkeit der Claims (7-stufige Skala)	Ø 4,44	Ø 4,20	$Z = -1,575,$ $p = ,115$	447

Signifikante Variablen hervorgehoben. Es gilt: $p \leq ,001$ = ***; $p \leq ,01$ = **; $p \leq ,05$ = * und $p \leq ,1$ = (*). Zur Operationalisierung der Variablen siehe Kapitel 5.1.4.

Quelle: Eigene Darstellung

Bezüglich der Antwort auf die Frage, ob der Claim bereits vor der Befragung gelesen worden war, sind keine Unterschiede der Gruppen hoch involvierter und niedrig involvierter Personen auf Basis des Produkt-Involvements zu erkennen. Das Gegenteil ist im Gruppenvergleich auf Basis des gesundheitsbezogenen Involvements der Fall: Hier gaben ‚Hochinvolvierte' während der Erhebung häufiger an, den Claim bereits vor der Befragung gelesen zu haben. Dies ist vor dem Hintergrund, dass sie auch eine extensivere Informationssuche zeigen, plausibel. Bezüglich der Produkte ‚Hochinvolvierte' gaben deutlich häufiger an, die gewohnte Marke gewählt zu haben. Dieses Ergebnis könnte eine Erklärung für ihre weniger extensive Informationssuche darstellen und ließe sich so deuten, dass hier eine stärkere Markentreue von höher involvierten Personen zum Tragen kommt, wie sie auch in der Literatur berichtet wird (siehe Kap. 3.2). Einen Unterschied im Anteil der Wahl der gewohnten Marke zeigt sich zwischen den bezüglich des gesundheitsbezogenen Involvements hoch bzw. niedrig involvierten Personen dagegen nicht (siehe Tab. 5.24).

Tabelle 5.24: Vergleich des Lesens von Claims und Markenwahl hoch und niedrig involvierter Personen

Variable	Involvement-Intensität:		Test	N
	hoch	niedrig		
Produkt-Involvement:				
Claim gelesen	51,3%	50,9%	$\chi^2 = ,010,$ $p = ,921$	458
Gewohnte Marke gewählt ***	**50,0%**	**27,1%**	$\chi^2 = 23,725,$ $p = ,000$	**429**
Gesundheitsbezogenes Lebensmittel-Involvement:				
Claim gelesen *	**56,0%**	**46,5%**	$\chi^2 = 4,032,$ $p = ,045$	**447**
Gewohnte Marke gewählt	38,5%	40,3%	$\chi^2 = ,144,$ $p = ,704$	422
Signifikante Variablen hervorgehoben. Es gilt: $p \leq ,001 = $ ***; $p \leq ,01 = $ **; $p \leq ,05 = $ * und $p \leq ,1 = $ (*).				

Quelle: Eigene Darstellung

In Tabelle 5.25 und 5.26 sind die Ergebnisse des Gruppenvergleichs der hoch und niedrig involvierten Personen für beide Involvement-Arten noch einmal zusammengefasst. Zusammenfassend lässt sich Folgendes zeigen:

Für beide Involvement-Arten

Für beide Involvement-Arten bestätigt sich, dass bei einer höheren Involvement-Intensität das Ernährungswissen als höher eingeschätzt wird, die Befragten häufiger den Ernährungs-Gesundheits-Zusammenhang kennen und den Claim für wichtiger für ihre Kaufentscheidung halten. Hoch involvierte Personen äußern eine höhere Zustimmung zu Functional Food und eine geringere Skepsis gegenüber Herstelleraussagen auf Lebensmittelverpackungen. Sie neigen stärker als niedrig involvierte Personen dazu, das von ihnen gewählte Produkte für gesünder als die nicht gewählten Produkte zu halten. Unter den hoch involvierten Personen sind insbesondere Frauen sowie in stärkerem Maße ältere Personen vertreten.

Für Produkt-Involvement

Nur für die bezüglich des Produktes hoch involvierten Personen bestätigt sich, dass diese eine ausgeprägtere Einstellung in Bezug auf Functional Food haben. Entgegen der Erwartung erweist sich die Skepsis bezüglich Herstelleraussagen auf Lebensmittelverpackungen als *weniger* ausgeprägt. Ebenfalls entgegen der Erwartung ist das von den hoch Involvierten gezeigte Informationsverhalten, da es *weniger* extensiv ist. Die bezüglich des Produktes hoch involvierten Personen haben einen geringeren Bildungsstand. Sie beurteilen die Claims als glaubwürdiger als die bezüglich des Produktes niedrig involvierten Personen. In der Gruppe mit einem hohen Produkt-Involvement wurde deutlich häufiger geäußert, dass die gewohnte Marke gewählt worden sei.

Für gesundheitsbezogenes Lebensmittel-Involvement

Für die Personen, die sich bezüglich des gesundheitsbezogenen Lebensmittel-Involvements als hoch involviert erweisen, lässt sich die Annahme eines extensiveren Informationsverhaltens bestätigen – dieses Ergebnis steht somit im Gegensatz zu dem Ergebnis über das Informationsverhalten der bezüglich des *Produktes* hoch involvierten Personen. Die bezüglich des gesundheitsbezogenen Lebensmittel-Involvements hoch involvierten Personen gaben häufiger an, den Claim bereits vor der diesbezüglichen Frage im Interview[23] bemerkt und gelesen zu haben.

Tabelle 5.25: Überprüfung der Annahmen über Zusammenhänge zwischen Involvementhöhe und verschiedenen Variablen

Annahmen über hoch involvierte Personen	Gilt für Gruppenvergleich:	
	PI	**GLMI**
Personen mit hohem Involvement informieren sich extensiver.	Nein (*)	Ja (*)
Personen mit hohem Involvement lehnen eine höhere Anzahl von Alternativen ab.		
Personen mit hohem Involvement schätzen ihr Ernährungswissen als höher ein.	Ja ***	Ja ***
Personen mit hohem Involvement geben häufiger an, die im Claim beschriebenen Ernährungs-Gesundheits-Zusammenhänge zu kennen.	Ja *	Ja *
Personen mit hohem Involvement zeigen eine ausgeprägtere Einstellung bezüglich Functional Food.	Ja (*)	
Personen mit hohem Involvement zeigen eine ausgeprägtere Einstellung bezüglich der Skepsis gegenüber Herstelleraussagen auf Lebensmittelverpackungen.	Nein **	
Personen mit hohem Involvement nennen eine höhere Anzahl an Gründen für ihre Kaufentscheidung.		
Personen mit hohem Involvement halten die Claims für wichtiger für ihre Kaufentscheidung.	Ja ***	Ja ***

PI = Produkt-Involvement, GLMI = Gesundheitsbezogenes Lebensmittel-Involvement. Die Fallzahl beträgt für den Gruppenvergleich bezüglich Produkt-Involvement 458 und für den Vergleich bezüglich gesundheitsbezogenem Lebensmittel-Involvement 447 bzw. 149 Personen. Für beide Gruppenvergleiche in gleicher Richtung signifikante Zusammenhänge hervorgehoben. Leere Zellen stehen für nicht signifikante Zusammenhänge. ‚Ja' bedeutet dass die Annahme bestätigt, ‚Nein' dagegen dass sie widerlegt wurde. Es gilt: $p \leq ,001 = ***$; $p \leq ,01 = **$; $p \leq ,05 = *$ und $p \leq ,1 = {(*)}$.

Quelle: Eigene Darstellung

---

[23] Die Frage im Interview zielte auf das Lesen des Claims in der Kaufsimulation ab, allerdings ist nicht auszuschließen, dass ein Teil der Befragten – anders als beabsichtigt – ihre Antwort auf den ersten Teil des Interviews bezog, in denen die Produkte nach ihrer gesundheitlichen Beurteilung angeordnet und dabei noch einmal betrachtet wurden.

Tabelle 5.26: Zusammenhänge zwischen Involvementhöhe
und verschiedenen Variablen

Variablen des Gruppenvergleichs	Für hoch involvierte gilt ...	
	PI	GLMI
Zustimmung zu Functional Food	Höher ***	Höher ***
Skepsis gegenüber Herstelleraussagen auf Lebensmittelverpackungen	Niedriger **	Niedriger **
Alter in Jahren	Älter ***	Älter ***
Geschlecht (weiblich)	Frauen *	Frauen ***
Bildungsstand (mind. [Fach-]Abitur)	Niedrig ***	
Kinder im Haushalt		
Haushaltsgrößen (1-, 2- und >2-Personen-Haushalte)	Kleiner (*)	
Gesundheitliche Beurteilung der Claim-Produkte im Vergleich zu den Produkten ohne Claim		
Gesundheitliche Beurteilung des gewählten Produktes	Höher ***	Höher ***
Ernährungs-Gesundheits-Zusammenhang erwiesen		
Glaubwürdigkeit der Claims	Höher ***	
Claim gelesen		Häufiger *
Gewohnte Marke gewählt	Häufiger ***	

PI = Produkt-Involvement, GLMI = Gesundheitsbezogenes Lebensmittel-Involvement. Die Fallzahl beträgt für den Gruppenvergleich bezüglich Produkt-Involvement 458 und für den Vergleich bezüglich gesundheitsbezogenem Lebensmittel-Involvement 447 bzw. 149 Personen. Für beide Gruppenvergleiche in gleicher Richtung signifikante Zusammenhänge hervorgehoben. Leere Zellen stehen für nicht signifikante Zusammenhänge. Es gilt: $p \leq ,001$ = ***; $p \leq ,01$ = **; $p \leq ,05$ = * und $p \leq ,1$ = (*).

Quelle: Eigene Darstellung

5.3 Auswertung der Wahl oder Nichtwahl von Claims

Gemäß Hypothese 1 wird erwartet, dass die untersuchten Personen mit höherer Wahrscheinlichkeit ein Produkt mit als ein Produkt ohne einen Claim auswählen. Die Wahrscheinlichkeit ist als höher zu bezeichnen, wenn ein Produkt mit einem Claim häufiger gewählt wird, als es das Verhältnis der Produkte mit Claim im Vergleich zu den Produkten ohne Claim im Sortiment – bei sonst gleichen Bedingungen – erwarten lässt. Da von fünf Produktalternativen in der Kaufsimulation jeweils zwei Produkte einen Claim trugen, ist die zu erwartende Wahrscheinlichkeit für den Fall, dass die Claims keinen Einfluss auf die Entscheidung haben, 2/5 bzw. 40%. Ein einfacher χ^2-Test[24] zeigt jedoch, dass mit 45% (267

---

24 Im χ^2-Test wird geprüft, ob die beobachteten Häufigkeiten von den erwarteten Häufigkeiten (festgelegt auf 60% Claim-Kauf ‚Nein‘ zu 40% Claim-Kauf ‚Ja‘) abweichen; für diese Fragestellung lässt sich alternativ auch der Binomial-Test verwenden.

von 599 Fällen) auf dem 5-%-Niveau signifikant *mehr* Entscheidungen auf Produkte mit einem Claim entfallen (siehe Tab. 5.27). Hypothese 1 kann somit als bestätigt angesehen werden.

Hypothese 1 lässt sich in selber Weise auch für verschiedene Teilstichproben prüfen (siehe Tab. 5.27), etwa getrennt für jede Lebensmittelkategorie und für die Fälle unter Verwendung unterschiedlicher Claim-Arten. Für keine dieser Gruppen zeigt sich eine Wahlwahrscheinlichkeit von *weniger* als 40%. Eine signifikante Präferenz *für* Produkte mit Claim lässt sich nur innerhalb der Wahlentscheidungen bezüglich der Müslis sowie für Wahlentscheidungen angesichts von Health Claims feststellen. Schließlich werden die Gruppen betrachtet, die sich aus der Quoten-Vorgabe bezüglich Alter und Geschlecht ergeben. Sowohl in der Gruppe der älteren Frauen als auch der älteren Männer zeigt sich eine Bevorzugung von Produkten mit Claim, während die Verteilung bei den jüngeren Frauen und bei den jüngeren Männern dem Erwartungswert entspricht. Eine Präferenz für Produkte mit Claim lässt sich innerhalb der Studie somit insbesondere bei der Lebensmittelkategorie Müsli, angesichts von Health Claims sowie für ältere Personen beiderlei Geschlechts nachweisen.

Tabelle 5.27: Claim-Wahl in der Gesamtstichprobe

Claim-Wahl im Vergleich zum Erwartungswert von 40%, Gesamtstichprobe:		
Gesamt (599) *	44,6%	$\chi^2 = 5,222$, p = ,022
Aufgeteilt nach der Lebensmittelkategorie:		
Joghurt (197)	42,6%	$\chi^2 = ,572$, p = ,450
Müsli (196) (*)	46,4%	$\chi^2 = 3,375$, p = ,066
Spaghetti (206)	44,7%	$\chi^2 = 1,864$, p = ,172
Aufgeteilt nach der Claim-Art:		
Nutrition Claim (203)	43,8%	$\chi^2 = 1,249$, p = ,264
Health Claim (201) (*)	45,8%	$\chi^2 = 2,789$, p = ,095
Health Risk Reduction Claim (195)	44,1%	$\chi^2 = 1,368$, p = ,242
Aufgeteilt nach der Alters- und Geschlechterquote:		
Frauen, 45-75 Jahre (235) *	48,1%	$\chi^2 = 6,401$, p = ,011
Frauen, 18-44 Jahre (193)	40,4%	$\chi^2 = ,014$, p = ,906
Männer, 45-75 Jahre (70) (*)	50,0%	$\chi^2 = 2,917$, p = ,088
Männer, 18-44 Jahre (193)	40,4%	$\chi^2 = ,015$, p = ,903
Signifikante Gruppen hervorgehoben. Es gilt: p ≤ ,001 = ***; p ≤ ,01 = **; p ≤ ,05 = * und p ≤ ,1 = (*). Werte in Klammern beziehen sich auf den Stichprobenumfang.		

Quelle: Eigene Darstellung

Für Personen, die in der Befragung angaben, die Claims vor diesem Zeitpunkt noch nicht gelesen zu haben, dürfte eine geringere Präferenz für die Produkte mit Claim zu erkennen sein als in der Gesamtstichprobe. Dasselbe lässt sich für die Personen annehmen, die angaben, die gewohnte Marke gewählt zu haben. Die oben beschriebenen Auswertungen werden daher ebenfalls unter *Ausschluss* dieser Personen durchgeführt (siehe Tab. 5.28 und 5.29). Dahinter steht die Frage, mit welcher Wahrscheinlichkeit die Produkte mit Claim gewählt werden, sofern die Claims bewusst wahrgenommen werden bzw. sofern die Personen vom habitualisierten Kaufverhalten abweichen und daher u.U. andere Merkmale neben der Marke und der Produkterfahrung in ihre Entscheidung einbeziehen.

Unter den Personen, die angaben, den Claim bereits vor der Befragung gelesen zu haben (als Teilstichprobe ‚Claim gelesen‘ bezeichnet), ist der Anteil der Wahlentscheidungen für ein Produkt mit Claim höher als in der Gesamtstichprobe: Es entfallen mit 49% auf dem 0,1-%-Niveau signifikant *mehr* Entscheidungen auf diese Produkte als erwartet (siehe Tab. 5.28). Dies gilt insbesondere für die Lebensmittelkategorie Spaghetti, was angesichts der stärkeren Auffälligkeit der Claims auf diesen Produktverpackungen und somit einer höheren Fallzahl plausibel erscheint. Darüber hinaus lässt sich auch eine Präferenz für Produkte mit Health Claims und mit Health Risk Reduction Claims sowie für Produkte mit Claims in der Gruppe der älteren Frauen zeigen.

Tabelle 5.28: Claim-Wahl in der Teilstichprobe ‚Claim gelesen‘

Claim-Wahl im Vergleich zum Erwartungswert von 40%, Teilstichprobe ‚Claim gelesen‘:		
Personen, die angaben, den Claim *gelesen* zu haben (314) ***	49,0%	$\chi^2 = 10,703$, p = ,001
Aufgeteilt nach der Lebensmittelkategorie:		
Joghurt (49)	46,9%	$\chi^2 = ,983$, p = ,321
Müsli (118)	46,6%	$\chi^2 = 2,148$, p = ,143
Spaghetti (147)**	51,7%	$\chi^2 = 8,385$, p = ,004
Aufgeteilt nach der Claim-Art:		
Nutrition Claim (113)	45,1%	$\chi^2 = 1,240$, p = ,265
Health Claim (101) [(*)]	49,5%	$\chi^2 = 3,802$, p = ,051
Health Risk Reduction Claim (100) **	53,0%	$\chi^2 = 7,042$, p = ,008
Aufgeteilt nach der Alters- und Geschlechterquote:		
Frauen, 45-75 Jahre (134) ***	56,7%	$\chi^2 = 15,602$, p = ,000
Frauen, 18-44 Jahre (97)	44,3%	$\chi^2 = ,758$, p = ,384
Männer, 45-75 Jahre (35)	45,7%	$\chi^2 = ,476$, p = ,490
Männer, 18-44 Jahre (48)	39,6%	$\chi^2 = ,003$, p = ,953
Signifikante Gruppen hervorgehoben. Es gilt: p $\leq$,001 = ***; p $\leq$,01 = **; p $\leq$,05 = * und p $\leq$,1 = [(*)]. Werte in Klammern beziehen sich auf den Stichprobenumfang.		

Quelle: Eigene Darstellung

Auch für die Personen, die den eigenen Angaben nach in der Kaufsimulation nicht die gewohnte Marke gewählt haben (als Teilstichprobe ‚Marke gewechselt‘ bezeichnet), ist der Anteil der Wahlentscheidungen für ein Produkt mit Claim mit

50% höher als in der Gesamtstichprobe; es entfallen auf dem 0,1-%-Niveau signifikant *mehr* Entscheidungen auf Produkte mit Claim als erwartet (siehe Tab. 5.29). Dies gilt auch für alle drei Lebensmittelkategorien sowie für die Fälle mit den Claim-Arten Health Claim und Health Risk Reduction Claim und in der Gruppe der älteren Frauen.

Tabelle 5.29: Claim-Wahl in der Teilstichprobe ‚Marke gewechselt‘

Claim-Wahl im Vergleich zum Erwartungswert von 40%, Teilstichprobe ‚Marke gewechselt‘:		
Personen, die angaben, *nicht* die gewohnte Marke gewählt zu haben (365) ***	49,6%	$\chi^2 = 13,984$, p = ,000
Aufgeteilt nach der Lebensmittelkategorie:		
Joghurt (111)*	50,4%	$\chi^2 = 5,051$, p = ,025
Müsli (129) [(*)]	48,1%	$\chi^2 = 3,494$, p = ,062
Spaghetti (123) *	50,4%	$\chi^2 = 5,633$, p = ,018
Aufgeteilt nach der Claim-Art:		
Nutrition Claim (121)	47,1%	$\chi^2 = 2,547$, p = ,111
Health Claim (123) *	51,2%	$\chi^2 = 6,451$, p = ,011
Health Risk Reduction Claim (121) *	50,4%	$\chi^2 = 5,467$, p = ,019
Aufgeteilt nach der Alters- und Geschlechterquote:		
Frauen, 45-75 Jahre (140) *	55,0%	$\chi^2 = 13,125$, p = ,000
Frauen, 18-44 Jahre (115)	45,2%	$\chi^2 = 1,304$, p = ,253
Männer, 45-75 Jahre (46)	50,0%	$\chi^2 = 1,917$, p = ,166
Männer, 18-44 Jahre (64)	45,3%	$\chi^2 = ,753$, p = ,386
Signifikante Gruppen hervorgehoben. Es gilt: p ≤ ,001 = ***; p ≤ ,01 = **; p ≤ ,05 = * und p ≤ ,1 = (*). Werte in Klammern beziehen sich auf den Stichprobenumfang.		

Quelle: Eigene Darstellung

Sowohl die Befragten, die angaben, den Claim *nicht* gelesen zu haben, als auch diejenigen, die ihrer eigenen Aussage nach die *gewohnte* Marke ausgewählt haben, zeigen keine Präferenz für Produkte mit einem Claim. Der Anteil der Wahlentscheidungen für Produkte mit einem Claim liegt bei 40% in ersterer bzw. bei 37% in letzterer Gruppe und unterscheidet sich nicht signifikant von dem zu erwartenden Anteil von 40%.[25]

5.4 Bestimmung der Einflussfaktoren auf die Wahl

Die Hypothesen bezüglich möglicher Einflussfaktoren auf die Wahl oder Nichtwahl von Produkten mit Claim werden mit Hilfe der logistischen Regression in

---

[25] Teilstichprobe ‚Claim-nicht-gelesen‘: 39,6% (χ^2 [1, $N = 285$] = ,015, p = ,904); Teilstichprobe ‚gewohnte-Marke-gewählt‘: 36,5% (χ^2 [1, $N = 230$] = 1,159, p = ,282).

einem multivariaten Verfahren geprüft. Dabei wird zwischen produktspezifischen und personenspezifischen Variablen unterschieden (siehe Kap. 4.1.2) und in drei Schritten vorgegangen. Die Abläufe bei der logistischen Regressionsrechnung und die Interpretation der Ergebnisse werden im ersten Schritt im Detail erläutert, in den weiteren Schritten werden jedoch nur noch die wichtigsten Kennzahlen genannt. Die Analyse und Interpretation erfolgt dabei, sofern nicht anders beschrieben, analog zu Schritt eins. Die Auswertung wurde mit dem Statistik-Programm SPSS 15 für Windows durchgeführt.[26]

Im **ersten Schritt** gehen die unabhängigen produkt- und personenspezifischen Variablen in zwei getrennte Modellrechnungen zur Analyse der jeweiligen Gesamtdaten ein (in Abgrenzung zu den Rechnungen in den weiteren Schritten auch als ‚Gesamtmodelle' bezeichnet). Zuerst werden nur die produktspezifischen Variablen in einer Modellrechnung unter Verwendung aller auswertbaren Fälle daraufhin überprüft, ob sie einen Erklärungsbeitrag für die Wahl oder Nichtwahl von Produkten mit Claim leisten. Dies geschieht unter der Annahme, dass die Wahlentscheidungen angesichts sowohl verschiedener Lebensmittelkategorien als auch verschiedener Claim-Arten durch mindestens einen der untersuchten Faktoren in gleich gerichteter Weise beeinflusst werden: Nur in diesem Fall ist die *gemeinsame* Auswertung der Fälle sinnvoll. Auch die personenspezifischen Variablen werden in einem Modell unter Verwendung der Gesamtdaten überprüft. Dabei werden die drei von einer Person getroffenen Wahlentscheidungen – und somit drei Fälle – insofern zusammengefasst, als dass die abhängige Variable in dieser Analyse die Präferenz für Claim-Produkte beschreibt. Diese Präferenz für Claim-Produkte ist definiert als Wahl eines Claim-Produktes in mindestens zwei der maximal drei Fälle.

Im **zweiten Schritt** sollen produkt- und personenspezifische Variablen gemeinsam überprüft werden. Dafür wird die Gesamtstichprobe in die drei Lebensmittelkategorien aufgeteilt, sodass jede Person in jeder der drei Teilstichproben Joghurt, Müsli und Spaghetti nur einmal vertreten ist. Da die Fallzahl in den Teilstichproben im Vergleich zu der Anzahl der unabhängigen Variablen klein ist, wird zuerst die Anzahl der zu untersuchenden Variablen reduziert. Dies geschieht durch eine logistische Regression unter schrittweiser Hinzunahme der Variablen. Nur die Variablen, welche sich hierbei für mindestens eine der drei Teilstichproben als signifikant erweisen, werden in die abschließenden Modellrechnungen für Joghurt, Müsli bzw. Spaghetti unter der für Hypothesenprüfung üblichen blockweisen Hinzunahme der Variablen einbezogen.

Schließlich werden in einem **dritten Schritt** die gleichen Modellrechnungen wie in Schritt eins und Schritt zwei für ausgewählte Teilstichproben durchgeführt. Dabei werden die Personen gesondert betrachtet, die angaben, *nicht* die

---

[26] Die Abkürzung SPSS stand ursprünglich für ‚Statistical Package for the Social Science'.

gewohnte Marke gewählt zu haben (als Teilstichprobe ‚Marke gewechselt' bezeichnet) bzw. die Claims gelesen zu haben (als Teilstichprobe ‚Claim gelesen' bezeichnet). Als Gesamtmodell wird lediglich eine produktspezifische und keine personenspezifische Modellrechnung durchgeführt, da die Selektionsvariablen zur Auswahl der Teilstichproben produktbezogen operationalisiert sind. Zweck dieser Analyse ist es zu ermitteln, ob in diesen Teilstichproben im Vergleich zu den vorherigen möglicherweise mehr bzw. andere Einflussfaktoren von Bedeutung sind.

5.4.1 Gesamtmodelle der produkt- bzw. personenspezifischen Variablen

Produktspezifisches Gesamtmodell

Als produktspezifische unabhängige Variablen – d.h. Variablen, die für jeden Fall einen anderen Wert aufweisen können, selbst wenn Fälle von derselben Person stammen – werden zwölf Variablen einbezogen (siehe Tab. 5.30). Im produktbezogenen Gesamtmodell dient die Variable OBCLAIM als abhängige Variable. Sie beschreibt die Auswahl eines Nicht-Claim- bzw. eines Claim-Produktes. Da die abhängige Variable dichotom ist, ist eine *binäre* logistische Regression durchzuführen. Für den Einbezug der Variablen in die binäre logistische Regression wird das blockweise Verfahren verwendet, welches auch Einschlussverfahren genannt wird. Der Trennwert wird – entsprechend dem Anteil der interessierenden Gruppe ‚Claim-Wahl' an der abhängigen Variablen – auf 0,446 festgelegt (Rohrlack 2007, S. 202). Die weiteren in Tabelle 5.30 erläuterten Variablen stellen die unabhängigen Variablen dar.[27] Die bei einigen Variablen verwendete siebenstufige Bewertungsskala liefert streng genommen zwar ordinale Daten, die Variablen werden jedoch, wie oft praktiziert, als metrische Variablen behandelt (Andreß et al. 1997, S. 16), dasselbe gilt für die als SUCHE bzw. CLAIM-GESUND bezeichneten Variablen. Kategoriale Variablen mit mehr als zwei Ausprägungen, in diesem Fall die Lebensmittelkategorie und die Claim-Art mit jeweils drei Ausprägungen, werden Dummy-kodiert. Die erste Kategorie wird dabei als Referenzkategorie ausgewählt (Rohrlack 2007, S. 201). Für die Analyse werden unter den 630 Fällen ingesamt 31 No-Choice-Fälle ausgeschlossen, da in diesen Fällen kein Wert für die abhängige Variable vorliegt, sodass zunächst 599 Fälle in die Auswertung eingehen können. Diese Zahl verringert sich in der abschließenden Regressionsrechnung weiter, da für die multivariate Analyse jeder Fall ausgeschlossen wird, für den in mindestens einer der einbezogenen Variablen kein Wert vorliegt.

---

[27] In der SPSS-Datendatei wurden z.T. abweichende Variablenbezeichnungen verwendet (siehe Anhang, Tab. A.6).

Tabelle 5.30: Namen und Operationalisierung der produktbezogenen Variablen

Variable (VARIABLENNAME)	Operationalisierung	Möglicher Wertebereich
Auswahl eines Claim-Produktes (OB-CLAIM)	Nein, Ja	0 oder 1
Gesundheitswirkung der Claim-Produkte (CLAIM-GESUND)	Durchschnittliche gesundheitliche Bewertung der Claim-Produkte abzüglich der durchschnittlichen gesundheitlichen Bewertung der Nicht-Claim-Produkte	-4 bis 4
Glaubwürdigkeit des Claims (GLAUBEN)	1 Item, 7-stufige Bewertungsskala	1 bis 7
Wichtigkeit des Claims für die Kaufentscheidung (WICHTIG)	1 Item, 7-stufige Bewertungsskala	1 bis 7
Ausmaß des Informationssuch-verhaltens (SUCHE)	Synthetische Variable auf Basis von zwei Variablen (gleich gewichtet): 1. das Ausmaß und 2. die Dauer der Informationssuche	0 bis 10
Kenntnis des Ernährungs-Gesund-heits-Zusammenhangs (KENNEN)	Nein, Ja	0 oder 1
Einschätzung der wissenschaftlichen Erwiesenheit des Ernährungs-Ge-sundheits-Zusammenhangs (ERWIESEN)	Nein, Ja	0 oder 1
Produkt-Involvement (PROD-INV)	8 Items, 7-stufige Bewertungsskala	8 bis 56
Gesundheitliche Bewertung der Lebensmittelkategorie (LM-GESUND)	1 Item, 7-stufige Bewertungsskala	1 bis 7
Angabe, Claim gelesen zu haben (LESEN)	Nein, Ja	0 oder 1
Angabe, die gewohnte Marke ausgewählt zu haben (HABIT-MARKE)	Nein, Ja	0 oder 1
Lebensmittelkategorie (LM)	Joghurt, Müsli, Spaghetti	1 oder 2 oder 3
Claim-Art (CLAIM-ART)	Nutrition Claim, Health Claim, Health Risk Reduction Claim	1 oder 2 oder 3

Quelle: Eigene Darstellung

Nach der Durchführung einer vorläufigen Modellrechnung werden zunächst die Anforderungen geprüft, die für eine aussagekräftige logistische Regressionsrechnung erfüllt sein müssen. Dies sind die Abwesenheit von übermäßig einflussreichen Fällen sowie Ausreißern und der weitgehende Ausschluss von Multikollinearität zwischen den unabhängigen Variablen.

Für das Regressionsmodell mit den produktspezifischen Variablen zeigt sich, dass keiner der Fälle einen Wert der Cook-Distanz von größer als 1 aufweist. Dieser würde auf einen übermäßig starken Einfluss dieses Falles auf den Verlauf der Regressionsfunktion des Models schließen lassen (Baltes-Götz 2008, S. 31 f., zurückgehend auf Hosmer und Lemeshow 2000, S. 180; Menard 1995, S. 73). Für vier Fälle jedoch errechnet sich ein standardisiertes Residuum, auch bezeichnet als Pearson Residuum, von größer als |2|. Diese Fälle können als Ausreißer angesehen werden (Backhaus et al. 2003, S. 448; Fromm 2005, S. 27; Tabachnik und Fidell 2007, S. 443), da 95% aller Fälle im Bereich zwischen -2 und 2 liegen (Menard 1995, S. 71 ff.); sie werden in der Analyse nicht mit einbezogen. Daher wird die logistische Regressionsrechnung unter Ausschluss der vier als Ausreißer betrachteten Fälle wiederholt.

Um erste Hinweise auf Multikollinearität zu entdecken, wird die Korrelation zwischen den unabhängigen Variablen näher betrachtet. Alle Korrelationswerte liegen unter 0,60, sodass starke bis perfekte bivariate Korrelationen nicht vorliegen. Einige unabhängige Variablen weisen untereinander eine mittlere Korrelation im Bereich zwischen 0,40 und 0,60 auf (Interpretation nach Brosius 2006, S. 519), hierbei handelt es sich allerdings um Zusammenhänge zwischen den Dummy-Variablen auf Basis derselben kategorialen Variable sowie um Korrelationen mit der Konstante.[28] Da die Korrelationswerte zwischen den unabhängigen Variablen deutlich unter 0,80 liegen, ist nach Menard (1995, S. 66) keine problematische Verschlechterung der Effizienz der Schätzung zu erwarten.

Zur sicheren Aufdeckung von Multikollinearität sollten zusätzlich die Toleranz- bzw. die Variance-Inflation-Factor-Werte (VIF-Werte) herangezogen werden, da einigen Quellen zufolge u.U. sogar Korrelationskoeffizienten ab 0,30 einen Hinweis auf Multikollinearität darstellen können und in multivariaten Modellen Multikollinearität vorliegen kann, selbst wenn dies aufgrund der bivariaten Korrelationskoeffizienten nicht zu erwarten wäre (Schneider 2007, S. 186). Aufgrund der Tatsache, dass SPSS 15 für logistische Regressionen keine Ausgabe dieser Werte liefert, wird eine lineare Regression mit denselben unabhängigen Variablen durchgeführt, die auch im logistischen Regressionsmodell zum Einsatz kommen (so vorgeschlagen von Menard 1995, S. 66). Da die hierbei erhaltenen Toleranzwerte der unabhängigen Variablen alle deutlich über 0,20 (Menard 1995, S. 66) bzw. über 0,40 und die VIF-Werte unter 2 liegen, kann Multikollinearität unter den verwendeten unabhängigen Variablen des produktspezifischen Modells ausgeschlossen werden (Schneider 2007, S. 187). Die Zahl der letztlich in der Modellrechnung verwendeten Fälle liegt bei 534. Bei zwölf unabhängigen Variablen ist die Faustregel von mindestens zehn ‚Events per Variable' (EVP) eingehalten und demzufolge ein ausreichender Stichprobenumfang auf jeden Fall gegeben (EVP = 19,85. Berechnung des EVP siehe Kap. 4.3.2).

---

[28] Korrelationen unter Dummy-Variablen derselben kategorialen Variablen sind aufgrund der Definition dieser Variablen zu erwarten. Korrelationen mit der Konstante deuten darauf hin, dass die betreffende Variable keine Bedeutung für die Ausprägung der abhängigen Variablen hat.

Aus den Ergebnissen der logistischen Regressionsrechnung (siehe Tab. 5.31) lässt sich ablesen, *ob* es Variablen gibt, die zur Erklärung der Ausprägung der abhängigen Variablen beitragen, *wie groß* der gemeinsame Erklärungsbeitrag aller erklärenden Variablen ist und *welche* Variablen hierbei eine Rolle spielen.

Zunächst einmal wird betrachtet, *ob* es mindestens eine signifikante erklärende Variable gibt und *wie groß* der Erklärungsbeitrag des Modells ist. Die Gütemaße der vorliegenden Modellrechnung (siehe Kap. 4.3.2) zeigen an, dass die ausgewählten Variablen zusammen zur Erklärung der Wahl oder Nichtwahl von Produkten mit einem Claim geeignet sind, da das vollständige Modell dem Null-Modell überlegen ist. Der Likelihood-Ratio-Wert beträgt 68,002 und ist *höher* als der bei 14 Freiheitsgraden und bei einer entsprechenden Irrtumswahrscheinlichkeit tabellierte χ^2-Wert (Ergebnis des Likelihood-Ratio-Test somit: $\chi^2 = 68,002$; p = ,000). Der Hosmer-Lemeshow-Test bestätigt ebenfalls die Eignung des Modells, da das Signifikanzniveau *über* der Signifikanzschwelle liegt (Ergebnis des Hosmer-Lemeshow-Test: $\chi^2 = 11,515$; p = ,174). Während im Null-Modell der Prozentsatz der richtig vorhergesagten Ausprägungen der abhängigen Variablen 56% (maximale Zufallswahrscheinlichkeit MCC, entsprechend dem Anteil der größeren Gruppe der abhängigen Variablen) beträgt, zeigt die Klassifikationsmatrix, dass der Prozentsatz der korrekten Vorhersagen mit Hilfe der unabhängigen Variablen auf 64% *erhöht* werden kann. Dies gilt insbesondere dann, wenn man den Prozentsatz der korrekten Vorhersagen statt mit der maximalen Zufallswahrscheinlichkeit MCC mit der proportionalen Zufallswahrscheinlichkeit PCC von nur 51% vergleicht (Berechnung siehe Kap. 4.3.2). Die Pseudo-R^2-Statistiken zeigen, dass der Erklärungsbeitrag des Modells bei 16%[29] der Varianz der abhängigen Variablen liegt (Nagelkerke $R^2 = ,160$; Cox & Snell $R^2 = ,120$). Beide Pseudo-R^2-Statistiken liegen jedoch *unter* 0,20: Ab dieser Schwelle gelten die Werte der Literatur zufolge als ,akzeptabel' und das Modell entsprechend als aussagekräftig (siehe Kap. 4.3.2). Somit ist das Modell unter Einbezug der produktspezifischen Variablen zwar besser erklärend als das Null-Modell, aber in seiner Gesamterklärungskraft nicht zufriedenstellend. Dies schliesst jedoch nicht die Interpretation des Modells und der signifikanten Einflussfaktoren aus; zudem handelt es sich bei dieser Einteilung der Modellbeurteilung um eine Konvention. Bei Untersuchung des von wesentlich mehr unbekannten Variablen beeinflussten Konsumentenverhaltens sind naturgemäss vergleichsweise schlechtere Modelle zu erwarten als etwa bei Anwendung der logistischen Regression auf Daten aus Laborversuchen technischer Art.

---

[29] Unter den Pseudo-R^2-Statistiken wird das Maß von Nagelkerke als aussagekräftiger angesehen (Backhaus et al. 2003, S. 441), da es auch Werte von 1 annehmen kann. Dieses Maß wird daher zur Beurteilung der Modelle herangezogen.

Tabelle 5.31: Modellrechnung unter Einbezug produktspezifischer Variablen

Variable	ß	SE ß	Wald χ^2	FG	p	Exp(ß)	95-%-Konfidenz-intervall für Exp(ß) unten	oben
Konstante	-2,257	,613	13,565	1	,000	,105		
CLAIM-GESUND	,527	,092	32,454	1	,000	1,693	1,413	2,030
SUCHE	,168	,206	8,145	1	,005	1,283	1,052	1,330
GLAUBEN	,129	,074	3,074	1	,080	1,138	,985	1,315
HABIT-MARKE	-,588	,206	8,145	1	,004	,555	,371	,832
LM			,865	2	,649			
LM (1)	,093	,279	,111	1	,739	1,097	,635	1,894
LM (2)	,235	,256	,840	1	,359	1,264	,766	2,088
CLAIM-ART			,003	2	,999			
CLAIM-ART (1)	,008	,234	,001	1	,973	1,008	,637	1,594
CLAIM-ART (2)	-,004	,237	,000	1	,988	9,96	,626	1,586
LESEN	,177	,208	,723	1	,395	1,194	,794	1,795
ERWIESEN	,141	,256	,304	1	,581	1,152	,697	1,904
KENNEN	,059	,240	,060	1	,807	1,060	,663	1,696
LM-GESUND	,023	,070	,104	1	,747	1,023	,891	1,174
PROD-INV	,015	,015	1,002	1	,317	1,015	,986	1,045
WICHTIG	-,015	,061	,058	1	,809	,985	,874	1,111

Test:	χ^2	FG	p
Likelihood-Ratio-Test	68,002	14	,000
Hosmer-Lemeshow-Test	11,515	8	,174

N = 534; EVP = 19,85   Cox & Snell R^2 = ,120, Nagelkerke R^2 = ,160.
Klassifikation: 63,5% zu MCC von 55,8% und PCC von 50,6%.

Auf mindestens dem 10-%-Niveau signifikante Variablen sind hervorgehoben. Folgende Variablen erweisen sich bei bivariater Prüfung zusätzlich als signifikant: (+)LESEN*, (+)ERWIESEN[(*)] und (+)WICHTIG[(*)]. Es gilt: p ≤ ,001 = ***; p ≤ ,01 = **; p ≤ ,05 = * und p ≤ ,1 = [(*)].

Quelle: Eigene Darstellung

Aus den Ergebnissen der logistischen Regressionsrechnung lässt sich weiter ablesen, *welche* der Variablen zur Erklärung der Ausprägung der abhängigen Variablen beitragen und in welcher Stärke und Richtung der jeweilige Einfluss wirkt.[30] Bei der vorliegenden Rechnung weisen die Variablen CLAIM-GESUND, HABIT-

---

[30] Die Reihenfolge der Variablen in dieser und den folgenden Tabellen orientiert sich erstens an dem Signifikanzniveau (zuerst die mindestens auf dem 10-%-Niveau signifikanten Variablen) und zweitens an der Höhe des Exp(ß) (die mindestens auf dem 10-%-Niveau signifikanten Variablen in absteigender Höhe des Exp(ß) geordnet). Die Konstante ist je nach Signifikanz zuoberst bzw. zuunterst angeführt.

MARKE, SUCHE und GLAUBEN einen signifikanten Einfluss auf die abhängige Variable auf, wobei GLAUBEN nur auf dem 10-%-Niveau signifikant ist. Die Variable HABIT-MARKE übt einen negativen Einfluss auf die Eintrittswahrscheinlichkeit der Ausprägung 1 der abhängigen Variablen aus, die übrigen signifikanten Variablen einen positiven Einfluss. Die Richtung der Variable GLAUBEN ist mit Vorsicht zu interpretieren, da das Konfidenzintervall den Bereich von unter 1 bis über 1 umfasst und daher die Einflussrichtung nicht gesichert ist[31] (siehe Kap. 4.3.2).

Begleitend zur logistischen Regressionsrechnung wird mit Hilfe geeigneter Tests (siehe Kap. 5.2.2) auf bivariater Ebene überprüft,[32] ob die beiden durch die abhängige Variable gebildeten Gruppen sich bezüglich der einzelnen unabhängigen Variablen unterscheiden. Die interessierende Gruppe ‚Claim-Wahl' unterscheidet sich in den bivariaten Testverfahren im Vergleich zu der Gruppe ‚Nicht-Wahl' zusätzlich zu den auch im multivariaten Modell signifikanten Zusammenhängen bezüglich der Variablen LESEN, WICHTIG und ERWIESEN: In der Gruppe ‚Claim-Wahl' ist der Anteil derer, die angaben, den Claim gelesen zu haben, die Wichtigkeit der Claims für die Kaufentscheidung höher einschätzen sowie den Ernährungs-Gesundheits-Zusammenhang für erwiesen halten, *höher* als in der Gruppe derer, die kein Produkt mit Claim wählten (in Tab. 5.31 sowie in den folgenden Tabellen durch ein [+], im umgekehrten Falle durch ein [-] gekennzeichnet).

Zusammenfassend lässt sich in der Modellrechnung zeigen, dass das Markenwahlverhalten, das Informationssuchverhalten, die Beurteilung der Claim-Produkte hinsichtlich ihrer gesundheitlichen Wirkung sowie die Glaubwürdigkeit der Claims zur Erklärung der Wahl von Claim-Produkten geeignet ist. Allerdings ist der gemeinsame Erklärungsbeitrag dieser Variablen nicht sehr hoch. Es kann gefolgert werden, dass Personen, die ihre gewohnte Marke wählen, mit *geringerer* Wahrscheinlichkeit ein Produkt mit einem Claim auswählen. Dagegen wählen die Personen mit *höherer* Wahrscheinlichkeit ein Produkt mit einem Claim, die in stärkerem Maße nach Informationen suchen, die Produkte mit ei-

---

[31]   In den Regressionsrechnungen in dieser Arbeit umspannt das Konfidenzintervall der Odds Ratio für die vorliegenden Daten *immer* einen Bereich von unter 1 bis über 1 (wenn auch meist sehr knapp), wenn der Einfluss nur auf dem 10-%-Niveau signifikant ist. Auf diesen Umstand wird im Folgenden nicht weiter hingewiesen, sondern nur auf das 10-%-Signifikanzniveau. Jede der in den Analysen nur auf dem 10-%-Niveau signifikanten Einflussvariablen ist daher als in der Einflussrichtung nur eingeschränkt gesichert zu interpretieren.

[32]   Die Ergebnisse der bivariaten Überprüfung des Zusammenhanges werden nur erwähnt, wenn sich Unterschiede zum Ergebnis der Modellrechnung zeigen, vollständige Angaben finden sich im Anhang (Tab. A.7-13). Zu den Gründen für diese Unterschiede sowie der Interpretation in diesem Falle gibt es keine Hinweise in der Literatur. Auf einer umfassenden Homepageseite zur logistischen Regression einer US-amerikanischen Universität wird dieses Problem jedoch erwähnt und empfohlen, nur solche Zusammenhänge, die durch *beides* bestätigt werden, als gesichert zu interpretieren (Garson 2008).

nem Claim für gesünder halten als die ohne Claim und die Glaubwürdigkeit des Claims als höher einschätzen.

Personenspezifisches Gesamtmodell

Nachdem die produktspezifischen Variablen in einem Modell auf ihren Einfluss auf die abhängige Variable untersucht wurden, soll dies ebenfalls für die personenspezifischen Variablen erfolgen. Während die abhängige Variable im vorherigen Modell die Wahl oder Nichtwahl eines Produktes mit Claim im jeweiligen Fall bezeichnete, wird die abhängige Variable in dieser Rechnung jedoch anders definiert: Die auf dieselbe Person zurückzuführenden Fälle werden in einer binären Variable zusammengefasst, die angibt, ob in den Entscheidungen in mindestens zwei Fällen ein Produkt mit einem Claim gewählt wurde. Diese Definition der abhängigen Variablen beruht auf der Annahme, dass eine Wahl von einem Produkt mit Claim in mindestens zwei der Wahlentscheidungen eine generelle Präferenz für Claim-Produkte widerspiegelt. Wurde ein Produkt mit Claim in keinem oder nur in einem der drei Fälle gewählt, so zeigt dies entweder eine tendenzielle Ablehnung der Claim-Produkte, dass dem Claim keine besondere Bedeutung für die Kaufentscheidung zukommt oder dass er nicht wahrgenommen wurde.[33] Bei der Wahl dieser abhängigen Variable wird somit im logistischen Regressionsmodell getestet, ob die unabhängigen Variablen geeignet sind zu erklären, *welche* Personen über die Entscheidungen für die drei Lebensmittelprodukte hinweg eine generelle Präferenz für Produktalternativen mit Claim erkennen lassen.

Als personenspezifische Variablen – d.h. Variablen, die für jede Entscheidung einer Person die gleiche Ausprägung haben – sind sieben Variablen zu bezeichnen: das Geschlecht, das Alter, der Bildungsstand, das Ernährungswissen, die Einstellung gegenüber Functional Food, die Skepsis gegenüber Herstelleraussagen auf Lebensmitteln und das gesundheitsbezogene Lebensmittel-Involvement. Die Operationalisierung der abhängigen Variablen sowie der personenspezifischen unabhängigen Variablen sind in Tabelle 5.32 erläutert.

Die Anzahl der befragten Personen beträgt 210. Da alle Personen in mindestens einem Fall ein Lebensmittelprodukt ausgewählt haben, können alle 210 Personen als Fälle in die Analyse einbezogen werden: Bei dieser Definition der abhängigen Variable gibt es keine auszuschließenden No-Choice-Fälle. Für den Einbezug der Variablen in die binäre logistische Regression wird wiederum das Einschlussverfahren gewählt, der Trennwert wird – entsprechend dem Anteil der interessierenden Gruppe ‚Claim-Präferenz‘ der abhängigen Variablen – auf 0,390 festgelegt.

---

[33] Auf die Möglichkeit, dass die Claims nicht wahrgenommen wurden und die sich in diesen Fällen ergebende Problematik einer Annahme von Kausalität zwischen Claim und Kaufverhalten wird an späterer Stelle näher eingegangen, wenn das Modell ‚Claimgelesen‘ erläutert wird.

Tabelle 5.32: Namen und Operationalisierung der personenspezifischen Variablen

Variable (VARIABLENNAME)	Operationalisierung	Möglicher Wertebereich
Präferenz für Claim-Produkte (PRÄF-CLAIM)	Nein (kein oder ein Claim-Produkt gewählt), Ja (zwei oder drei Claim-Produkte gewählt)	0 oder 1
Geschlecht: männlich (MÄNNLICH)	Weiblich, männlich	0 oder 1
Alter (ALTER)	Alter in Jahren	18 bis 75
Bildungsstand: mindestens (Fach-)Abitur (BLDG-HOCH)	Nein (Kein Abschluss, Volks-, Haupt- oder Realschulabschluss), Ja ([Fach-]Abitur, Hochschulabschluss)	0 oder 1
Ernährungswissen (ERN-WISS)	1 Item, 7-stufige Bewertungsskala (Selbsteinschätzung)	1 bis 7
Positive Einstellung gegenüber Functional Food (FF-PRO)	2 Items, 7-stufige Bewertungsskala	2 bis 14
Skepsis gegenüber Herstelleraussagen auf Lebensmitteln (SKEPSIS)	2 Items, 7-stufige Bewertungsskala	2 bis 14
Gesundheitsbezogenes Lebensmittel-Involvement (GES-INV)	7 Items, 7-stufige Bewertungsskala	7 bis 49

Quelle: Eigene Darstellung

Die Ergebnisse der Regressionsrechnung (siehe Tab. 5.33) zeigen, dass kein Fall einen Wert der Cook-Distanz von über 1 aufweist, ein Fall wird jedoch aufgrund eines standardisierten Residuums von größer als |2| als Ausreißer eingeordnet und ausgeschlossen. Die Korrelationswerte liegen für alle unabhängigen Variablen unter 0,40, die Toleranzwerte deutlich über 0,20 und die VIF-Werte unter 2.[34] Daher kann davon ausgegangen werden, dass keine Multikollinerität vorliegt. Die Anzahl der den im Folgenden beschriebenen Ergebnissen zugrunde liegenden Fälle beträgt 209. Bei nur sieben unabhängigen Variablen ist ein ausreichender Stichprobenumfang gemäß der Faustregel von mindestens zehn EVP sichergestellt (EVP = 11,64).

Das vollständige Modell ist den Ergebnissen des Likelihood-Ratio-Tests zufolge *nicht* geeignet, die Ausprägung der abhängigen Variable besser zu erklären als das Null-Modell ($\chi^2 = 11,579$; p = ,115). Der Hosmer-Lemeshow-Test dagegen zeigt im Widerspruch zum Likelihood-Ratio-Test an, dass das vollständige Modell *aussagekräftiger* als das Null-Modell ist (Hosmer-Lemeshow-Test: $\chi^2 = 12,685$; p = ,123). Einschränkend ist jedoch zu sagen, dass der Hosmer-Lemeshow-Test bei

---

[34] Diese Werte (Cook-Distanzen, bivariate Korrelationen, Toleranzwerte und VIF-Werte) werden – sofern sie keine Auffälligkeiten zeigen – für die folgenden Modelle nicht mehr erwähnt, aber für alle weiteren Modelle ebenfalls überprüft. Nähere Angaben hierzu sind im Anhang zu finden (Abb. A.10-25).

Stichprobengrößen unter 400 Fällen keine gute Aussagekraft besitzt (Hosmer und Lemeshow 2000, S. 155 f.),[35] daher wird in der Interpretation dem Resultat des Likelihood-Ratio-Tests gefolgt. Das Klassifikationsergebnis des personenspezifischen Modells von 64% richtig zugeordneten Fällen unterscheidet sich nur wenig von der maximalen Zufallswahrscheinlichkeit (MCC) von 61%, etwas deutlicher dagegen von der proportionalen Zufallswahrscheinlichkeit (PCC) von 52%. Die Pseudo-R^2-Statistiken zeigen, dass die unabhängigen Variablen zusammen nur 7% der Varianz der abhängigen Variablen erklären und das Modell somit nicht als ,akzeptabel' anzusehen ist (Nagelkerke R^2 = ,073; Cox & Snell R^2 = ,054); eine Interpretation der unterschiedlichen Bedeutung der Variablen ist allerdings dennoch möglich.

Tabelle 5.33: Modellrechnung unter Einbezug personenspezifischer Variablen

Variable	ß	SE ß	Wald χ^2	FG	p	Exp(ß)	95-%-Konfidenzintervall für Exp(ß)	
							unten	oben
GES-INV	,075	,028	7,188	1	,007	1,078	1,020	1,139
MÄNNLICH	,537	,342	2,470	1	,116	1,710	,876	3,341
ALTER	-,002	,012	,016	1	,900	,998	,975	1,023
FF-PRO	-,036	,053	,475	1	,491	,964	1,020	1,139
SKEPSIS	-,085	,067	1,645	1	,200	,918	,806	1,046
ERN-WISS	-,196	,156	1,583	1	,208	,822	,606	1,115
BLDG-HOCH	-,327	,343	,908	1	,341	,721	,368	1,413
Konstante	-1,480	1,436	1,061	1	,303	,228		
Test:			χ^2	FG	p			
Likelihood-Ratio-Test			11,579	7	,115			
Hosmer-Lemeshow-Test			12,685	8	,123			
N = 209; EVP = 11,64	Cox & Snell R^2 = ,054, Nagelkerke R^2 = ,073. Klassifikation: 64,1% zu MCC von 61,2% und PCC von 52,4%.							
Auf mindestens dem 10-%-Niveau signifikante Variablen sind hervorgehoben. Folgende Variablen erweisen sich bei bivariater Prüfung zusätzlich als signifikant: (+)ALTER*, (-)SKEPSIS* und (+)FF-PRO$^{(*)}$. Es gilt: p ≤ ,001 = ***; p ≤ ,01 = **; p ≤ ,05 = * und p ≤ ,1 = $^{(*)}$.								

Quelle: Eigene Darstellung

Einzige unabhängige Variable mit Erklärungskraft ist das gesundheitsbezogene Lebensmittel-Involvement, welches einen positiven Einfluss ausübt. Aus dem Ergebnis kann gefolgert werden, dass Personen mit höherem gesundheitsbezogenen Lebensmittel-Involvement mit größerer Wahrscheinlichkeit in ihren Wahlent-

---

35 Das Ergebnis des Hosmer-Lemeshow-Tests wird daher im Folgenden bei Fallzahlen von unter 400 N im Text nicht mehr erläutert, die Werte werden jedoch in der jeweiligen Tabelle angegeben.

scheidungen eine Präferenz für Produkte mit einem Claim zeigen. Bei Betrachtung der Gruppenunterschiede zwischen den durch die abhängige Variablen gebildeten Gruppen bezüglich der einzelnen unabhängigen Variablen erweisen sich bivariat zusätzlich die Variablen ALTER, SKEPSIS und FF-PRO als signifikant: Personen in der Gruppe ‚Claim-Präferenz' sind im Durchschnitt von höherem Alter, positiver gegenüber Functional Food eingestellt und äußern eine geringere Skepsis bezüglich Herstelleraussagen auf Lebensmittelverpackungen.

5.4.2 Verknüpfung von produkt- und personenspezifischen Variablen

Als Zwischenergebnis für Schritt eins, d.h. der Berechnung der produkt- bzw. der personenbezogenen Gesamtmodelle, lässt sich folgendes feststellen: Nur wenige Variablen erweisen sich bei Zusammenfassung der Entscheidungen bezüglich verschiedener Lebensmittelkategorien als bedeutende Determinanten. Die produkt- bzw. personenspezifischen Variablen sind *getrennt* nicht geeignet, die Claim-Wahl bzw. die Claim-Präferenz der Befragten zufriedenstellend zu erklären.

Bei Betrachtung der Fälle aufgeteilt auf die drei Lebensmittelkategorien können dagegen alle sich aus den Hypothesen ergebenden unabhängigen Variablen *gemeinsam* zum Einsatz kommen, da jede Person in nur einem Fall je Lebensmittelkategorie repräsentiert ist. Neben den produktspezifischen Variablen (siehe Tab. 5.30) werden daher gleichzeitig auch die personenspezifischen Variablen einbezogen (siehe Tab. 5.32). Die unabhängige Variable ist die Wahl bzw. Nichtwahl eines Produktes mit Claim, somit die bereits in Schritt eins im produktspezifischen Gesamtmodell verwendete Variable OB-CLAIM. Da die Variable LM entfällt, beträgt die Anzahl unabhängiger Variablen nun 18.

Bei Aufteilung der Gesamtzahl der Fälle auf die drei Lebensmittelkategorien und gleichzeitiger Erhöhung der Anzahl der unabhängigen Variablen wird das Verhältnis zwischen Stichprobenumfang und Anzahl unabhängiger Variablen deutlich verringert. Zur Entscheidung, ab wann der Stichprobenumfang als zu klein zu bezeichnen ist, gibt es in der Literatur keine einheitliche Position. Im vorliegenden Fall ist zwar eine Gesamtstichprobengröße von mindestens 50 (Krafft 1997, S. 629) oder 100 (Rohrlack 2007, S. 199) bzw. eine Fallzahl von 25 je Gruppe der abhängigen Variablen (Backhaus et al. 2003, S. 470) gegeben. Die Stichprobengröße muss jedoch auch im Zusammenhang mit der Zahl der unabhängigen Variablen betrachtet werden. Bei Anwendung der von Peduzzi et al. (1996, S. 1373; siehe auch Hosmer und Lemeshow 2000, S. 339 f.) vorgeschlagenen Faustregel von zehn EVP müsste die Stichprobengröße jedoch als zu gering angesehen werden, um eine Modellrechnung für jede Teilstichprobe durchführen zu können.[36] Basierend auf der Empfehlung von Hosmer und Lemeshow (2000, S. 339; siehe

---

[36] Bei 18 unabhängigen Variablen betrüge der EVP für die Teilstichprobe Joghurt (Berechnung siehe Kap. 4.3.2) 4,45, für Müsli 4,30 und für Spaghetti 4,54.

Kap. 4.3.2) wird in der vorliegenden Arbeit so vorgegangen, dass die Regel von zehn EVP als Orientierungsregel, nicht aber als zwingende Regel verwendet wird. Ein EVP von unter zehn wird als Hinweis darauf angesehen, dass das Verhältnis von Stichprobenumfang und Anzahl unabhängiger Variablen, wenn möglich, verbessert werden sollte. Eine logistische Regressionsrechnung wird aber nur durchgeführt, wenn der EVP-Wert mindestens vier beträgt – dieser Wert stellt den nächstgeringeren in der Literatur diskutierten EVP-Grenzwert dar (Peduzzi et al. 1996, S. 1373).

Für jede Teilstichprobe der Fälle für Joghurt, Müsli und Spaghetti soll aufgrund dieser Überlegungen zunächst eine *schrittweise* logistische Regressionsrechnung durchgeführt werden. Diese wird üblicherweise für eine explorative Datenanalyse verwendet (Menard 1995, S. 54 ff.). In dieser Arbeit soll sie dazu dienen, unter den zu untersuchenden Einflussfaktoren diejenigen auszuschließen, die anscheinend keinen Erklärungsbeitrag liefern, und nur mit den übrigen die abschließende Regressionsrechnung unter Verwendung des Einschlussverfahrens durchzuführen. Das schrittweise Verfahren wird in der Literatur insofern als problematisch diskutiert, als dass es Variablen nur aufgrund mathematischer Zusammenhänge auswählt und nicht auf Basis theoretischer, inhaltlicher Überlegungen. Es wird ein höheres Risiko dafür gesehen, dass ein Einbezug irrelevanter Variablen oder ein Ausschluss relevanter Variablen, die aufgrund der Anwesenheit einer anderen Variablen oder Variablenkombination die festgelegten Einbezugskriterien nicht erfüllen, erfolgt (siehe z.B. Menard 1995, S. 55 oder Tabachnik und Fidell 2007, S. 455 f.). Daher sollte einerseits das Signifikanzniveau für den Einbezug von Variablen weniger ‚streng' gewählt werden, nach Hosmer und Lemeshow (2000, S. 116 ff.; siehe auch Menard 1995, S. 55 und Tabachnik und Fidell 2007, S, 456) etwa im Bereich des 15-%- bis 20-%-Niveaus, andererseits aber das erhaltene Modell im weiteren Schritt im Einschlussverfahren getestet werden (Hosmer und Lemeshow 2000, S. 121; Menard 1995, S. 55). Menard empfiehlt in diesem Zusammenhang zudem die rückwärts statt der vorwärts gerichteten schrittweisen Vorgehensweise, da bei vor- oder rückwärtsgerichteter Vorgehensweise zwar meistens das gleiche Ergebnis erzielt wird, bei rückwärtsgerichteter Vorgehensweise aber tendenziell *mehr* Zusammenhänge entdeckt werden (Menard 1995, S. 55). Zu den Vor- und Nachteilen der einzelnen für die schrittweise Vorgehensweise zur Auswahl stehenden Einbezugskriterien (im Programm SPSS: Wald, Conditional oder Likelihood-Ratio-Wert) finden sich in der Literatur keine Hinweise.

Auf Basis der Empfehlungen aus der Literatur wird eine rückwärts gerichtete schrittweise Regression (Kriterium: Likelihood-Ratio-Wert) durchgeführt und das Signifikanzniveau auf 15% statt üblicherweise 5% festgesetzt; die hierbei in mindestens *einer* Teilstichprobe relevanten Variablen werden schließlich in *jeder* Teilstichprobe im Einschlussverfahren auf ihren Einfluss auf die abhängige Variable hin überprüft. Es werden drei Modelle gerechnet, die im Folgenden als ‚Joghurt'-, ‚Müsli'- bzw. ‚Spaghetti-Modell' bezeichnet werden.

Die produktspezifischen Variablen LM-GESUND, KENNEN und WICHTIG erweisen sich in der schrittweisen Vorgehensweise für keines der drei Modelle als signifikant; dies ist somit konsistent mit dem Ergebnis des produktspezifischen Gesamtmodells in Schritt eins. Auch die personenspezifischen Variablen MÄNNLICH, ALTER und FF-PRO sind in keinem der drei Modelle bei schrittweisem Vorgehen von Bedeutung, welches somit ebenso konsistent mit dem Ergebnis des personenspezifischen Gesamtmodells in Schritt eins ist. Somit kann gefolgert werden, dass die Beurteilung der gesundheitlichen Eignung der Lebensmittelkategorie, die Bekanntheit des Ernährungs-Gesundheits-Zusammenhanges, die eingeschätzte Wichtigkeit des Claims für die Kaufentscheidung, die Einstellung gegenüber Functional Food sowie das Geschlecht und das Alter bei multivariater Betrachtung *keine* signifikante Erklärungskraft für die Wahlentscheidung in der vorliegenden Erhebung haben. Diese sechs Variablen werden in den Modellrechnungen im Einschlussverfahren nicht einbezogen, daher verringert sich die Anzahl unabhängiger Variablen auf zwölf und der EVP-Wert steigt für jede der drei Teilstichproben auf über sechs.

Joghurt-Modell

Im Joghurt-Modell werden nach Ausschluss von sechs als Ausreißer zu bezeichnenden Fällen 182 Fälle einbezogen, der EVP-Wert liegt somit bei 6,46. Gemäß dem Likelihood-Ratio-Test ist das Modell gegenüber dem Null-Modell vorzuziehen, es ermöglicht auch deutlich mehr richtige Klassifizierungen von Fällen (siehe Tab. 5.34). Die Pseudo-R^2-Statistiken zeigen, dass der Erklärungsbeitrag des Modells bei 45% der Varianz der abhängigen Variablen liegt: Das Modell ist somit gemäß der Interpretation dieser Werte und im Gegensatz zu den Modellen in Schritt eins als ‚gut' einzustufen (Krafft 1997, S. 238; Rohrlack 2007, S. 11).

Im Joghurt-Modell weisen die Variablen CLAIM-GESUND, SUCHE, GES-INV, PROD-INV und GLAUBEN einen positiven Einfluss auf die Wahlentscheidung auf, letztere Variable jedoch nur auf dem 10-%-Signifikanzniveau. Einen negativen Einfluss üben den Ergebnissen zufolge die Variablen HABIT-MARKE, SKEPSIS, ERN-WISS und CLAIM-ART (2) aus. Die Dummy-Variable CLAIM-ART (2) beschreibt den Health Risk Reduction Claim im Vergleich zum Nutrition Claim. Die bivariaten Tests bestätigen den Zusammenhang jeweils zwischen ERN-WISS bzw. CLAIM-ART (2) und der Wahlentscheidung *nicht*, dafür erweisen sich in den bivariaten Tests – in denen alle, auch die durch das schrittweise Verfahren ausgeschlossenen Variablen überprüft werden – zusätzlich die Variablen ALTER, WICHTIG, FF-PRO und LM-GESUND als von Bedeutung.

Den Ergebnissen zufolge werden Joghurts mit Claim mit *höherer* Wahrscheinlichkeit von Personen gewählt, die entsprechende Claim-Produkte für gesünder einstufen als solche ohne, bei der Entscheidung in stärkerem Maße nach Informationen suchen, ein höheres Produkt-Involvement bzw. ein höheres gesundheitsbezogenes Lebensmittel-Involvement aufweisen und Claims als glaubwürdiger beurteilen. Demgegenüber werden Joghurts mit Claim mit *geringerer* Wahrscheinlichkeit von Personen gewählt, die sich skeptisch gegenüber Herstelleraussagen auf Lebensmitteln zeigen, ihr Ernährungswissen als vergleichsweise höher einschätzen und die angaben, ihre gewohnte Marke gewählt zu haben. Joghurts mit Claim werden zudem mit geringerer Wahrscheinlichkeit gewählt, wenn der Claim in Form eines Health Risk Reduction Claims formuliert ist.

Tabelle 5.34: Modellrechnung für die Teilstichprobe Joghurt

Variable	ß	SE ß	Wald χ^2	FG	p	Exp(ß)	95-%-Konfidenzintervall für Exp(ß) unten	oben
Konstante	-5,036	2,044	6,071	1	,014	,006		
CLAIM-GESUND	,752	,185	16,463	1	,000	2,121	1,475	3,049
SUCHE	,501	,135	13,792	1	,000	1,650	1,267	2,149
GLAUBEN	,309	,161	3,668	1	,055	1,362	,993	1,867
GES-INV	,126	,040	10,059	1	,002	1,134	1,049	1,226
PROD-INV	,072	,034	4,553	1	,033	1,075	1,006	1,149
SKEPSIS	-,178	,089	4,004	1	,045	,837	,703	,996
ERN-WISS	-,592	,216	7,476	1	,006	,553	,362	,846
HABIT-MARKE	-1,252	,405	9,564	1	,002	,286	,129	,632
CLAIM-ART (2)	-1,119	,537	4,341	1	,037	,327	,114	9,36
CLAIM-ART			4,578	2	,101			
CLAIM-ART (1)	-,352	,486	,523	1	,470	,703	,271	1,825
BLDG-HOCH	,086	,401	,047	1	,829	1,090	,497	2,391
LESEN	-,062	,466	,018	1	,894	,940	,377	2,342
ERWIESEN	-,561	,608	,851	1	,356	,571	,173	1,879

Test:	χ^2	FG	p
Likelihood-Ratio-Test	73,512	13	,000
Hosmer-Lemeshow-Test	11,624	8	,169
N = 182; EVP = 6,46	Cox & Snell R^2 = ,332, Nagelkerke R^2 = ,449. Klassifikation: 76,9% zu MCC von 59,9% und PCC von 50,6%.		

Auf mindestens dem 10-%-Niveau signifikante Variablen sind hervorgehoben. Folgende Variablen erweisen sich bei bivariater Prüfung als nicht-signifikant: ERN-WISS und CLAIM-ART, als zusätzlich signifikant: (+)ALTER*, (+)WICHTIG*, (+)LM-GESUND[(*)] und (+)FF-PRO[(*)]. Es gilt: $p \leq ,001$ = ***; $p \leq ,01$ = **; $p \leq ,05$ = * und $p \leq ,1$ = [(*)].

Quelle: Eigene Darstellung

Im Vergleich mit den Ergebnissen aus Schritt eins ist festzustellen, dass alle in den Gesamtmodellen signifikanten Variablen sich auch als bedeutend im Joghurt-Modell erweisen. Insgesamt spielen aber mehr Variablen eine Rolle, da zusätzlich weitere Variablen signifikant sind. Das Modell liefert, anders als die Modelle in Schritt eins, einen insgesamt deutlich besseren Erklärungsbeitrag.

Müsli-Modell

Tabelle 5.35: Modellrechnung für die Teilstichprobe Müsli

Variable	ß	SE ß	Wald χ^2	FG	p	Exp(ß)	95-%-Konfidenz-intervall für Exp(ß) unten	oben
Konstante	-2,418	1,881	1,653	1	,199	,089		
CLAIM-GESUND	,539	,164	10,757	1	,001	1,714	1,242	2,366
SKEPSIS	,186	,080	5,361	1	,021	1,205	1,029	1,411
GES-INV	,063	,033	3,736	1	,053	1,065	,999	1,135
ERN-WISS	-,373	,191	3,814	1	,051	,689	,474	1,001
CLAIM-ART			,895	2	,639			
CLAIM-ART (1)	,278	,427	,425	1	,514	1,321	,572	3,047
CLAIM-ART (2)	,431	,468	,848	1	,357	1,538	,615	3,848
GLAUBEN	,231	M155	2,231	1	,135	1,260	,930	1,707
SUCHE	,140	,121	1,333	1	,248	1,150	,907	1,458
ERWIESEN	,050	,434	,013	1	,908	1,051	,449	2,462
BLDG-HOCH	,042	,381	,012	1	,911	1,043	,494	2,202
PROD-INV	-,043	,028	2,320	1	,128	,958	,906	1,012
LESEN	-,369	,376	,960	1	,327	,692	,331	1,446
HABIT-MARKE	-,434	,445	,950	1	,330	,648	,271	1,550
Test:			χ^2	FG	p			
Likelihood-Ratio-Test			31,420	13	,003			
Hosmer-Lemeshow-Test			8,126	8	,421			
N = 164; EVP = 6,34			Cox & Snell R^2 = ,174, Nagelkerke R^2 = ,233. Klassifikation: 65,9% zu MCC von 54,3% und PCC von 50,6%.					

Auf mindestens dem 10-%-Niveau signifikante Variablen sind hervorgehoben. Folgende Variable erweist sich bei bivariater Prüfung als nicht-signifikant: GES-INV. Es gilt: $p \leq ,001$ = ***; $p \leq ,01$ = **; $p \leq ,05$ = * und $p \leq ,1 = ^{(*)}$.

Quelle: Eigene Darstellung

Im Müsli-Modell (siehe Tab. 5.35) werden drei Fälle als Ausreißer von der Regressionsrechnung ausgeschlossen, die Fallzahl liegt hiernach bei 164 und der EVP-Wert liegt bei 6,34. Dem Likelihood-Ratio-Test zufolge hat das vollständige Modell eine bessere Erklärungskraft als das Null-Modell und ermöglicht gemäß der Klassifikationsmatrix auch eine bessere Klassifikation. Aus den Pseudo-R^2-Statistiken lässt sich ableiten, dass das Müsli-Modell als ‚akzeptabel' anzusehen ist: Es werden 23% der Varianz der abhängigen Variablen durch die unabhängigen Variablen erklärt. Im Müsli-Modell üben die Variablen CLAIM-GESUND, GES-INV und SKEPSIS einen positiven Einfluss auf die Entscheidung für ein Produkt mit einem Claim aus, die Variable ERN-WISS einen negativen. Sowohl GES-INV als auch ERN-WISS sind lediglich auf dem 10-%-Niveau signifikant, für GES-INV zeigen sich zudem auch bei der bivariaten Betrachtung keine signifikanten Unterschiede zwischen den durch die abhängige Variable gebildeten Gruppen.

Den Ergebnissen zufolge werden Müslis mit Claim mit *höherer* Wahrscheinlichkeit von Personen gewählt, die die Produkte mit Claim als gesünder erachten als die Produkte ohne, ein höheres gesundheitsbezogenes Lebensmittel-Involvement aufweisen und sich skeptischer gegenüber Herstelleraussagen auf Lebensmitteln zeigen. Demgegenüber werden Müslis mit Claim mit *geringerer* Wahrscheinlichkeit von Personen gewählt, die ihr Ernährungswissen als vergleichsweise höher einstufen. Im Vergleich zu den Gesamtmodellen in Schritt eins bestätigt sich nur der Einfluss von CLAIM-GESUND und GES-INV. Die anderen beiden im Müsli-Modell signifikanten Variablen – SKEPSIS und ERN-WISS – erwiesen sich bereits im Joghurt-Modell von Bedeutung. Die Variable SKEPSIS zeigt im Müsli-Modell im Vergleich zum Joghurt-Modell allerdings die *entgegengesetzte* Wirkungsrichtung. Trotz der geringen Zahl signifikanter Variablen ist das Modell bezüglich der Gesamterklärungskraft besser als die Modelle in Schritt eins, im Vergleich zum Joghurt-Modell ist es jedoch von geringerer Erklärungskraft.

Spaghetti-Modell

Im Spaghetti-Modell (siehe Tab. 5.36) werden nach Ausschluss von fünf möglichen Ausreißern 178 Fälle für die Analyse verwendet, der EVP-Wert liegt folglich bei 6,63. Es ergibt sich ebenfalls ein dem Null-Modell vorzuziehendes vollständiges Modell mit einem vergleichsweise besseren Klassifikationsergebnis. Das Spaghetti-Modell ist als ,akzeptabel' einzustufen, da die unabhängigen Variablen gemeinsam 28% der Varianz der abhängigen Variable erklären. Die Variablen CLAIM-GESUND und SUCHE zeigen sich in positiver Wirkungsrichtung signifikant. Als weiterer positiver Einflussfaktor erweist sich die Variable LESEN, die entsprechend dem vergleichsweise hohen Odds-Ratio-Wert (Exp[ß]) zudem einen ausgesprochen starken Einfluss hat. Einen negativen Einfluss haben die Variablen BLDG-HOCH und HABIT-MARKE. Letztere Variable ist nur auf dem 10-%-Niveau signifikant. Zusätzlich erweisen sich in den bivariaten Tests die Variablen ALTER und ERWIESEN von Bedeutung.

Für das Produkt Spaghetti lässt sich folgern, dass Spaghetti mit einem Claim mit *höherer* Wahrscheinlichkeit von Personen gewählt werden, die Produkte mit Claim für gesünder als Produkte ohne Claim halten, angeben, den Claim gelesen zu haben und eine extensivere Informationssuche vor der Entscheidung durchführen. Mit *geringerer* Wahrscheinlichkeit werden Spaghetti mit Claim von Personen gewählt, die ein höheres Bildungsniveau aufweisen und angeben, die gewohnte Marke gewählt zu haben. Im Vergleich zu den Gesamtmodellen in Schritt eins bestätigt sich nur der Einfluss von CLAIM-GESUND und SUCHE. Das Modell ist von ähnlicher Erklärungskraft wie das Müsli-Modell.

Tabelle 5.36: Modellrechnung für die Teilstichprobe Spaghetti

Variable	ß	SE ß	Wald χ^2	FG	p	Exp(ß)	95-%-Konfidenz-intervall für Exp(ß) unten	oben
LESEN	1,266	,431	8,618	1	,003	3,546	1,523	8,255
CLAIM-GESUND	,360	,176	4,194	1	,041	1,433	1,016	2,022
SUCHE	,276	,116	5,628	1	,018	1,318	1,049	1,655
HABIT-MARKE	-,677	,388	3,042	1	,018	,508	,237	1,087
BLDG-HOCH	-,802	,367	4,771	1	,029	,448	,218	,921
ERWIESEN	,781	,478	2,676	1	,102	2,185	,857	5,572
CLAIM-ART			4,453	2	,108			
CLAIM-ART (1)	-,300	,440	,463	1	,496	,741	,313	1,756
CLAIM-ART (2)	,610	,442	1,906	1	,167	1,840	,774	4,370
GLAUBEN	,084	,123	,466	1	,495	1,088	,854	1,386
PROD-INV	,011	,022	,248	1	,618	1,011	,968	1,057
GES-INV	-,021	,031	,462	1	,497	,979	,922	1,040
SKEPSIS	-,070	,074	,895	1	,344	,932	,807	1,078
ERN-WISS	-,029	,182	,025	1	,874	,972	,681	1,387
Konstante	-1,565	1,645	,905	1	,341	,209		

Test:	χ^2	FG	p
Likelihood-Ratio-Test	42,163	13	,000
Hosmer-Lemeshow-Test	8,107	8	,423

N = 178; EVP = 6,63   Cox & Snell R^2 = ,211, Nagelkerke R^2 = ,282.
Klassifikation: 72,5% zu MCC von 55,6% und PCC von 50,6%.

Auf mindestens dem 10-%-Niveau signifikante Variablen sind hervorgehoben. Folgende Variablen erweisen sich bei bivariater Prüfung zusätzlich als signifikant: (+)ERWIESEN* und (+)ALTER[(*)]. Es gilt: $p \leq ,001$ = ***; $p \leq ,01$ = **; $p \leq ,05$ = * und $p \leq ,1$ = [(*)].

Quelle: Eigene Darstellung

5.4.3 Teilstichproben ‚Marke gewechselt' und ‚Claim gelesen'

Teilstichprobe ‚Marke gewechselt'

Die Modellrechnungen in Schritt eins und zwei zeigen, dass eine für die Wahl von Produkten mit Claim relevante Determinante die Wahl der gewohnten bzw. nicht gewohnten Marke darstellt. Dieses Ergebnis unterstreicht die Bedeutung von Marken am POS. Es zeigt zudem, dass die Bereitschaft zum Wechsel von Marken und somit der Einbezug anderer Produktattribute als der Erfahrungseigenschaften eine wichtige Voraussetzung dafür darstellen dürfte, dass Produkte mit Claim Beachtung finden und gewählt werden. Im dritten Schritt der Auswertung werden in einer Wiederholung der Rechnungen aus Schritt eins und zwei nur die Personen untersucht, die nach eigenen Angaben nicht die gewohnte Marke gewählt und somit vemutlich *kein* habitualisiertes Einkaufsverhalten durchgeführt haben. Dadurch soll ermittelt werden, ob in diesem Fall andere Einflussfaktoren an Bedeutung für die Kaufentscheidung gewinnen und wenn ja, für welche Einflussfaktoren dies gilt.

Tabelle 5.37: Modellrechnung für die Teilstichprobe ,Marke gewechselt'

Variable	ß	SE ß	Wald χ^2	FG	p	Exp(ß)	95-%-Konfidenzintervall für Exp(ß) unten	oben
CLAIM-GESUND	,396	,109	13,239	1	,000	1,485	1,200	1,838
SUCHE	,257	,076	11,318	1	,001	1,293	1,113	1,503
Test:			χ^2	FG	p			
Likelihood-Ratio-Test			31,007	13	,002			
Hosmer-Lemeshow-Test			21,972	8	,005			
N = 325; EVP = 14,65	Cox & Snell R^2 = ,091, Nagelkerke R^2 = ,121. Klassifikation: 63,4% zu MCC von 50,5% und PCC von 50,0%.							

Nur die auf mindestens dem 10-%-Niveau signifikanten Variablen sind angegeben, die Konstante wird unabhängig von ihrer Signifikanz nicht angegeben. Folgende Variablen erweisen sich bei bivariater Prüfung zusätzlich als signifikant: (+)GLAUBEN[(*)] und (+)WICHTIG[(*)]. Es gilt: $p \leq ,001 = ***; p \leq ,01 = **; p \leq ,05 = *$ und $p \leq ,1 = ^{(*)}$.

Quelle: Eigene Darstellung

Die Analyse erfolgt zuerst analog zu Schritt eins unter Einbezug der produktspezifischen Variablen. Nach Ausschluss von zwei möglichen Ausreißern beträgt die Fallzahl 325. Der EVP-Wert ist mit 14,65 ausreichend hoch.[37] Das Modell (siehe Tab. 5.37; vollständige Modellangaben im Anhang) ist gemäß dem Likelihood-Ratio-Test sowie dem Klassifikationsergebnis zufolge im Vergleich zum Null-Modell besser geeignet, die Wahl von Produkten mit Claim zu erklären. Allerdings zeigen die Pseudo-R^2-Statistiken an, dass das Modell nicht zufriedenstellend ist: lediglich 12% der Varianz der abhängigen Variablen werden durch die unabhängigen Variablen erklärt. Auch sind nur zwei Variablen – CLAIM-GESUND und SUCHE – signifikant, sie haben einen positiven Einfluss. Die Variable HABIT-MARKE entfällt, da sie die Filtervariable darstellt. In den bivariaten Tests erweisen sich zusätzlich GLAUBEN und WICHTIG als signifikant unterschiedlich für die Gruppen der Personen, die Produkte mit Claim wählten bzw. nicht wählten.

---

[37] Ein VIF-Wert liegt knapp über 2 (siehe Anhang), der Literatur zufolge dürfte jedoch auch dies noch keine Multikollinearität vermuten lassen (Rohrlack 2007, S. 187).

Im Vergleich zum produktspezifischen Gesamtmodell zeigen sich in der Teilstichprobe 'Marke gewechselt' keine grundsätzlichen Unterschiede in der relativen Bedeutung der Variablen, die daraus abzuleitenden Aussagen entsprechen sich daher. Für die Teilstichprobe werden im Weiteren auch die drei nach den Lebensmittelkategorien getrennten Modellrechnungen entsprechend dem Vorgehen in Schritt zwei durchgeführt. Da hierbei jedoch ebenfalls keine bedeutenden Unterschiede im Vergleich zu den bereits beschriebenen Modellen Joghurt, Müsli und Spaghetti zu erkennen sind und der Erkenntniszugewinn somit gering ist, werden diese Ergebnisse nicht im Einzelnen erläutert; die Kennzahlen dieser Modellrechnungen aber in Tabelle A.5 im Anhang aufgeführt. Der geringe Unterschied der Teilstichprobenmodelle 'Marke gewechselt' zu den bereits vorgestellten Modellen lässt den Schluss zu, dass keine grundlegend anderen als die bisher diskutierten Determinanten von Bedeutung sind, wenn allein die nicht die gewohnte Marke kaufenden Personen betrachtet werden.

Teilstichprobe 'Claim gelesen'

Ähnlich wie für die Bereitschaft des Markenwechsels wird auch für das Lesen der Claims erwartet, dass dies eine wichtige Voraussetzung für die Wahl von Claims darstellt. Anders als für den Markenwechsel bestätigen die vorgenommenen Modellrechnungen die Bedeutung dieser Variable jedoch nicht im erwarteten Maße. Dies lässt sich evtl. dadurch erklären, dass die Frage nach dem erinnerten Lesen des Claims nicht einer Messung der tatsächlichen Wahrnehmung entspricht, da diese auch unbewusst verlaufen kann.[38] Die Personen, die die entsprechende Frage verneinten, haben die Claims entweder gar nicht oder nicht bewusst gelesen oder sie konnten sich an ein bewusstes Lesen zum Zeitpunkt der Frage bereits nicht mehr erinnern. Die Personen, die die entsprechende Frage bejahten, haben die Claims dagegen mit hoher Wahrscheinlichkeit *bewusst* gelesen. Hier muss allerdings, wie auch für andere auf Befragungen basierende Variablen, einschränkend angemerkt werden, dass einige Personen möglicherweise allein aufgrund der in Befragungen zu beobachtenden Bejahungstendenz oder aus sozialer Erwünschtheit mit Ja antworteten (siehe auch Kap. 5.1.2). Trotz dieser Einschränkung wird analog zum Vorgehen bei der Teilstichprobe 'Marke gewechselt' untersucht, ob für den Fall, dass die Claims bewusst gelesen wurden, andere und wenn ja, welche Einflussfaktoren an Bedeutung für die Kaufentscheidung gewinnen.

Die Analyse erfolgt analog zu Schritt eins unter Einbezug der produktspezifischen Variablen. Für das Modell der Teilstichprobe 'Claim gelesen' werden nach Ausschluss von fünf Ausreißern 271 Fälle einbezogen, der EVP-Wert liegt

---

38 Bei dem in der vorliegenden Arbeit verwendeten realitätsnahen Versuchsdesign dürfte der Anteil derer, die Claims *überhaupt nicht* wahrgenommen haben, vergleichsweise höher sein als in anderen Choice Experiments. Auch in Letzteren ist jedoch nicht auszuschließen, dass die Versuchspersonen einige Informationen über die Stimuli nicht beachten.

bei 12,22.[39] Das Modell (siehe Tab. 5.38; vollständige Modellangaben im Anhang) ist aussagekräftiger als das Null-Modell und ermöglicht eine bessere Klassifizierung der Fälle. Von der Varianz der abhängigen Variablen werden 24% erklärt. Die Pseudo-R^2-Statistiken zeigen an, dass das Modell als ‚akzeptabel' zu bezeichnen ist. Fünf Variablen haben einen signifikanten Einfluss: CLAIM-GESUND, SUCHE, PROD-INV, LM und HABIT-MARKE. Die ersteren vier Variablen haben einen positiven, die Letztere hat einen negativen Einfluss. Die Variable HABIT-MARKE ist nur auf dem 10-%-Niveau signifikant. Der bivariate Test kann keinen Gruppenunterschied bezüglich der Variable LM bestätigen. Der Gruppenvergleich bezüglich der einzelnen Variablen zeigt zusätzlich Unterschiede für GLAUBEN, ERWIESEN und WICHTIG.

Tabelle 5.38: Modellrechnung für die Teilstichprobe ‚Claim gelesen'

Variable	ß	SE ß	Wald χ^2	FG	p	Exp(ß)	95-%-Konfidenzintervall für Exp(ß) unten	oben
LM (2)	,808	,405	3,990	1	,046	2,244	1,015	4,960
CLAIM-GESUND	,547	,139	15,568	1	,000	1,728	1,317	2,267
SUCHE	,209	,088	5,684	1	,017	1,232	1,038	1,463
PROD-INV	,051	,022	5,578	1	,018	1,052	1,009	1,097
HABIT-MARKE	-,529	,302	3,061	1	,080	,589	,326	1,066

Test:	χ^2	FG	p
Likelihood-Ratio-Test	52,993	13	,000
Hosmer-Lemeshow-Test	6,239	8	,620
N = 271; EVP = 12,22	Cox & Snell R^2 = ,178, Nagelkerke R^2 = ,237.		
	Klassifikation: 67,5% zu MCC von 51,7% und PCC von 50,0%.		

Nur die auf mindestens dem 10-%-Niveau signifikanten Variablen sind angegeben, die Konstante wird unabhängig von ihrer Signifikanz nicht angegeben. Folgende Variablen erweisen sich bei bivariater Prüfung als nicht-signifikant: LM, als zusätzlich signifikant: (+)WICHTIG***, (+) ERWIESEN* und (+)GLAUBEN*. Es gilt: p ≤ ,001 = ***; p ≤ ,01 = **; p ≤ ,05 = * und p ≤ ,1 = (*).

Quelle: Eigene Darstellung

Gegenüber dem produktspezifischen Gesamtmodell aus Schritt eins erweist sich das Modell der Teilstichprobe ‚Claim gelesen' als ein Modell mit *besserer* Erklärungskraft. Im Unterschied zum Ersteren zeigen sich zusätzlich die Variablen des Produkt-Involvements sowie der Lebensmittelkategorie von signifikantem Einfluss. Die Bedeutung der Lebensmittelkategorie erklärt sich mit der Tatsache,

---

[39] Zwei VIF-Werte liegen knapp über 2 (siehe Anhang), der Literatur zufolge dürfte dies jedoch noch keine Multikollinearität vermuten lassen (Rohrlack 2007, S. 187).

dass der Anteil der Gruppe ‚Claim gelesen' für Spaghetti (entsprechend der Variable LM [2]) deutlich höher ist, der Einfluss von Produkt-Involvement stellt jedoch einen neuen Aspekt dar. Für die Teilstichprobe ‚Claim gelesen' ist eine Unterteilung in die drei Lebensmittelkategorien nur für Spaghetti möglich, da im Falle von Joghurt und Müsli der EVP-Wert *unter* 4 liegt und somit nach der hier gewählten Vorgehensweise keine Modellinterpretation erlaubt ist. In der Untergruppe Spaghetti der Teilstichprobe ‚Claim gelesen' bestätigt sich die Bedeutung von Produkt-Involvement, allerdings nur auf dem 10-%-Niveau der Signifikanz, während das Ausmaß des Informationsverhaltens von keinem signifikanten Einfluss für die Wahl ist. Die Ergebnisse dieser Modellrechnung werden im Einzelnen nicht weiter aufgeführt, die Kennzahlen und signifikanten Variablen sind aber Tabelle A.5 im Anhang zu entnehmen.

5.4.4 Ergebnis der Hypothesenüberprüfung

In der folgenden zusammenfassenden Darstellung werden zuerst grundsätzliche Aussagen über das überprüfte partielle Erklärungsmodell für das Kaufverhalten bezüglich von Claim-Produkten getroffen, bevor auf die einzelnen Hypothesen eingegangen wird. Dabei werden die Hypothesen danach gruppiert, ob die in ihnen beschriebene Variable in mehreren Modellen bis hin zu keinem Modell von signifikanter Bedeutung war. In Tabelle A.5 im Anhang sind alle im vorangegangenen Text erwähnten Modelle mit ihren Kennzahlen und den signifikanten unabhängigen Variablen im Überblick aufgeführt. Zwei Übersichtstabellen am Ende des Kapitels, Tabelle 5.39 und 5.40, fassen das Ergebnis der in den vorherigen Kapiteln erfolgten Hypothesenprüfung zusammen.

Beim Vergleich der vor der Erhebung formulierten Hypothesen (siehe Abb. 4.1) mit den Ergebnissen aus den Modellrechnungen zeigt sich, dass nur für wenige Hypothesen sowohl in Schritt eins für *eines* der Gesamtmodelle als auch in Schritt zwei für mindestens *zwei* der Lebensmittelkategorien ein gleichlautendes Ergebnis gefunden werden konnte. Die in den übrigen Hypothesen beschriebenen Zusammenhänge erwiesen sich entweder nur für eines oder für wenige Modelle als signifikant oder die Hypothesen konnten weder bestätigt noch widerlegt werden. Daraus kann geschlossen werden, dass die Zusammenhänge für verschiedene Lebensmittelkategorien durchaus sehr unterschiedliche Gültigkeit haben können und das jeweilige Erklärungsmodell auf unterschiedlichen Variablen beruht. Die Ergebnisse sollten daher nicht uneingeschränkt für Lebensmittel allgemein generalisiert werden.

Für ein Gesamtmodell beantwortete Hypothesen

Für vier Hypothesen konnte eine Bestätigung oder Widerlegung sowohl in einem der beiden Gesamtmodelle aus Schritt eins als auch für zwei der Lebensmittelkategorien in den Analysen in Schritt zwei gefunden werden. Demzufolge neigten die Personen mit höherer Wahrscheinlichkeit zu einer Wahl von Produkten mit Claim, die

1. Produkte mit Claim für gesünder einschätzten als die Produkte ohne Claim (Bestätigung von **Hypothese 4** in allen gerechneten Modellen),
2. ein *stärkeres* Ausmaß der Informationssuche zeigten (Widerlegung von **Hyothese 5** in allen Modellen mit Ausnahme des Müsli-Modells),
3. nicht die gewohnte Marke wählten und somit kein habitualisiertes Kaufverhalten durchführten (Bestätigung von **Hypothese 12** im produktbezogenen Gesamtmodell sowie für das Joghurt- und Spaghetti-Modell), und
4. ein hohes gesundheitsbezogenes Lebensmittel-Involvement aufwiesen (Bestätigung von **Hypothese 19** im personenenbezogenen Gesamtmodell und im Joghurt- und Müsli-Modell).

Hierbei muss allerdings bedacht werden, dass die Neigung, das *gewählte* Produkt als vergleichsweise gesünder einzustufen, zu einer leichten Überschätzung des in Hypothese 4 beschriebenen Zusammenhangs geführt haben dürfte, da Claim-Produkte gleichzeitig bevorzugt gewählt wurden. Aus der Widerlegung von Hypothese 5 lässt sich ableiten, dass Claims eher *nicht* als Schlüsselinformation dienen dürften, sondern im Gegenteil entweder eine verstärkte Informationssuche auslösen oder schlichtweg eher durch Personen Beachtung und Präferenz finden, die generell eine stärkere Informationssuche durchführen. Gesundheitsbezogenes Lebensmittel-Involvement war die einzige Determinante im personenenbezogenen Gesamtmodell, die die Wahl von Produkten mit Claim erklären konnte. Ein hohes Bewusstsein für, eine intensive Beschäftigung mit und eine Sorge um das Zusammenspiel von Lebensmittel, Ernährung und Gesundheit lässt somit die Erwartung zu, dass die betreffende Person eher ein Produkt mit Claim als eines ohne wählt.

Für einzelne Lebensmittelkategorien beantwortete Hypothesen

Einige weitere Hypothesen ließen sich nur für *eine* Lebensmittelkategorie oder im Einzelfall für eine zweite bestätigen oder auch widerlegen. So neigten Personen mit höherer Wahrscheinlichkeit zu einer Wahl von Produkten mit Claim, die

1. bei Joghurt ein höheres Produkt-Involvement zeigten (Bestätigung von **Hypothese 2**, zusätzlich auch im Modell ‚Claim gelesen') und
2. bei Spaghetti den Claim den eigenen Angaben zufolge gelesen hatten (Bestätigung von **Hypothese 11**).

Dagegen neigten die Personen eher *nicht* zur Wahl eines Claims, die

1. bei Joghurt einen Health Risk Reduction Claim auf den Produkten vorfanden (Widerlegung von **Hypothese 6**, das heißt der positiven Wirkung einer größeren Stärke der Formulierung),
2. ein *höheres* Bildungsniveau aufwiesen (im Spaghetti-Modell, Widerlegung von **Hypothese 15**) und

3. ihr Ernährungswissen als vergleichsweise *höher* einschätzten (im Joghurt-und im Müsli-Modell, Widerlegung von **Hypothese 16**).

Widersprüchlich beantwortete Hypothesen

Die auf zwei Aussagen basierende Variable der Skepsis gegenüber Herstelleraus-sagen auf Lebensmitteln zeigte sich für zwei Lebensmittelkategorien signifikant, allerdings in *entgegengesetzter* Richtung des Einflusses. Während bei Joghurt die Skepsis die Wahrscheinlichkeit verringerte, dass Produkte mit einem Claim ge-wählt wurden und somit **Hypothese 18** bestätigt wurde, zeigte sich das Gegenteil bei Müsli, sodass dieselbe Hypothese für diese Teilstichprobe widerlegt wurde.

Nicht beantwortete Hypothesen

Für die Variablen Geschlecht, Alter und positive Einstellung gegenüber Func-tional Food konnte in den Regressionsrechnungen kein signifikanter Einfluss auf die Wahlentscheidung für bzw. gegen Produkte mit einem Claim nachgewiesen werden. Daher ließen sich die **Hypothesen 13, 14 und 17** nicht beantworten. Lediglich die bivariaten Tests deuteten an, dass ältere Personen und Functional Food gegenüber positiv eingestellte Personen tendenziell eher zur Wahl von Pro-dukten mit Claim neigten. Ähnlich verhielt es sich mit **Hypothese 7, 8, 9 und 10**: Es konnte nicht gezeigt werden, dass die Beurteilung der gesundheitlichen Wir-kung der Lebensmittelkategorie an sich sowie die Beurteilung des Claims be-züglich Vertrautheit mit dem Claim, wissenschaftliche Erwiesenheit des Ernäh-rungs-Gesundheits-Zusammenhangs und Wichtigkeit des Claims für die eigene Kaufentscheidung einen Einfluss darauf hatte, ob Produkte mit Claim gewählt wurden. Hier deuteten lediglich die bivariaten Tests darauf hin, dass Personen, die die wissenschaftliche Erwiesenheit des Claims sowie die Wichtigkeit des Claims als höher einschätzten, auch eher zur Wahl von Claims neigen könnten. Die in diesen Hypothesen beschriebenen Einflussfaktoren spielen somit keine oder nur eine vergleichsweise unbedeutende Rolle bei der Kaufentscheidung für bzw. gegen Produkte mit einem Claim.

Tabelle 5.39: Ergebnis der Hypothesenüberprüfung in den logistischen Regressions-modellen für produktbezogene Variablen

Hypothese	Gesamt-modell	Teilstichproben-modell		
	Produkt	Joghurt	Müsli	Spaghetti
H 2: Personen mit höherem Produkt-Involvement wählen mit höherer Wahrscheinlichkeit ein Produkt mit einem Claim.		Ja*		
H 3: Personen, die die Glaubwürdigkeit eines Claims als hoch einschätzen, wählen mit höherer Wahrscheinlichkeit ein Produkt mit diesem Claim.	Ja[(*)]	Ja[(*)]		

Tabelle 5.39: Ergebnis der Hypothesenüberprüfung in den logistischen Regressions-
modellen für produktbezogene Variablen – *Fortsetzung*

Hypothese	Gesamt-modell Produkt	Teilstichproben-modell Joghurt	Müsli	Spaghetti
H 4: Personen, die den mit einem Claim ausge-zeichneten Produkten eine bessere allgemeine gesundheitliche Wirkung zuschreiben, wählen mit höherer Wahrscheinlichkeit ein Produkt mit diesem Claim.	**Ja*****	**Ja*****	**Ja*****	**Ja***
H 5: Personen, die ein geringeres Ausmaß der Informationssuche zeigen, wählen mit höherer Wahrscheinlichkeit ein Produkt mit einem Claim.	**Nein****	**Nein*****		**Nein***
H 6: Personen wählen mit höherer Wahrscheinlich-keit ein Produkt mit einem Claim, wenn die Stärke der Formulierung des Claims größer ist.		Nein* [!]		
H 7: Personen wählen mit höherer Wahrscheinlich-keit ein Produkt mit einem Claim, wenn sie das Lebensmittel als eine gesunde Lebensmittel-kategorie ansehen.		Biv. ja[(*)]		
H 8: Personen wählen mit höherer Wahrscheinlich-keit ein Produkt mit einem Claim, wenn ihnen der im Claim beschriebenen Ernährungs-Gesundheits-Zusammenhang bekannt ist.				
H 9: Personen wählen mit höherer Wahrscheinlich-keit ein Produkt mit einem Claim, wenn sie den im Claim beschriebenen Ernährungs-Gesundheits-Zusammenhang für erwiesen erachten.	Biv. ja[(*)]			
H 10: Personen wählen mit höherer Wahrscheinlich-keit ein Produkt mit einem Claim, wenn sie den im Claim beschriebenen Ernährungs-Gesundheits-Zusammenhang für wichtig für ihre Kaufentscheidung halten.	Biv. ja*	Biv. ja*		
H 11: Personen wählen mit höherer Wahrscheinlich-keit ein Produkt mit einem Claim, wenn sie angeben, den Claim gelesen zu haben.	Biv. ja*			Ja**
H 12: Personen wählen mit geringerer Wahr-scheinlichkeit ein Produkt mit einem Claim, wenn sie angeben, die habituell gekaufte Marke gewählt zu haben.	**Ja****	**Ja****		**Ja[(*)]**

Es gilt: $p \leq ,001 = ***$; $p \leq ,01 = **$; $p \leq ,05 = *$ und $p \leq ,1 = ^{(*)}$. Graue Felder = Nicht in der betreffenden Regressionsrechnung verwendet, da nach der Variablenreduktion nicht mehr verwendet. ! = Im Modell festgestellter Zusammenhang kann bivariat nicht bestätigt werden. Biv. = Bivariates Ergebnis, angegeben, wenn Variable nicht signifikant im Modell ist. Für mindestens zwei Produkte und ein Gesamtmodell beantwortete Hypothesen hervorgehoben. Leere Zellen stehen für nicht signifikante Zusammenhänge. ‚Ja' bedeutet dass die Annahme bestätigt, ‚Nein' dagegen dass sie widerlegt wurde. Die Teilstichprobenmodelle ‚Marke ge-wechselt' und ‚Claim gelesen' sind nicht dargestellt.

Quelle: Eigene Darstellung

Tabelle 5.40: Ergebnis der Hypothesenüberprüfung in den logistischen Regressions-
modellen für personenbezogene Variablen

Hypothese	Gesamtmodell Personen	Teilstichprobenmodell Joghurt	Müsli	Spaghetti
H 13: Frauen wählen mit höherer Wahrscheinlichkeit ein Produkt mit einem Claim.				
H 14: Ältere Personen wählen mit höherer Wahrscheinlichkeit ein Produkt mit einem Claim.	Biv. ja*	Biv. ja*		Biv. ja*
H 15: Personen mit einem besseren Bildungsstand wählen mit höherer Wahrscheinlichkeit ein Produkt mit einem Claim.				Nein*
H 16: Personen, die ihr Ernährungswissen als höher einschätzen, wählen mit höherer Wahrscheinlichkeit ein Produkt mit einem Claim.		Nein** !	Nein($_*$)	
H 17: Personen, die Functional Food positiv beurteilen, wählen mit höherer Wahrscheinlichkeit ein Produkt mit einem Claim.	Biv. ja$^{(*)}$	Biv. ja$_{(*)}$		Biv. ja*
H 18: Personen, die eine hohe Skepsis gegenüber Herstelleraussagen auf Lebensmitteln äußern, wählen mit geringerer Wahrscheinlichkeit ein Produkt mit einem Claim.	Biv. ja*	Ja *	Nein**	
H 19: Personen mit einem höheren generellen gesundheitsbezogenen Lebensmittel-Involvement wählen mit höherer Wahrscheinlichkeit ein Produkt mit einem Claim.	**Ja***	**Ja****	**Ja$^{(*)}$!**	

Es gilt: p ≤ ,001 = ***; p ≤ ,01 = **; p ≤ ,05 = * und p ≤ ,1 = $^{(*)}$. Graue Felder = Nicht in der betreffenden Regressionsrechnung verwendet, da nach der Variablenreduktion nicht mehr verwendet. ! = Im Modell festgestellter Zusammenhang kann bivariat nicht bestätigt werden. Biv. = Bivariates Ergebnis, angegeben, wenn Variable nicht signifikant im Modell ist. Für mindestens zwei Produkte und ein Gesamtmodell beantwortete Hypothesen hervorgehoben. Leere Zellen stehen für nicht signifikante Zusammenhänge. ‚Ja' bedeutet dass die Annahme bestätigt, ‚Nein' dagegen dass sie widerlegt wurde. Die Teilstichprobenmodelle ‚Marke gewechselt' und ‚Claim gelesen' sind nicht dargestellt.

Quelle: Eigene Darstellung

6. Diskussion und Schlussfolgerungen

Die Ergebnisse der Arbeit lassen sich bezüglich dreier Aspekte diskutieren. Diese Aspekte sind erstens die inhaltliche Fragestellung des Kaufverhaltens angesichts von **Claims** auf Lebensmitteln, zweitens die Erkenntnisse im Hinblick auf das theoretische Konstrukt des **Involvements** sowie drittens die methodische Herangehensweise und Weiterentwicklung der Methode des **Choice Experiments**. Im folgenden ersten Unterkapitel werden diese drei Punkte nacheinander behandelt. Dabei werden die wichtigsten Ergebnisse wiedergegeben und die Erkenntnisse vor dem Hintergrund des Stands der Forschung diskutiert. Zudem werden der besondere Beitrag der Arbeit herausgestellt, aber auch mögliche Grenzen und Einschränkungen des Vorhabens und seiner Ergebnisse erläutert.

Im zweiten Unterkapitel werden Schlussfolgerungen für die Anwendung der Forschungsergebnisse gezogen. Dabei wird zwischen den Interessengruppen der Lebensmittelhersteller bzw. -händler auf der einen sowie der Verbraucherorganisationen und der EU-Gesetzgebung auf der anderen Seite unterschieden. Schließlich werden Schlussfolgerungen für die Weiterentwicklung der Forschung zu ähnlichen Fragestellungen dargestellt. Somit werden drei Bereiche angesprochen, für die die Ergebnisse der Arbeit von Nutzen sind: die **Marketing-Praxis**, der **Verbraucherschutz** und die **Forschung**.

6.1 Diskussion

6.1.1 Claims

Die Ergebnisse der Studie geben eine Antwort auf die Frage, *ob* Lebensmittelprodukte mit Claim bevorzugt gewählt werden und *welche* Determinanten einen Einfluss darauf haben, ob eine Person Produkte mit Claim bevorzugt wählt oder nicht.

Wahl von Produkten mit Claim

Auf Basis der Ergebnisse lässt sich bezüglich der ersten Frage schlussfolgern, dass Produkte mit Claim gegenüber Produkten ohne Claim generell eher *bevorzugt* werden. Es gab in der Studie keinen Hinweis darauf, dass diese Produkte von einer bedeutenden Zahl der Befragten abgelehnt worden wären. Die bevorzugte Wahl von Produkten mit Claim war besonders ausgeprägt in der Teilstichprobe der älteren Befragten, des Produkts Müsli, der Formulierung des Health Claims sowie der Personen, die entweder angegeben hatten, den Claim bewusst gelesen zu haben oder nicht die gewohnte Marke gewählt zu haben. Bezüglich der verwendeten Marken ist anzumerken, dass einige Marken in besonderem Maße gewählt wurden, wenn sie mit einem Claim versehen waren. Dies deutet eine Wechselwirkung zwischen Claim und Marke an.

Das Ergebnis bezüglich der Wirkungsrichtung von Claims auf die Kaufwahrscheinlichkeit derartiger Produkte entspricht der vorab formulierten Erwartung. Es ist auch konsistent mit dem, was als Stand der Forschung zur Kaufintention bezüglich von Claim-Produkten anzusehen ist: Produkte mit Claim werden tendenziell eher begrüßt und es wird eine erhöhte Kaufabsicht für derartige Produkte geäußert (Bech-Larsen et al. 2001, S. 13; Bhaskaran und Hardley 2002, S. 603; Roe et al. 1999, S. 99). Aus der Konsumentenverhaltensforschung ist jedoch bekannt, dass die Kaufintention zur Prognose von tatsächlichen Entscheidungen nur bedingt geeignet ist und die Kaufwahrscheinlichkeit meistens überschätzt wird (Chandon et al. 2005; Schnell 2005, S. 354; Scholderer 2005). Als Grund hierfür gelten Befragungs-Artefakte wie soziale Erwünschtheit (Felser 2007, S. 468 ff.) oder die Tendenz zur Bejahung von Fragen (Schnell 2005, S. 354), aber auch die Tatsache, dass zusätzliche positive Eigenschaften generell und unabhängig von ihrem konkreten Inhalt begrüßt und präferiert werden (van Trijp und van der Lans 2007, S. 3), insbesondere, wenn die Entscheidung keinerlei Folgen etwa bezüglich des Budgets hat. Studien zum Kaufverhalten bezüglich von Claim-Produkten am POS oder in einem dem POS nachempfundenen Entscheidungskontext, für die diese Einschränkungen nicht oder in geringerem Maße gelten, sind allerdings bislang rar (Leathwood et al. 2007, S. 479 f.). Vor diesem Hintergrund besteht der besondere Beitrag der Studie in dieser Frage darin, zeigen zu können, dass Claim-Produkte auch in einer tatsächlichen Entscheidungssituation bevorzugt gewählt werden. Da diese Entscheidungssituation darüber hinaus soweit wie möglich dem Entscheidungskontext am POS nachempfunden wurde, eignen sich die Ergebnisse vergleichsweise besser als Grundlage für Annahmen über alltägliches Konsumentenverhalten und reale Marktentwicklungen als ein großer Teil der bisherigen Studien im Bereich der Claims-Forschung.

Für das Ergebnis der Kaufwahrscheinlichkeit von Produkten mit Claim ist einschränkend zu bemerken, dass es sich trotz der realitätsnahen Gestaltung des Erhebungsdesigns dennoch um eine Laboruntersuchung und künstliche Situation handelte. Daher kann nicht ausgeschlossen werden, dass das Kaufverhalten der Versuchspersonen von dem Verhalten, welches sie am POS gezeigt hätten, abwich. Eine weitere Beschränkung ist insbesondere darin zu sehen, dass begleitende Kommunikationsmaßnahmen der Unternehmen einen wichtigen Einflussfaktor bei der Markteinführung von Lebensmitteln darstellen, dieser Faktor sich in dem Forschungsansatz jedoch nicht nachbilden ließ.

Einflussfaktoren auf die Wahl von Produkten mit Claim

Die Ergebnisse geben als zweites eine Antwort auf die Frage *welche* Determinanten einen Einfluss darauf haben, ob eine Person Produkte mit Claim bevorzugt wählt oder nicht. Hier ist festzustellen, dass die untersuchten Einflussfaktoren (das Konstrukt des Involvements, das Ausmaß des Informationsverhaltens, die Beurteilung der Information des Claims bzw. des Produktes mit einem Claim sowie weitere personenbezogene Einflussfaktoren) zusammengenommen wie erwartet einen Erklärungsbeitrag für die Wahl von Produkten mit Claim liefern konnten. Der gemeinsame Erklärungsbeitrag dieser Einflussfaktoren war jedoch zunächst einmal gering. Er konnte erst als akzeptabel oder sogar gut bezeichnet werden, als die drei Lebensmittelkategorien *getrennt* untersucht wurden. Lediglich vier Variablen erwiesen sich über eine Lebensmittelkategorie hinaus und zudem für eines der Gesamtmodelle als bedeutend: erstens die positive gesundheitliche Bewertung der Produkte mit Claim im Vergleich zu den Produkten ohne Claim, zweitens das stärkere Ausmaß der Informationssuche, drittens die Nicht-Wahl der gewohnten Marke und viertens das gesundheitsbezogene Lebensmittel-Involvement.

Das Ergebnis einer insgesamt zunächst geringen Erklärungskraft der Modelle unterstreicht die Erfahrung aus der Konsumentenverhaltensforschung, dass eine Vielzahl von Einflüssen eine Rolle bei der Kaufentscheidung spielen kann (etwa unterschiedliche Einflüsse des Entscheidungskontexts, siehe Swait et al. 2002, S. 195) und jeweils nur ein kleiner Anteil dieser Einflüsse in Modellrechnungen nachvollzogen werden kann. Dies gilt insbesondere dann, wenn mit dem Versuch einer größeren Realitätsnähe des Erhebungsdesigns auch zusätzliche, nicht kontrollier- und messbare Einflussfaktoren in Kauf genommen werden, so wie es auch am POS der Fall ist. Der Erklärungsbeitrag der untersuchten Einflussfaktoren ist anscheinend besser aufzudecken, wenn die verschiedenen Lebensmittelprodukte sowie, hiermit verbunden, die verschiedenen Ernährungs-Gesundheits-Zusammenhänge *getrennt* analysiert werden. Der Grund hierfür dürfte in der sehr unterschiedlichen Bedeutung der Einflussfaktoren für die Lebensmittelkategorien liegen. Somit erweist es sich als gerechtfertigt, dass die Generalisierbarkeit der Ergebnisse derartiger, am konkreten Lebensmittelbeispiel durchgeführter Studien in der Claims-Forschung für gewöhnlich eingeschränkt wird (Garretson und Burton 2000, S. 226; Kozup et al. 2003, S. 31; Mitra et al. 1999, S. 116; Roe et al. 1999, S. 102; van Trijp und van der Lans 2007, S. 16). Im Folgenden sollen die Ergebnisse hinsichtlich der einzelnen in der Erhebung untersuchten Einflussfaktoren vor dem Hintergrund des Stands der Forschung diskutiert werden. Zur besseren Orientierung sind die jeweils betreffenden Variablen hervorgehoben.

Die Ergebnisse bezüglich der angenommenen **Gesundheitswirkung** der Claim-Produkte bestätigen, was in der Claims-Forschung bereits festgestellt werden konnte: Produkte mit Claim werden generell für gesünder gehalten (Andrews et al. 2000, S. 41; Burton et al. 2000, S. 244 f.; Ford et al. 1996, S. 25; Roe et al. 1999, S. 101). Darüber hinaus konnte in der Arbeit erstmals gezeigt werden, dass eine derartige Einschätzung auch einen bedeutenden positiven Einfluss auf die Kaufwahrscheinlichkeit darstellen kann. Die sogenannte Übergeneralisierung der Gesundheitswirkung der Claim-Produkte führt somit u.U. zum Kauf des Produktes. Ein weiterer das Kaufverhalten erklärender Faktor ist den Analysen zufolge das **Ausmaß der Informationssuche**: Bei extensiver Informationssuche war die Kaufwahrscheinlichkeit höher. Daher kann gefolgert werden, dass Claims eher *keine* Funktion als Informationen bündelnde sogenannte Schlüsselinformation ausüben (wie von Roe et al. 1999 vermutet), sondern entweder eine weiterführende Informationssuche auslösen (Bhaskaran und Hardley 2002, S. 601; Svederberg 2002, S. 1) oder Claim-Produkte eher von den Personen gewählt werden, die generell eine stärkere Informationssuche durchführen. Als weiterer bedeutender Einflussfaktor erwies sich die **Wahl der gewohnten Marke**: Bei habitualisierter Kaufentscheidung war die Kaufwahrscheinlichkeit eines Claim-Produktes geringer. Dieses Ergebnis entspricht der Erwartung und die vergleichsweise hohe Bedeutung dieser Variable unterstreicht die bereits bekannte Wichtigkeit der Information ‚Marke' für Kaufentscheidungen von Lebensmitteln (Enneking et al. 2007, S. 133; Erdem et al. 2006, S. 34; Louviere 2006, S. 174). Darüber hinaus lässt dieses Ergebnis die Vermutung zu, dass bei Nichtvorliegen der Information ‚Marke' in Choice Experiments die Bedeutung anderer Produkteigenschaften – u.a. etwa des Claims – überschätzt wird.

Erstmalig im Zusammenhang mit Claims auf Lebensmitteln wurde in dieser Arbeit der Einfluss von Involvement untersucht. Die aus früheren Studien hervorgehende große Rolle von Motivation (Keller et al. 1997, S. 266; Urala et al. 2003, S. 815) und persönlicher Relevanz (Svederberg 2002, S. 1; Wansink und Cheney 2005, S. 396) ließ vermuten, dass Involvement als verwandtes Konstrukt ebenfalls von Bedeutung für die Perzeption von und die Verhaltensreaktion auf Claims sei. Dies bestätigte sich auch, allerdings für das **Produkt-Involvement** nicht im erwarteten Umfang: Produkt-Involvement erwies sich lediglich für Joghurt als signifikante Determinante der Entscheidung. Interessant ist jedoch, dass Produkt-Involvement im Vergleich zu den übrigen Einflussfaktoren an Bedeutung gewann, wenn lediglich die Teilstichprobe der Personen betrachtet wurde, die angab den Claim gelesen zu haben. Hierauf wird im folgenden Unterkapitel zu Involvement näher eingegangen. Im Vergleich der Lebensmittelkategorien trug das **gesundheitsbezogene Lebensmittel-Involvement** sowohl bei Joghurt als auch im personenbezogenen Gesamtmodell zur Erklärung der Kaufentscheidung für Claim-Produkte bei. Gesundheitsbezogenes Lebensmittel-Involvement war auch die *einzige* Variable, die sich bei Einbezug allein der personenbezogenen Variablen als signifikant erwies und die Präferenz für Produkte mit Claim bei mehreren wiederholten Wahlentscheidungen erklärte. Somit bestätigte sich die Schlussfolgerung einer anderen Forschungsarbeit (Niva und Mäkelä 2007, S. 34), in der gezeigt wurde, dass die dem Thema ‚Lebensmittel und Gesundheit' in individuell unterschiedlicher Höhe beigemessene Bedeutung eine vergleichsweise stärkere Erklärungskraft haben kann als soziodemografische Faktoren. Involvement kann somit wie erwartet durchaus ein erklärender Faktor für die Entscheidung bezüglich von Claim-Produkten sein. Dem gesundheitsbezogenen Lebensmittel-Involvement kommt in diesem Zusammenhang im Vergleich zu Produkt-Involvement jedoch eine größere Bedeutung zu.

Die **Glaubwürdigkeit** von Produktinformationen ist nach dem bisherigen Stand der Forschung von hoher Bedeutung für die Beurteilung von Claims und entsprechenden Produkten bzw. Produktkonzepten (Andrews et al. 2000, S. 40; Garretson und Burton 2000, S. 220; Keller et al. 1997, S. 256; van Kleef et al. 2005, S. 302). Der Glaubwürdigkeit der Claims kam jedoch in dieser Forschungsarbeit keine so große Rolle zu, wie es im Vergleich zur bestehenden Literatur zu erwarten gewesen wäre: Die Variable war im produktbezogenen Gesamtmodell und für die Lebensmittelkategorie Joghurt signifikant. Ein Grund für die relativ geringe Bedeutung der Glaubwürdigkeit der Produktinformation Claim könnte darin liegen, dass bei Aufteilung der Daten auf die Lebensmittelkategorien die verwandte, aber personenbezogen operationalisierte Variable der Skepsis gegenüber Herstelleraussagen auf Lebensmittelverpackungen einbezogen wurde. Skepsis wird in der Literatur auch als Gegenteil von Glaubwürdigkeit angesehen (Tan und Tan 2007, S. 61). Dies bestätigte sich insofern in der Erhebung, als dass sich die Variablen Skepsis und Glaubwürdigkeit als negativ korreliert[40] herausstellten.

Die Variable der **Skepsis** gegenüber Herstelleraussagen auf Lebensmitteln erwies sich sowohl für die Kaufentscheidungen bei Joghurt als auch bei Müsli als erklärende Variable. Überraschend war jedoch, dass die Skepsis bei Joghurt wie erwartet einen negativen Einfluss ausübte, *entgegen* der Erwartung bei Müsli jedoch einen positiven. Über die Gründe für diese gegensätzliche Wirkung kann an dieser Stelle nur spekuliert werden – etwa, dass angesichts des innovativen Claims und des weniger bekannten Ernährungs-Gesundheits-Zusammenhangs auf Müsli Neugier die Skepsis überwog und zum Kauf anregte. An diesem Beispiel wird jedoch ein wichtiges Ergebnis der Arbeit deutlich: Die untersuchten Einflussfaktoren können je nach Lebensmittelkategorie und Ernährungs-Gesundheits-Zusammenhang unterschiedlich wichtig sein und u.U. sogar in gegensätzlicher Richtung wirken. Bezüglich der Skepsis ist zu erwähnen, dass sie übereinstimmend mit Bhaskaran und Hardley (2002, S. 601) unter den älteren Befragten *geringer*[41] war, jedoch im Gegensatz zu den Ergebnissen von Tan und Tan (2007, S. 74 ff.) bei höherem Bildungsstand *größer*[42] war. Ebenso wie bei Tan und Tan (2007) zeigte sich kein Zusammenhang zwischen der Skepsis und dem Ernährungswissen.

Eine Reihe von soziodemografischen und anderen individuellen Faktoren wurde in vorangegangenen Studien auf ihren Einfluss auf die Verwendung und Einschätzung ernährungsrelevanter Informationen hin untersucht. Die dabei festgestellte wichtige Rolle von **Alter** bzw. **Geschlecht** (Drichoutis et al. 2006, S. 3; Grunert und Wills 2007, S. 388; Hartmann et al. 2008, S. 137; van Trijp und van der Lans 2005; Williams 2005, S. 259) konnte in der Erhebung entgegen der Erwartung *nicht* nachvollzogen werden. Bei der multivariaten Analyse erwiesen sich die Variablen Geschlecht und Alter als ungeeignet, die Kaufentscheidung für ein

---

[40] Korrelationskoeffizient Spearman Rho -0,195; p = 0,000; zweiseitige Signifikanz.
[41] Skepsis korreliert negativ mit dem Alter: Spearman Rho -0,217; p = 0,000; zweiseitige Signifikanz.
[42] Gruppenvergleich mit der Variable BLDG-HOCH (siehe Tab. 5.15): Z = -3,627; p = 0,000.

Produkt mit Claim zu erklären. Innerhalb der Gruppe der älteren Befragten, insbesondere in der Gruppe der 51-75-Jährigen,[43] wurden Produkte mit Claim jedoch signifikant häufiger gewählt als Produkte ohne Claim. Somit waren in der bivariaten Betrachtung Hinweise auf die Bedeutung des Alters zu erkennen, für die Rolle des Geschlechts galt dies jedoch nicht.

Im Gegensatz zu den vorab formulierten Erwartungen hatten ein besseres **Ernährungswissen** (bei Joghurt und Müsli) sowie ein höherer **Bildungsstand** (bei Spaghetti) jeweils einen *negativen* Einfluss auf die Wahl von Produkten mit Claim. Dieser Zusammenhang konnte allerdings nur für jeweils eine oder zwei der drei Lebensmittelkategorien gezeigt werden. Zu diesen zwei Variablen ist anzumerken, dass sowohl Personen mit höherem Bildungsstand[44] als auch die Personen, die ihr Ernährungswissen[45] als höher einschätzten, in stärkerem Maße nach Informationen suchten, womit vorangegangene Ergebnisse zum positiven Einfluss von Ernährungswissen (Drichoutis et al. 2005), Bildungsstand (Williams 2005, S. 259) oder beidem zusammen (Drichoutis et al. 2006, S. 3) auf das Ausmaß des Informationsverhalten bestätigt wurden. Interessant ist jedoch, dass in der vorliegenden Erhebung eine extensive Informationssuche generell eher auf die Wahl von Produkten mit Claim schließen ließ, gleichzeitig aber besseres Ernährungswissen und höherer Bildungsstand tendenziell einen negativen Einfluss auf die Wahl hatte, *obwohl* Personen mit besserem Ernährungswissen und höherem Bildungsabschluss sonst in stärkerem Maße nach Informationen suchten. Dieses könnte einen Hinweis darauf darstellen, dass Ernährungswissen und Bildung den Einfluss von Claims abschwächten. Diese Annahme wurde in der Claims-Forschung wiederholt untersucht, aber nur für Ernährungswissen bestätigt (Andrews et al. 2000; Mazis und Raymond 1997; Mitra et al. 1999). Eine zeitnah in Deutschland durchgeführte Untersuchung zum Thema Claims auf Lebensmitteln bekräftigte ebenfalls den in der Studie gewonnenen Eindruck, dass der Einfluss der Claims auf die Kaufentscheidung bei besserer Bildung *geringer* sei (Hartmann et al. 2008, S. 137).

Die sogenannte **Stärke der Claims** bzw. deren Formulierungsart als Nutrition Claim, Health Claim oder Health Risk Reduction Claim hat sich in bisherigen Untersuchungen meistens als *weniger* wichtig für die Wirkung der Claims auf ihre Perzeption oder auf die Kaufabsicht erwiesen, als erwartet wurde (van Kleef et al. 2005, S. 307; van Trijp und van der Lans 2007, S. 15; Urala et al. 2003, S. 815). Dies gilt auch für die vorliegende Untersuchung. Lediglich für Joghurt

---

[43]   50% der befragten 51-75-Jährigen wählten ein Produkt mit Claim: $\chi^2 = 8,213$; $p = 0,004$. Für die Gruppe der 18–30-Jährigen sowie für die Gruppe der 31-50-Jährigen ergaben sich keine signifikanten Unterschiede, der Anteil lag bei 42%.

[44]   Gruppenvergleich mit Variable BLDG-HOCH (siehe Tab. 5.15): $Z = -3,400$; $p = 0,001$.

[45]   Gruppenvergleich, Gruppen Ernährungswissen eher, ziemlich oder sehr gut eingeschätzt Ja/Nein: $Z = 1,707$; $p = 0,088$.

zeigte sich, dass der Health Risk Reduction Claim im Vergleich zum Nutrition Claim weniger präferiert wurde. Letzteres könnte ein Hinweis darauf sein, dass negativ formulierte Aussagen eine geringere Wirkung haben – wie es von van Kleef et al. (2005) vertreten, aber nur zum Teil bestätigt wurde. Andererseits könnte die geringere Präferenz für den Health Risk Reduction Claim bei Joghurt aber auch lediglich daran liegen, dass der in diesem Fall verwandte spezifische Ernährungs-Gesundheits-Zusammenhang bezüglich der Krankheit Osteoporose für weniger Befragte von persönlicher Relevanz war als der allgemeine Hinweis auf Calcium und Vitamin D.

Schließlich erwies sich die Antwort der Befragten, den **Claim gelesen** zu haben, in der Modellrechnung als hilfreich zur Erklärung der Entscheidung für Claim-Produkte, allerdings nur bei der Lebensmittelkategorie Spaghetti. Diese stellte gleichzeitig die Kategorie dar, bei der die meisten Befragten eine positive Antwort auf die entsprechende Frage gaben. Die vergleichsweise geringe Bedeutung der Variable lässt sich damit erklären, dass die Verneinung der Frage nicht ausschloss, dass der Claim wahrgenommen wurde (Kroeber-Riel und Weinberg 2003, S. 281; siehe auch Kap. 5.4.3). Der Variablen kam somit keine Schlüsselrolle zu. *Keinen* signifikanten Einfluss übte aus, ob die Befragten die **Lebensmittelkategorie als gesund**, d.h. für wichtig im Rahmen einer gesunden Ernährung bewerteten, den **Ernährungs-Gesundheits-Zusammenhang kannten** oder ihn **für erwiesen hielten**, den **Claim für wichtig** für ihre Kaufentscheidung ansahen sowie ob sie eine positive **Einstellung zu Functional Food** zeigten. Dieses Ergebnis entspricht somit nicht der aus dem Stand der Forschung abgeleiteten und vorweg formulierten Erwartung. Für diese Variablen – mit Ausnahme der Kenntnis des Ernährungs-Gesundheits-Zusammenhangs – deuteten die bivariaten Tests jedoch an, dass die formulierten Annahmen tendenziell richtig waren, da ein Zusammenhang zwischen der Variable und der (Nicht-)Wahl von Claim-Produkten zu erkennen war.

Einschränkend ist zu sagen, dass der Erklärungsbeitrag der Modellrechnungen bei Einbezug von noch mehr Determinanten möglicherweise größer und zufriedenstellender sein könnte. So wurde beispielsweise zur Beschränkung der Interview-Dauer darauf verzichtet, für die gewählten Ernährungs-Gesundheits-Zusammenhänge die persönliche Betroffenheit zu erheben, beispielsweise das Auftreten der Krankheit Osteoporose in der Familie. Ein geringer Erklärungsbeitrag könnte für einige Variablen auch in der Operationalisierung des Einflussfaktors begründet sein. Das Ernährungswissen wurde beispielsweise nur durch eine Selbsteinschätzung (wie in van Trijp und van der Lans 2005) gemessen, nicht jedoch mit Hilfe einer Reihe von Wissensfragen (wie etwa in Drichoutis et al. 2005), da diese Messung wiederum die Interview-Dauer stark ausgedehnt hätte. Einschränkend ist zudem anzumerken, dass der Stichprobenumfang nicht groß genug war, um die Zusammenhänge bei einer noch detaillierteren Aufteilung in weitere Teilstichproben untersuchen zu können. In der Arbeit wurde sich um eine möglichst realistische Abbildung des Entscheidungskontextes am POS bemüht. Dennoch ist nicht auszuschließen, dass die in der Erhebung signifikanten Variablen von den am POS bedeutenden Variablen abweichen.

6.1.2 Involvement

Im Folgenden soll auf den zweiten Aspekt innerhalb der Diskussion eingegangen werden, und zwar auf die Ergebnisse hinsichtlich des Schwerpunktthemas Involvement. Hier wird zum einen die Rolle des Involvements bei der Kaufentscheidung für Produkte mit Claim diskutiert und zum anderen wird der Zusammenhang zwischen Involvement und anderen Einflussfaktoren dargestellt. Das Konstrukt des Involvements wurde bisher noch nicht im Zusammenhang mit der Konsumentenreaktion auf Claims untersucht.

Dem Involvement kam wie erwartet eine kaufsteigernde Wirkung bezüglich der Produkte mit Claim zu. Wie bedeutend die Rolle des Involvements im Vergleich zu den übrigen untersuchten Determinanten war, unterschied sich jedoch je nach Art des Involvements. Das Produkt-Involvement hatte im Vergleich zu den vier als besonders bedeutend festgestellten Einflussfaktoren eine *geringere* Bedeutung, während das gesundheitsbezogene Lebensmittel-Involvement einen dieser vier Einflussfaktoren darstellte. Somit kann gefolgert werden, dass das Produkt-Involvement zwar erklärend für die Wahl von Produkten mit Claim sein kann, viel besser zur Vorhersage der Wahrscheinlichkeit der Wahl sich jedoch die Messung des gesundheitsbezogenen Lebensmittel-Involvements eignet, beschrieben als das Bewusstsein für, die Beschäftigung mit und die Sorge um den Zusammenhang zwischen Lebensmitteln, Ernährung und Gesundheit.

Aus der näheren Untersuchung des Zusammenhangs zwischen Involvement-Intensität und den in der Erhebung verwendeten Variablen ließ sich folgern, dass hohes Involvement beider Arten einhergeht mit einer höheren Selbsteinschätzung des Ernährungswissens, einer Kenntnis der Ernährungs-Gesundheits-Zusammenhänge und der Einschätzung, dass die Claims zumindest nicht unwichtig für die Kaufentscheidung sind. Darüber hinaus tendierten hoch involvierte Personen dazu, Functional Food positiver zu beurteilen, sich weniger skeptisch über Herstelleraussagen auf Lebensmitteln zu äußern und das von ihnen gewählte Produkt auch für deutlich gesünder als die übrigen Produkte zu halten. In der jeweiligen Gruppe der hoch involvierten Personen waren ältere Personen und Frauen überproportional vertreten. Interessante Unterschiede zwischen den Involvement-Arten zeigten sich jedoch bezüglich der Informationssuche und der Markenwahl: Bezüglich des gesundheitsbezogenen Lebensmittel-Involvements hoch involvierte Personen suchten in *stärkerem* Maße nach Informationen, die bezüglich des Produkts hoch Involvierten jedoch in *geringerem* Maße; Letztere wählten auch besonders *häufig* die gewohnte Marke.

Vor dem Hintergrund des Stands der Forschung bezüglich Involvement widerspricht das Ergebnis für Produkt-Involvement dem oft vertretenen Standpunkt, ein hohes Involvement drücke sich generell in stärkerer Informationssuche aus (wie etwa von Mittal diskutiert, Mittal 1989c, S. 167 ff.). Vielmehr stützt es die gegenteilige Annahme, hohes Involvement könne zu der Präferenz für eine bestimmte Marke führen (Trommsdorf 2004, S. 56), die in diesem Falle nicht aus bloßer Gewohnheit, sondern aus Überzeugung gekauft würde. Somit kann für das Produkt-Involvement den Autorinnen und Autoren zugestimmt werden, die insbesondere für Lebensmittel Folgendes postulieren: Habitualisiertes Kaufverhalten ist nicht zwangsläufig Ausdruck eines geringen Involvements, sondern kann vielmehr auch eine Folge von hohem Involvement und daraus resultierender Markentreue sein (Beharrel und Denison 1995, S. 24 ff.; Knox et al. 1994, S. 142). Die von Kroeber-Riel und Weinberg (2003, S. 373) vorgestellte Typologie des Entscheidungsverhaltens anhand der Involvement-Intensität muss vor diesem Hintergrund – wie auch schon von Schulz (1997, S. 86 f.) diskutiert – kritisch beurteilt werden.

Wurde in den Modellrechnungen zur Erklärung des Kaufverhaltens von Produkten mit Claim lediglich die Teilstichprobe der Personen ausgewählt, die angegeben hatten, die Claims *gelesen* zu haben, erwies sich das Produkt-Involvement als einflussreiche Variable, obwohl die Variable im Gesamtmodell keine Rolle spielte. Der Gruppenvergleich hoch und niedrig involvierter Personen kann an dieser Stelle helfen, eine mögliche Erklärung für diese Beobachtung zu finden. So lässt sich auf Basis der Ergebnisse vermuten, dass bezüglich des Produktes hoch involvierte Personen aufgrund ihres weniger ausgedehnten Informationsverhaltens nicht im selben Maße wie bezüglich des gesundheitsbezogenen Lebensmittel-Involvements hoch involvierte Personen auf die Claims aufmerksam werden. Werden sie dennoch auf den Claim aufmerksam, so stellt diese Information durchaus ein Attribut von Interesse dar. Der positive Einfluss des Produkt-Involvements auf den Claim-Kauf entfaltet sich somit erst, wenn die Claims bewusst wahrgenommen wurden.

Einschränkend ist anzumerken, dass das Konstrukt des Involvements nur über Indikatoren messbar ist. Daher kann die Messung nie exakt sein und die Eignung der Indikatoren ist diskutabel. Die umfangreiche Literatur hierzu allein deutet schon an, dass die Messung ein strittiges und schwieriges Thema darstellt. Die Überprüfung des Messinstrumentes anhand der Daten der vorliegenden Arbeit zeigte, dass zwar die Differenzierung der Involvement-Arten, nicht jedoch der Dimensionen von Produkt-Involvement möglich war. Ein möglicher Grund könnte in der relativen Ähnlichkeit der Rolle der untersuchten Lebensmittelkategorien liegen, bei einem zusätzlichen Einbezug von Lebensmittelkategorien wie etwa Schokolade oder Sekt hätte sich hier möglicherweise ein anderes Bild ergeben.

6.1.3 Choice Experiments

Im letzten Abschnitt der Diskussion werden die Erkenntnisse hinsichtlich der Methode des Choice Experiments diskutiert. Diese Methode stellte im Mehr-Methoden-Ansatz der Arbeit die Kernmethode dar. Prämisse bei der Ausgestaltung war, ein annähernd realistisches Entscheidungsumfeld für die Versuchspersonen zu schaffen, weshalb die Herangehensweise auch als Kaufsimulation bezeichnet wurde. Ob das dabei verfolgte Ziel einer Erhöhung der externen Validität erreicht wurde, konnte nicht direkt überprüft werden, da eine Messung der externen Validität in der aus inhaltlichen Gründen durchgeführten und daher nicht-methodologischen Untersuchung *nicht* erfolgte. Das Verhalten der befragten Personen liess jedoch die Vermutung zu, dass sie sich ähnlich verhielten, wie es auch am POS zu erwarten gewesen wäre (siehe Kap. 5.1.3): Den Versuchspersonen war das Untersuchungsziel nicht bekannt und sie wurden nicht zwangsläufig auf die Claims aufmerksam, sie zeigten ein als durchaus üblich zu betrachtendes Informationssuchverhalten und habitualisiertes Kaufverhalten und sie äußerten bezüglich ihrer Kaufentscheidung vor allem Gründe, die sich auf die vorherige Produkterfahrung bezogen. Die Eignung der Methode zur Untersuchung des Kaufverhaltens von Claim-Produkten in einem realistischen Umfeld kann vor diesem Hintergrund als gut angesehen werden.

Im Hinblick auf den Stand der Forschung zu Choice Experiments ist der besondere Beitrag der Arbeit darin zu sehen, dass eine Reihe von Maßnahmen zur Erhöhung der Realitätsnähe des Experimentes im Versuchsdesign kombiniert wurde, insbesondere aber der Einbezug der Information Marke erfolgte. Die hohe Bedeutung dieser Information für die Kaufentscheidung der Konsumentinnen und Konsumenten (Enneking et al. 2007, S. 133; Erdem et al. 2006, S. 34; Louviere 2006, S. 174) konnte in der Analyse deutlich bestätigt werden. Die Arbeit stellt eine der wenigen Studien mit Choice Experiments (Sinn et al. 2007, S. 224) bei Lebensmitteln dar, in der den Versuchspersonen die Information der Marke vorlag. Die Studie trägt insofern zur Weiterentwicklung von Choice Experiments bei, als dass sie die Praxistauglichkeit der Kombination der genannten Maßnahmen im Versuchsdesign zeigt sowie eine Möglichkeit umsetzt, die Information der Marke einzubeziehen, aber den Einfluss der Marke auf das Untersuchungsergebnis zu minimieren.

Einschränkend ist zu sagen, dass die Rotation der Marken-Claim-Kombinationen nicht die einzige und auch nicht zwangsläufig die beste Möglichkeit der Kontrolle des Einflusses der Marke darstellt, auch eine zufällige Kombination wäre in Frage gekommen. Zur Reduktion der Komplexität bei der Rotation wurde zudem vereinfachend davon ausgegangen, dass es keine Rolle spielt, *welche beiden* Marken gleichzeitig mit einem Claim präsentiert wurden. Ob diese Annahme richtig ist, ist nicht bekannt. Die Kombination der Marke mit dem Claim zumindest scheint den Ergebnissen zufolge eine Bedeutung zu haben. Nicht bekannt ist, inwiefern verschiedene Personen die gleiche Kombination von Marke und Claim möglicherweise *unterschiedlich* bewerten. Hiervon könnte u.U. ein verzerrender Einfluss auf die Ergebnisse ausgegangen sein, da jede Person nur eine Kombination je Lebensmittelkategorie zu sehen bekam. Weiter ist anzumerken, dass die fünf Marken je Lebensmittelkategorie vor allem unter dem Gesichtspunkt der Ähnlichkeit bezüglich Verpackungsart, Mengeneinheit und Zutaten sowie Verfügbarkeit im Erhebungsgebiet ausgewählt worden waren. Dadurch repräsentierte die Auswahl nicht unbedingt die fünf Marken mit dem größten Marktanteil in der jeweiligen Lebensmittelkategorie.

6.2 Schlussfolgerungen

6.2.1 Marketing-Praxis

Den Ergebnissen der vorliegenden Arbeit zufolge wirken sich Claims tendenziell positiv auf die Kaufwahrscheinlichkeit eines derart gekennzeichneten Produkts aus. Hieraus kann für die Marketing-Praxis gefolgert werden, dass die Auszeichnung eines Produkts mit einem Claim entweder keinen oder einen positiven Einfluss auf die Kaufwahrscheinlichkeit hat. Eine nennenswerte *negative* Wirkung auf die Kaufwahrscheinlichkeit ist dagegen nicht zu erwarten. Es kann vermutet werden, dass zwar viele Konsumentinnen und Konsumenten die Claims entweder gar nicht bemerken oder ihnen keine Bedeutung für ihre Kaufentscheidung beimessen, ein messbarer Anteil jedoch sowohl die Claims bemerkt als auch die entsprechenden Produkte präferiert. Gemäß den Ergebnissen dieser Studie steigern Claims die Kaufwahrscheinlichkeit der Claim-Produkte um mehr als 10%, in ausgewählten Teilstichproben sogar um mehr als 20% (Betrachtung der Befragten, die angaben, den Claim gelesen zu haben bzw. nicht die gewohnte Marke gewählt zu haben). Claims dürften daher zunächst einmal als eine von den Konsumentinnen und Konsumenten honorierte zusätzliche Information oder Eigenschaft betrachtet werden, deren Einsatz aber mit den für die Auszeichnung mit einem Claim nötigen Investitionen in beispielsweise Personal, Forschung oder rechtliche Beratung abzuwägen ist.

Des Weiteren zeigte sich in der Studie eine deutliche Abhängigkeit des Ausmaßes der Bedeutung verschiedener Einflussfaktoren von der Lebensmittelkategorie bzw. dem Ernährungs-Gesundheits-Zusammenhang. Claims sind daher zwar zunächst einmal aufgrund der generellen Tendenz zur bevorzugten Wahl von Produkten mit derartigen Aussagen als lohnenswerte Investition anzusehen. Als wichtigste Aussage für die Marketing-Praxis kann allerdings gefolgert werden, dass die Vorteilhaftigkeit der Verwendung von Claims für ein spezifisches Produkt und seine Zielgruppe geprüft werden muss (siehe auch Leathwood et al. 2007, S. 482). Erfahrungen, die mit der Konsumentenreaktion auf Claims bei einem Produkt gemacht werden, können nicht unbedingt zur Prognose des Konsumentenverhaltens bei einem anderen Produkt herangezogen werden.

Aus der Bedeutung der über mehrere Lebensmittelkategorien hinweg einflussreichen Variablen lassen sich jedoch auch einige Aussagen ableiten, für die mit größerer Wahrscheinlichkeit auch für andere Lebensmittelprodukte eine Gültigkeit zu erwarten ist. So ist als eine wichtige Voraussetzung für die Entscheidung für Claim-Produkte bei einer Neueinführung derartiger Produkte die Bereitschaft von Konsumentinnen und Konsumenten anzusehen, von ihrem gewohnten Kaufverhalten abzuweichen und die Marke zu wechseln. Hierzu müssen durch entsprechende Marketing-Maßnahmen Anreize geschaffen werden. Eine Wahlentscheidung für Produkte mit Claim erfolgte insbesondere dann, wenn Konsumentinnen und Konsumenten das Produkt für gesünder als vergleichbare Produkte hielten. Somit dürfte Maßnahmen der Kommunikation, die diese Überzeugung unterstützen, eine bedeutende Rolle zukommen. Die Personen mit Präferenz für Claim-Produkte zeichneten sich über die Lebensmittelkategorien hinweg durch ein ausgedehnteres Informationsverhalten aus. Nähere Informationen zu dem im Claim beschriebenen Ernährungs-Gesundheits-Zusammenhang auf den Produkten könnten daher durch diese Personen Beachtung finden. Die Art der Claim-Formulierung scheint für die Konsumentinnen und Konsumenten allgemein keine besonders große Rolle zu spielen. Insbesondere für bekanntere Ernährungs-Gesundheits-Zusammenhänge kann somit angenommen werden, dass ein Nutrition oder ein Health Claim (etwa aus der sogenannten Positivliste, siehe Kap. 2.1.2) ähnliche Erwartungen erfüllt wie ein mit größeren Investitionen verbundener Health Risk Reduction Claim.

Die potentiellen Käuferinnen und Käufer von Claim-Produkten lassen sich nicht auf wenige, leicht messbare Charakteristiken reduzieren, beispielsweise darauf, dass es sich vor allem um Frauen oder ältere Personen handelt. Es sind vielmehr je nach Lebensmittelkategorie jeweils eine Reihe unterschiedlicher Faktoren, die die Zielgruppe charakterisieren. Unter den personenbezogenen Variablen allein hatte jedoch nur eine einzige Variable eine Erklärungskraft über alle Lebensmittelkategorien hinweg: das gesundheitsbezogene Lebensmittel-Involvement. Die Messung des hierin ausgedrückten hohen Bewusstseins für, der starken Beschäftigung mit und der Sorge um den besonderen Zusammenhang zwischen Lebensmitteln, Ernährung und Gesundheit kann somit am ehesten als ein geeignetes Instrument zur Eruierung der potentiellen Käuferinnen und Käufer von Claim-Produkten angesehen werden.

Die Ergebnisse der Arbeit bezüglich Involvement lassen für die Marketing-Praxis die Schlussfolgerung zu, dass hoch involvierte Personen mit höherer Wahrscheinlichkeit die durch Claims auf Lebensmitteln angesprochene Zielgruppe darstellen. Somit dürften für die Umsetzung der Marketing-Maßnahmen für Claim-Produkte tendenziell eher die Empfehlungen gelten, die für hoch involvierte Konsumentinnen und Konsumenten Gültigkeit haben. Die Charakterisierung potentieller Käuferinnen und Käufer von Claim-Produkten insbesondere mit Hilfe des gesundheitsbezogenen Lebensmittel-Involvements kann eine hilfreiche Information für die praktische Marktforschung darstellen. Dies bedeutet etwa, dass in Befragungen geeignete Statements zur Messung eines gesundheitsbezogenen Lebensmittel-Involvements integriert und Zusammenhänge mit der Nutzung bestimmter Medien, besonderer Einkaufsstätten etc. eruiert werden, um die Zielgruppe gezielt mit Marketing-Maßnahmen erreichen zu können. Da Unterschiede zwischen den bezüglich des Produkts hoch involvierten Personen und den Personen mit einem hohen gesundheitsbezogenen Lebensmittel-Involvement bestehen, muss auf die richtige Wahl der Involvement-Statements geachtet werden, um auch die erwünschte Involvement-Art zu messen.

Im realitätsnah gestalteten Versuchsdesign wurde die Information der Marke mit einbezogen. Für Akteure in der Marketing-Praxis nicht überraschend ist die bei diesem Vorgehen gefundene Bestätigung, dass die Marke mit von entscheidender Bedeutung für die Kaufentscheidung ist. Ein interessantes zusätzliches Ergebnis stellt jedoch der Hinweis auf eine mögliche Wechselwirkung zwischen Marke und Claim dar. Als Schlussfolgerung ergibt sich hieraus, dass die Verwendung eines Claims auf die Marke abgestimmt und in Verbindung mit dieser getestet werden sollte. Möglicherweise kann die Marke die kaufsteigernde Wirkung des Claims verstärken.

6.2.2 Verbraucherschutz

Aus der in der Studie festgestellten positiven Kaufverhaltensreaktion auf Produkte mit Claim lässt sich für Verbraucherorganisationen bzw. die EU-Gesetzgebung schlussfolgern, dass die Bemühungen um eine den Konsumentinnen und Konsumenten dienliche rechtliche Regelung von Claims gerechtfertigt sind: Claims sind von signifikanter Bedeutung für das Handeln der Konsumentinnen und Konsumenten. In diesem Zusammenhang ist es wichtig, auf eine Reihe von Details im Versuchsablauf und im Interview aufmerksam zu machen: In der Erhebung wurden am POS gehandelte Artikel mit den Claims versehen, *ohne* dass eine Veränderung der Zutatenlisten und Nährwertanalysen erfolgte[46] – die Claims waren somit nicht unbedingt wahrheitsgemäß, hatten aber dennoch eine kaufsteigernde Wirkung. Hierbei ist beachtenswert, dass die befragten Konsumentinnen und Konsumenten und insbesondere diejenigen, die ein solches Produkt gewählt hatten, Produkte mit Claim für gesünder hielten als die vergleichbaren Produkte. Schließlich wurden die Claims auf den Müsli-Produkten von verhältnismäßig vielen Befragten als wissenschaftlich erwiesen erachtet, obwohl

---

[46] Dies geschah unter der Annahme, dass die Mehrzahl der Konsumentinnen und Konsumenten in der dem POS nachempfundenen Entscheidungssituation *nicht* nachvollziehen will und kann, ob die Aussage des Claims durch den tatsächlichen Gehalt und die Verfügbarkeit der im Claim erwähnten Substanz gerechtfertigt ist. Tatsächlich stellten die Befragten im Verlauf des Interviews nur vereinzelt Überlegungen dazu an, ob der Claim wahrheitsgemäß sei.

die entsprechenden Aussagen vor dem Hintergrund des Stands der Forschung als noch nicht allgemein wissenschaftlich anerkannt anzusehen sind. Dies könnte u.U. ein Hinweis darauf sein, dass den Claims tendenziell eher ‚geglaubt' wird, insbesondere, wenn sie auf eine verkaufsfähige Verpackung aufgedruckt sind.[47]

Vor diesem Hintergrund erscheint der Standpunkt der Verbraucherorganisationen, der letztlich stärker als der der Lebensmittelindustrie in die Claims-Verordnung Eingang gefunden hat (siehe Kap. 2.1.4), gerechtfertigt zu sein: Die Verbraucherorganisationen vertreten die Ansicht, dass Konsumentinnen und Konsumenten in verstärktem Maße Hilfestellung bei der Entscheidung über die gesundheitliche Eignung von Produkten benötigen, etwa durch die Vorgabe von Nährwertprofilen (siehe Kap. 2.1.2). Diese sollen u.a. verhindern, dass Claims eine falsche Beurteilung hinsichtlich der Gesamtwirkung des Produktes nach sich ziehen. Die vom BEUC zusammengetragenen Beispiele (BEUC 2006c) zeigen, dass oft ein Wiederspruch zwischen der positiven gesundheitlichen Wirkung, die im Claim ausgesagt ist, und der Rolle des Produktes als solches besteht, wie etwa bei Süßwaren. Die Ergebnisse bekräftigen den Ansatz der Verbraucherorganisationen, da sie andeuten, dass Konsumentinnen und Konsumenten zumeist nicht informiert genug sind bzw. nicht in dem Maße rational handeln, dass sie Versuche einer Irreführung am POS selbst entdecken und eine Beeinflussung hierdurch vermeiden könnten.

Die durch die Ergebnisse unterstrichene Erkenntnis, dass am POS eine Vielzahl von Einflussfaktoren wirkt, von denen meistens nur wenige erfasst werden können, sowie die Abhängigkeit der Claim-Wirkung von der Lebensmittelkategorie hat ebenfalls Implikationen für die Arbeit der Verbraucherorganisationen und der entsprechenden EU-Institutionen: Die Ergebnisse weisen darauf hin, dass das Zusammenspiel zwischen Lebensmitteln, Konsumentinnen bzw. Konsumenten und Claims unterschiedlichster Art sein kann. Daher lassen sich nur schwer vereinfachte Regeln ableiten, die die Grundlage für gesetzliche, gesundheitspolitisch motivierte Vorgaben mit dem Ziel eines lenkenden Eingriffs auf die Entscheidung für gesunde oder ungesunde Lebensmittel darstellen können. Vor diesem Hintergrund erscheint der Einwand der Lebensmittelindustrie in der Diskussion um die Claims-Verordnung berechtigt, es sei problematisch, über unterschiedliche Lebensmittelkategorien hinweg generelle Vorgaben zu machen (siehe Kap. 2.1.4). Der nötigen Hilfestellung für die Verbraucherinnen und Verbraucher gerecht zu werden, ohne mit allzu pauschalen Eingriffen in den Lebensmittelmarkt zu reagieren, ist somit eine schwierige Aufgabe für die EU-Gesetzgebung.

Aus der unterschiedlichen Bedeutung einzelner Einflussfaktoren auf den Kauf von Claim-Produkten lassen sich ebenfalls Schlussfolgerungen für den Verbraucher-

---

[47] Im Pre-Test hatten mehrere Befragte vermutet, dass der Claim im Kern nicht falsch sein könne, denn sonst dürfte er nicht verwendet werden. Der hierauf basierenden Aussage „*Was auf den Lebensmitteln draufsteht, ist wahr – sonst wäre es nicht erlaubt*" stimmten allerdings 60% der in der Erhebung interviewten Personen eher *nicht* zu (siehe Kap. 5.1.4).

schutz ableiten. Interessant ist der in der Studie erfolgte Hinweis darauf, dass Claim-Produkte möglicherweise eher von Personen mit geringerem Ernährungswissen und geringerem Bildungsstand gewählt wurden. Dieser noch näher zu erforschende Zusammenhang würde die häufig geäußerte Befürchtung bestätigen, dass weniger gebildete Personen stärker beeinflusst und somit u.U. irregeleitet werden. Gleichzeitig stellt dieses tendenzielle Ergebnis das in der Claims-Verordnung vertretene Bild des ‚durchschnittlichen Verbrauchers' in Frage, da sich hierin verdeutlicht, dass Verbraucherinnen und Verbraucher einen unterschiedlichen Wissensstand bezüglich u.a. der Ernährung haben können und vor diesem Hintergrund auch unterschiedlich auf die Information Claim zu reagieren scheinen.

6.2.3 Forschung

Zur Claims-Forschung trägt die vorliegende Arbeit durch den Einbezug des Einflussfaktors des Involvements und der Überprüfung bisheriger Erkenntnisse in einem realistisch gestalteten Forschungsdesign bei. Für die weitere Entwicklung am Lebensmittelmarkt und somit des Zusammenhangs zwischen Claims und Konsumentenverhalten ist anzumerken, dass der zukünftige Einfluss einer weiter zunehmenden Verwendung von Claims am POS auf die Kaufwahrscheinlichkeit derartiger Claim-Produkte noch nicht bekannt ist. Das gleiche gilt für die Frage, ob ein Bekanntwerden der Claims-Verordnung unter Konsumentinnen und Konsumenten sich auf das Kaufverhalten auswirken könnte. Von weiterführendem Forschungsinteresse wäre dementsprechend, das Kaufverhalten von Produkten mit Claim *direkt* am POS und über einen längeren Zeitraum zu untersuchen sowie den Beitrag begleitender Kommunikationsmaßnahmen von Unternehmen und den Beitrag des Wissens über den rechtlichen Hintergrund der Claims-Verordnung zu ermessen.

Von weiterführendem Forschungsinteresse bezüglich der Einflussfaktoren auf die Wahl von Claim-Produkten erscheint die Frage, warum zwischen den Lebensmittelkategorien starke Unterschiede – bis hin zu einer gegensätzlichen Wirkungsrichtung – in der Bedeutung der verschiedenen Einflussfaktoren auftraten. Hier sei etwa das Beispiel der Skepsis in der Teilstichprobe Müsli genannt, da die Skepsis gegenüber Herstelleraussagen auf Lebensmitteln in der vorliegenden Erhebung eher zur *Wahl* von Müslis mit Claim statt zur Ablehnung derselben führte und diese Beobachtung zu der Überlegung anregt, ob Neugier hier einen Einfluss ausgeübt haben könnte. Die Variable des bekundeten Lesens des Claims hatte nicht die erwartete Erklärungskraft, was sich auch mit einer unbewussten bzw. nicht erinnerten Wahrnehmung erklären lassen könnte. Welche Rolle möglicherweise *unbewusste* Wahrnehmung von Claims spielt, stellt daher eine lohnenswerte weiterführende Forschungsfragestellung dar. Für weitere Studien bietet sich auch die Untersuchung des unterschiedlichen Einflusses der einzelnen Involvement-Dimensionen an. Ein interessantes Feld wäre auch die Analyse der Wechselwirkung zwischen Claims und Marke. Da nach Inkrafttreten der Claims-Verordnung eine zunehmende Verwendung von Claims erwartet wird, ist die Untersuchung des Konsumentenverhaltens in der Einkaufssituation im Lebensmittelgeschäft oder anhand von tatsächlichen Marktdaten möglich und sollte daher auch den nächsten Schritt bei der Untersuchung der Wirkung von Claims in der EU darstellen. Um gleichzeitig eine umfassende und genaue Messung der zahlreichen Einflussfaktoren zu realisieren, empfiehlt sich dabei eine Methodenkombination oder die Verzahnung mehrerer Studien zum selben Untersuchungszweck.

Bezüglich des Schwerpunktthemas Involvement liefert die Arbeit einen weiteren Hinweis darauf, dass hohes Involvement nicht zwangsläufig mit einem ausgedehnten Informationsverhalten in Verbindung zu bringen ist. Dies unterstreicht, dass Involvement ein multidimensionales Konstrukt darstellt und seine Wirkung von u.a. der Involvement-Art abhängt. Durch die Erhebung konnte weiter gezeigt werden, dass bei der Messung und Differenzierung von Involvement und der Involvement-Struktur bei Produkten mit ähnlichen Eigenschaften noch weiterführender Forschungsbedarf besteht. Das in der Arbeit als gesundheitsbezogenes Lebensmittel-Involvement titulierte Involvement hat sich als aussagekräftige Determinante für das Kaufverhalten bezüglich des Untersuchungsobjekts der Claim-Produkte erwiesen. Daher erscheint es lohnenswert, in nachfolgenden Arbeiten im Themenbereich Lebensmittel, Ernährung und Gesundheit diese Involvement-Art näher zu untersuchen und das Messinstrument weiterzuentwickeln, etwa bezüglich möglicher Dimensionen von gesundheitsbezogenem Lebensmittel-Involvement.

Von weiterführendem Forschungsinteresse bezüglich der Methode des Choice Experiments ist die weitere Überprüfung der Vermutung, dass die Anwendung der kombinierten Maßnahmen zur Erhöhung der Realitätsnähe tatsächlich zu einem Unterschied im Verhalten der befragten Personen führen. Dies kann etwa durch den Vergleich von Kontroll- und Experimentalgruppen im Rahmen einer methodologischen Untersuchung erfolgen. Noch interessanter, aber schwieriger zu ermessen ist die Frage, ob dieser Unterschied zu einer höheren externen Validität führt und das beobachtete Verhalten somit der Erwartung entsprechend nahe der Realität am POS ist.

7. Zusammenfassung

Um einen schnellen Überblick über den Inhalt und insbesondere über die wesentlichen Ergebnisse bekommen zu können, wird in diesem Kapitel – im Sinn eines 'executive summary' – eine Kurzdarstellung der Arbeit gegeben. Damit das Lesen der Arbeit, zumindest in verkürzter Form, auch nicht-deutschsprachigen Interessierten möglich ist, erfolgt zusätzlich eine Zusammenfassung in *englischer* Sprache. Aus diesem Grund ist die englische Zusammenfassung umfassender als üblich und enthält alle wichtigen englischsprachigen Quellenverweise.

7.1 Kurzdarstellung

In den entwickelten Ländern ist eine Zunahme von Lebensstil und ernährungsbedingten Krankheiten zu beobachten. Dies hat zu einem großen Interesse an der Erforschung des Zusammenhangs zwischen gesundheitsrelevanten Informationen über Lebensmittel und dem Konsumentenverhalten bei der Lebensmittelwahl geführt. Ein zentrales Thema hierbei ist die Wirkung nährwert- und gesundheitsbezogener Angaben auf Lebensmitteln, sogenannter Claims, wie sie unter anderem auf funktionellen Lebensmitteln zu finden sind. Claims werden mit Inkrafttreten der EU-Verordnung (EC) 1924/2006 in der EU einheitlich gesetzlich geregelt. Forschungsstudien zur Frage des Konsumentenverhaltens angesichts von Claims sind im europäischen Raum bisher jedoch rar. Dies betrifft insbesondere Arbeiten auf Basis von Methoden, die der Entscheidungssituation beim tatsächlichen Lebensmitteleinkauf nahe sind. Ein bisher nicht im Zusammenhang mit Claims untersuchter Einflussfaktor ist zudem das Konstrukt des Involvements.

Die vorliegende Arbeit untersucht, ob und welchen Einfluss Claims auf das Kaufverhalten ausüben und welche Faktoren in diesem Zusammenhang von Bedeutung sind. Einen besonderen Schwerpunkt stellt dabei der Faktor des Involvements dar. Unter der Prämisse eines möglichst realitätsnahen Forschungsdesigns wurde für die Datenerhebung ein realistisch gestaltetes Choice Experiment – auch Kaufsimulation genannt – als Kernmethode ausgewählt. Das Informationsverhalten wurde begleitend mit Hilfe von Video-Aufzeichnungen beobachtet und es wurden weitere Einflussfaktoren in einem nachfolgenden Face-to-Face-Interview erhoben. Die statistische Auswertung erfolgte mit entsprechenden bivariaten Tests und binären logistischen Regressionsrechnungen. Die Daten beruhen auf den Kaufentscheidungen von 210 deutschen Lebensmittelkonsumentinnen bzw. -konsumenten bezüglich der Produkte Joghurt, Müsli und Spaghetti. Die Erhebung erfolgte im Frühjahr 2007 in drei Städten unterschiedlicher Größe (Kassel, Göttingen und Witzenhausen).

Die Ergebnisse lassen erkennen, dass deutsche Konsumentinnen und Konsumenten Lebensmittelprodukte mit Claim bevorzugt wählen. Käuferinnen und Käufer von derartigen Produkten zeichnen sich insbesondere dadurch aus, dass sie Produkte mit Claim für vergleichsweise gesünder halten, ein höheres gesundheitsbezogenes Lebensmittel-Involvement aufweisen sowie ein ausgeprägteres Informationsverhalten an den Tag legen. Zudem treffen sie mit geringerer Wahrscheinlichkeit eine habitualisierte Kaufentscheidung. Zwischen den untersuchten Lebensmittelkategorien zeigt sich ein großer Unterschied in der Art und Anzahl der für die Wahl von Claim-Produkten relevanten Einflussfaktoren. Produkt-Involvement spielt im Vergleich zu gesundheitsbezogenem Lebensmittel-Involvement eine geringere Rolle. Letzteres stellt jedoch die einzige personenspezifische Variable von Erklärungskraft dar. Es zeigt sich zudem, dass ein gegensätzlicher Zusammenhang zwischen den Involvement-Arten des Produkt- bzw. des gesundheitsbezogenen Lebensmittel-Involvements und dem Informationsverhalten besteht: Bezüglich des Produkts hoch involvierte Personen suchen in geringerem Maße nach Informationen als niedrig involvierte Personen, für gesundheitsbezogenes Lebensmittel-Involvement gilt jedoch das Gegenteil.

Aus dem Ergebnis kann für die Marketing-Praxis gefolgert werden, dass Claims eine lohnende Investition darstellen können. Ihre Wirkung ist jedoch in starkem Maße abhängig von dem Lebensmittelprodukt, den jeweils möglichen Inhalten des Claims sowie den Charakteristiken der Zielgruppe des Produkts. Daher ist weitere Forschung für den spezifischen Marketing-Fall erforderlich. Insbesondere eine mögliche Wechselwirkung zwischen Claim und Marke sollte hier Beachtung finden. Begleitenden Kommunikationsmaßnahmen und Anreizen zum Markenwechsel dürfte bei der Markteinführung von Produkten mit Claim eine wichtige Rolle zukommen. Generell können die Empfehlungen für das Marketing von Produkten mit Claim angewendet werden, die für hoch involvierte Personen gelten. Zur Charakterisierung potentieller Käuferinnen und Käufer von Claim-Produkten kann zudem gesundheitsbezogenes Lebensmittel-Involvement herangezogen werden.

Die Studie bestätigt aus Sicht der EU-Gesetzgebung und der Verbraucherorganisationen die Wichtigkeit einer Absicherung der Richtigkeit von Claims, da Claims Konsumentinnen und Konsumenten beeinflussen und potentiell irreleiten. Dies gilt insbesondere vor dem Hintergrund, dass der – in der Aussage spezifische – Claim auf die Gesamtbeurteilung des Produkts auszustrahlen scheint und ein Hinweis auf eine möglicherweise stärkere Beeinflussung weniger gebildeter und informierter Konsumentinnen und Konsumenten zu erkennen ist. Gleichzeitig zeigt sich, dass das Wechselspiel zwischen Lebensmitteln, Claims und Konsumentinnen bzw. Konsumenten vielschichtig sein kann und sich daher keine vereinfachten Regeln des Konsumentenverhaltens als Grundlage für gesundheitspolitisch motivierte Maßnahmen ableiten lassen.

Für die Seite der Involvement-Forschung lässt sich die Schlussfolgerung ziehen, dass hohes Involvement nicht – wie oft dargestellt – zwangsläufig mit einem verstärkten Informationsverhalten einhergeht. Bezüglich des Choice Experiments zeigt die Arbeit einen Weg der Weiterentwicklung der Methode auf, da verschiedene Maßnahmen zur Erhöhung der Realitätsnähe verbunden werden und insbesondere der oft vernachlässigte Einbezug der Information der Marke erfolgt.

7.2 English summary

In the last decades, the developed countries have seen an increase in lifestyle-related health problems and diseases. Public policy makers are concerned about how the population can be educated to lead a healthier life, including eating an improved diet. Nutrition and health claims on food (called 'claims' for short in the following) are regarded as one possible tool for guiding consumers in their food choices, yet they also constitute a marketing instrument for manufacturers (Leathwood et al. 2007, p. 474). Health is a much-valued good as life-expectancy is high in the affluent societies, thus, it is an increasingly important motive for consumers' food choice decisions. The food industry has reacted to this trend by including health-related arguments into their communication strategies and more and more so-called functional food products, which are most likely to be able to carry claims (Hawkes 2004, p. 5), can be found at the point of sale (Bech-Larsen and Scholderer 2007, p. 231). However, consumer organisations are criticising the fact that the widespread use of claims is confusing and that many claims might be misleading because they are sometimes neither scientifically based nor truthful for the product and its normal use (BEUC 2006b). Governments have therefore started to regulate the use of claims on food, while researchers are analysing how and to what extent consumers react to and are lead by claims in their food choice behaviour.

Claims are defined as non-mandatory messages on or about food products or in brand-names which state that the product has special nutritional properties or has an impact on health or the reduction of a health-risk when the product is consumed. The word 'claims' covers three claim-types: the nutrition claim, the health claim and the health risk reduction claim. In both of the other major food markets – Japan and the United States – a regulation has been in place since the 1990s (FDA 2008a; Shimizu 2002, p. 94), while the Codex Alimentarius Commission has issued a guideline on claims in 2004 (CAC 2004). In the EU, following a long and intensive discussion between the consumer organisations, the food industry and the EU-bodies, a regulation has finally been decided upon and came into force in 2007 (EU 2006). The regulation (EC) No 1924/2006 constitutes a drastic change of the food law environment for claims in that it prohibits all claims unless they are allowed and that the fulfilment of so-called nutritional profiles (certain thresholds for sugar, fat, salt, etc.) is a mandatory requirement for foods with claims. Furthermore, claims referring to the reduction of a disease risk are now explicitly allowed. The claims have to be accompanied by a nutrition facts panel and must be understandable for the 'average consumer'. A positive list will encompass all health claims which are allowed due to the scientific substantiation of the relationship between nutrition and health described in it. For further claims to be added to the list or allowed, companies have to submit applications to the European Food Safety Authority as the EU-body in charge. The full application of the regulation is not expected before 2010/2011, however, because several important details still have to be defined.

Consumer understanding of nutritional information, healthy food choices and the possible impact of food marketing on the latter is a hotly disputed topic which triggered extensive research (see Cowburn and Stockley 2005; Drichoutis et al. 2006 and Grunert and Wills 2007 for a review). With regard to the specific topic of claims, several methods have been used for the purpose of analysing consumer perceptions, attitudes and reactions. While these methods include surveys of qualitative and quantitative nature or studies examining changes in the consumers environment (labelling, advertising) and its impact on product sales or nutrition knowledge, experimental studies are predominating (van Trijp and van der Lans 2007, p. 2; see Leathwood et al. 2007 and Williams 2005 for a review).

Claim-research shows that consumers tend to perceive the information of the claim positively, read claims and prefer foods with claims (Williams 2005, p. 258). However, they remain at the same time rather skeptical because claims are regarded as a manufacturer's information (Bhaskaran and Hardley 2002, p. 596). Consumers seem to rely on the nutritional information when possible, although many state that they have difficulties in interpreting nutrition facts panels correctly (BEUC 2005, p. 7). In general, consumers seem to regard the products with a claim as healthier (Roe et al. 1999, p. 101), thus tending to over-generalise the specific effect described in the claim. Important influencing factors on the perception of claims and the preference for foods with claims appear to be credibility or scepticism, age and gender, nutrition knowledge, motivation and personal relevance (e. g. Andrews et al. 2000; Garretson and Burton 2000; van Kleef et al. 2005; Tan and Tan 2007; van Trijp and van der Lans 2005; Urala et al. 2003). Furthermore, studies suggest that differences between countries exist regarding consumer perception of claims and preferences for foods with the latter (Bech-Larsen et al. 2001, p. 6; van Trijp and van der Lans 2007, p. 305). The type of claim – nutrition claim, health claim or health risk reduction claim – seems to be of less importance, possibly because consumers infer the relationship to health should they know the importance of the substance mentioned in the claim (van Trijp and van der Lans 2007, p. 15; Urala et al. 2003, p. 815; Williams 2005, p. 259).

Mixed results have been obtained with regard to the question of whether or not education moderates the effect of claims (Mitra et al. 1999, p. 106), or which influence claims have on the extent of information search (Roe et al. 1999; Svederberg 2002). Several other potentially important influencing factors – for example involvement – have not been researched in the context of claims on food so far. Most of the research has been done in the USA, with studies in Europe being scarce up until now (van Trijp and van der Lans 2007, p. 2; Williams 2005, p. 259). The use of experimental studies with forced exposure to the claims, hypothetical product examples and analysis of intentions rather than real choice decisions is criticised for a lack of realism (e. g. Burton et al. 2000, p. 245; Kozup et al. 2003, p. 31; Leathwood et al. 2007, p. 479). Thus, studies analysing the issue of claims and consumer reactions to this information under conditions more close to the real point of sale-situation are needed.

Involvement constitutes the main focus amongst the determinants of claim-choice analysed in this study. Involvement is defined by the level of interest devoted to something or the personal relevance of an object or issue to oneself (see e. g. Antil 1984, p. 204; Zaichkowsky 1985, p. 342). It is a multidimensional construct which has received much interest in consumer research (see e. g. Andrews et al. 1990; Laaksonen 1994 and Muehling et al. 1993 for a review) since its introduction to the research area in the 1960s/1970s. It is now perceived as a key construct (Poiesz and de Bont 1995, p. 448), being a moderator of different so-called 'routes' of information processing or rules for choice decision behaviour as well as persuasion, brand commitment, shopping enjoyment, word-of-mouth communication, etc. (Beatty et al. 1988, p. 162; Mittal and Lee 1989, p. 363; Juhl and Poulsen 2000, p. 261; Bell and Marshall 2003, p. 235). Involvement can be situational or enduring, as well as cognitive or affective. While involvement can also be measured non-language-based, language-based measurements are predominately chosen in order to capture the cognitive side of involvement. These measurements constitute of a range of bipolar word-pairs (as e. g. in Zaichkowsky, 1985 and 1994) or statements rated at a five- or seven-point scale (as e. g. in Jain and Srinivasan 1990 and Mittal and Lee 1989). Although food is often mentioned as an example for a low-involvement product, researchers in the food consumer behaviour area have repeatedly shown that involvement is a helpful construct for segmenting food consumer groups and explaining their behaviour (as e. g. in Eertmans et al. 2005; Hollebeek et al. 2007; Kähkönen and Tuorila 1999; Lockshin et al. 2006; Verbeke et al. 2007; Westerlund Lind 2007). A high level of involvement for a food product might be due to the food product appealing more strongly to one of the different dimensions of involvement, such as 'sign' or 'pleasure', and it can be triggered by the perceived risks associated with the food choice in question, as it happens in the case of food scandals. Furthermore, it might be based on the importance of the issues evolving around food today such as fair trade, organic production, environmental concerns, health, etc.

The research overview revealed a lack in realism in claim-research designs. A choice experiment or purchase simulation has thus been chosen as the core method for analysing consumer reactions to claims in this survey, as it allows a close-to-realistic design. Choice experiments produce stated preference data based on actual choice decisions in an artificial context (Street and Burgess 2007, p. 1). Research has shown that results based on actual choices differ greatly from those based on intentions (Louviere et al. 2000, p. 20; Scholderer 2005), and that purchase behaviour is overestimated when intentions are expressed (Chandon et al. 2005). It is argued that actual choices are less biased by survey-artefacts such as the tendency to agree to something (Schnell 2005, p. 354), social desirability, reactance and strategic behaviour (Felser 2007, p. 468 ff.). Several measures in the design of choice experiments allow an even more realistic choice context – and with that, an increased external validity of the results is expected. These measures are: offering authentic and three-dimensional stimuli including the brand-name (Sinn et al. 2007, p. 224), not forcefully exposing subjects to the information under analysis (e. g. Keller et al. 1997, p. 267 f.), allowing a no-choice option (Dhar and Simonson 2003, p. 146) and creating a non-hypothetical decision (Lusk and Schroeder 2004, p. 480) with budget-constraints and a real product as a result of the choice. Furthermore, repeating apparently equal choice tasks should be avoided, as this might lead to fatigue (Bradley and Daly 1994, p. 167), learning (Johnson and Desvousges 1997, p. 97), protest-behaviour (von Haefen et al. 2005, p. 1061) or changes in preferences (Sattler et al. 2003, p. 3 f.)

Choice experiments – also called discrete choice experiments – are increasingly used to study food consumers' purchase behaviour and food attribute preferences. Some more recent examples, in which one ore more of the above mentioned measures have been put into practice, include Alfnes et al. (2006), who studied preferences for the colour of salmon fillets in Norway, Loureiro et al. (2001), who analysed US-consumers' choices for apples with different labels, as well as Arnot et al. (2006), who examined the willingness-to-pay for fair trade coffee in Canada.

Aim of the work described here was to analyse if and how consumers react to the presence of claims on food when researched under the premise of a close-to-realistic choice context, and whether the construct of involvement, the extent of information search, the perception of the claim and further product-specific or individual variables are helpful in explaining which consumers show a higher likelihood of choosing a product with a claim. The laboratory choice experiment was designed applying the measures mentioned above. It was accompanied by video-observation in order to measure the extent of information search accurately and repeatably (Belk and Kozinets 2005; Berekoven et al. 2004, p. 153; Kroeber-Riel and Weinberg 2003, p. 263; Lee and Broderick 2007, p. 121; Stafford and Stafford 1993) and followed by a subsequent face-to-face-interview. The questionnaire contained an adapted and translated version of the product involvement-scale presented in Knox et al. (1994), which in turn is based on Mittal and Lee's scale (1989), and additional involvement items selected or created in order to measure consumers' awareness of and concern about the relationship between food, nutrition and health (called health-related food involvement).

The empirical study was conducted in March and April of 2007 in three German towns of different size (Witzenhausen, Goettingen and Kassel). Potential participants were approached in shopping areas and when leaving supermarkets.

Those consumers who stated that they regularly bought the products in question were selected according to quotas for age and gender. Subjects were presented with five brands for each of the three product categories fruit muesli, strawberry yoghurt and spaghetti, of which two brands carried a claim. The claim-brand combination rotated equally. The claims had been unobtrusively added onto the packages, adapted to the brand's layout and were presented in differing claim-types (nutrition, health and health risk reduction claim). The claims on the yoghurt referred to calcium and vitamin D and its importance for the strength of bones and teeth or the reduction of the risk for osteoporosis, while the claims on spaghetti made reference to fibre, its role for bowel function or the reduction of risk for bowel cancer. In contrast, the claims on muesli were less established: they mentioned folic acid (vitamin B) and enhancement of brain function or the reduction of the risk for dementia. 210 interviews were conducted and, with 31 cases in which consumers chose the no-choice-option, resulted in 599 analysable choice decisions. 71% participants were female and 51% were 45 years old or over. Around a quarter of the participants had children of up to 18 years old living in their household. Household size was nearly evenly distributed between single-households, two-person-households and households of more than two members. At 53%, persons with a higher education level were over-represented.

First, the data was examined regarding methodological considerations. Only 52% of the respondents stated that they had actually read the claim during the experiment and 39% said they had selected the habitually chosen brand, the latter being comparable to the ratio of habitual choice decisions that has previously been examined at the point of sale (Block and Morwitz 1999, p. 343). Additionally, the mean duration of information search for all three choice decisions was very short, 1.81 minutes only. On average, test persons touched 1.2 products per product category, likewise matchable with results of point of sale-observations (Dickson and Sawyer 1990, p. 42: 15 seconds per decision and one to two products touched; Grunert 2008: 30 seconds per decision). Asked for the reasons why the respective brand was chosen, previous product experience (44%), ingredients (28%) and good or low price (26%) were mentioned most often. As a result, it can be deduced from the participants' behaviour and statements that the premise of a realistically designed choice decision context might have been successfully met. Thus, the study shows how several measures destined to increase the realism of the choice task can be combined, herewith contributing to the further development of choice experiments. In particular, it constitutes one of the few choice experiment-studies (Sinn et al. 2007, p. 224) in which the brand information has been incorporated, highlighting a possible route of doing so while at the same time minimising the brands distorting influence on the study results.

Second, the determinant in focus of the study, involvement, was examined more closely. A factor analysis of the involvement-statements revealed that while the two types of involvement – product involvement and health-related food involement – could be clearly distinguished, it was neither possible to measure the subconstructs nor the various dimensions of product involvement separately. Additionally, the groups of persons with a high versus a low level of involvement were compared with regard to the other variables in the study by triadic split (as in Hollebeek et al. 2007) and for both types of involvement. This bivariate analysis showed that many of the expectations raised by the involvement-literature could be fulfilled or that the relationship was plausible against the background of previous involvement-studies in the area of food. Persons in the high involvement groups were more likely to be older, female, assessed their nutritional knowledge to be relatively higher, were more positive towards functional food and regarded claims as comparatively more important for their choice than consumers in the low involvement groups. The analysis revealed, however, that persons with a high product involvement – in contrast to what the bigger part of the involvement-literature suggests – conducted a *less* extensive information search, but showed a higher ratio of habitual brand choices than the persons with a low product involvement. For health-related food involvement, the contrary could be observed. Thus, the study results give further ground to the standpoint taken by some involvement-researchers that high product involvement does not necessarily lead to extensive information search, but rather to a higher brand-commitment, and even indicates that persons highly involved with the product can in some cases be characterised by a comparatively less comprehensive information search. The efffect of differing levels of involvement is thus dependent on the involvement-type in question.

Regarding the topic of research, the claims, the results show that products with claims are preferred by German consumers. The ratio of choice decisions for the products with a claim was significantly higher than the expected (44.6% compared to the ratio of the presence of the claim in the choice set of 40%), thus equalling an increase of choices in favour of products with claims by 10%. This increase was even higher, at around 20%, when only the sub-samples of respondents who stated to have read the claim or not to have chosen the habitual brand were analysed. Furthermore, ratio of choice was significantly higher in the sub-sample of cases with the product category muesli, in the presence of a health claim and in the age group of 45 to 75 years. Interestingly, ratio of choice in case that the brand carried a claim was higher for only some of the brands. A significant ratio of choice for the products with a claim *lower* than the expected could not be observed in any of the sub-samples. The study affirms the results of previous claim-research that consumers tend to react positively to claims. However, the study's unique contribution to researching the purchase reaction to claims consists in showing that the positive reaction also applies to a close-to-realistic choice task environment; thus, it can be assumed that the results are appropriate for forecasting point of sale-consumer behaviour and market developments.

Binary logistic regression was applied in order to determine whether the various influencing factors analysed in the study contributed to the explanation of choice behaviour (see e. g. Menard 1995; Hosmer and Lemeshow 2000; Tabachnik and Fidell 2007). The data was analysed in three steps: first, models were calculated using either the product- or the individual-specific independent variables[48], second, the data-set was split into the three food categories and both types of independent variables were tested jointly, and thirdly, sub-samples of respondents who stated to have read the claim or not to have chosen the habitual brand were examined. Four variables were of importance across food categories and for more than one food category: Subjects who rated the products with claims as relatively healthier had a higher likelihood of choosing these products as well as those engaging in more extensive information search behaviour. Selecting the usual brand had a negative influence on the likelihood of choosing products with a claim, whereas persons who showed a high health-related food involvement were more likely to prefer the alternatives with claims across different choice decisions. The study's contribution to research about determinants of claim-choice consists in being the first one in which the role of involvement for claim-product choice decisions has been analysed. Furthermore, the results clearly emphasise the importance of brands in claim-product choice, suggesting that leaving out this variable leads to an overestimation of the remaining attributes.

The separate models for each of the product categories in step two contributed to the explanation of the dependent's variance to a greater extent than the models computed with the complete data-set in step one. This might be due to the fact that the relative importance of the determinants varied greatly between the food categories, with each category resulting in a different set of significant variables. Several variables were significant for only one of the three food categories, of these, product involvement, credibility of the claim and stating to have read the claim had a positive influence, while – contrary to the expectations – a higher level of education and self-assessed nutritional knowledge had a negative impact on choice for products with a claim. Surprisingly, being sceptical about manufacturer's texts on food packages had a positive effect for one, but a negative effect for the other food category. The models based on the sub-samples in step three did not show noteworthy differences in the relative importance of determinants. The study contributes to claim-research about the interaction between claims and food categories by highlighting that the role of the factors of influence on claim perception and preferences is to a great extent moderated by the food category in question.

---

[48] A product-specific variable was defined as a variable that potentially differs between the choice decisions of one respondent for the different food categories, because the question on which it is based or the observation had been repeated for every category, as for example the extent of information search behaviour, credibility of the claim or product involvement. In contrast, individual-related variables such as for example gender, age or general health-related food involvement have the same value for all food categories and choice decisions of the same individual.

As a conclusion for the marketing of products carrying claims, the study shows that claims on food are a communication tool worthwhile to invest in for food companies in Germany. It can be deduced from the results that claims have the potential to raise sales by more than 10% or even more than 20% in case that consumer's attention to the claims is gained. In order to achieve the latter, communication in general should draw the attention to the claims. The study also revealed that the determinants of choice can greatly vary between food categories and claim content. Thus, whether the general 'rule of thumb' that claims are more likely to be advantageous than not applies in a specific marketing surrounding ought to be further analysed in a case-to-case approach, in particular examining the possible moderating effect of the brand. However, based on the four variables which tend to be of influence across the food categories, some suggestions can be derived nevertheless. As claim-buyers perceive the product with a claim to be healthier than the alternatives, communicational efforts strengthening this conviction could be of importance. Detailed texts on food packages might be read by this group of buyers, because they tended to show a more extensive information search. The results also indicate that an incentive for switching brands should be given when a new product with a claim is introduced in the market, because otherwise habitual choice behaviour reduces the likelihood of choice.

The type of claim appears to be of little relevance for consumer reactions to claims, at least as long as the nutrition-health relationship is comparatively well-known. This suggests that investing in relatively more expensive health risk reduction claims (in terms of research needed and difficulty of application) might not be worthwhile. Health-related food involvement has shown to be generally helpful in identifying potential buyers of claim products, much better than other individual-related variables, such as gender and age. Therefore, age and gender may not necessarily be prime criteria for health-related market segmentation. However, items similar to those used for measuring health-related food involvement in this study could be useful for practical marketing research in this regard. In general, recommendations given for approaching highly involved consumers ought to be applicable to potential claim-buyers as well.

For consumer organisations or EU-bodies, the results underline the importance of providing consumers with truthful health-related information about food, because claims greatly influence and potentially mislead consumers in their choice decisions. In this regard, it is noteworthy that consumers preferred and regarded the products with claims as generally healthier than the alternatives, although the products themselves had not been altered at all concerning their nutritional value. Furthermore, even the innovate, not well-known claims about folic acid (vitamin B) and its influence on brain function or dementia were majoritarily assessed as being scientifically proven, suggesting that consumers assumed this to be the case and thus believed the claims. Additionally, the study indicates that nutritional knowledge and education level might lessen the influence of claims on choice, suggesting that it is questionable to assume that there is an 'average consumer'. The conclusions highlight that the interrelationship between food, consumers and claims is of a complicated nature because the determinants' influence differs greatly with the food category, the claim content and the individual background of the consumer in question. Thus, identifying if, which and how regulatory interferences have the potential to contribute to the improvement of consumers' healthy food choices is not an easy task, and no simplified rules can be deduced from the claim research results.

As a limitation, it has to be noted that although a lot of effort had been dedicated to designing the choice task as realistic as possible, the approach remains an experiment in which consumer behaviour could potentially differ from that shown at the point of sale. Additionally, not all determinants of relevance might have been included in the study. Communication measures, which are an important tool when new products are introduced, could not be simulated. Measurement of involvement, as a construct, can never be exact, thus the operationalisation of it remains disputable. The approach used for incorporating the brand-information has been assessed as appropriate, but a certain degree of a distorting influence of for example the brand-claim-combination cannot be ruled out. Future methodological research studies could focus on assessing whether the realistically designed choice experiment fulfils the aim of a higher external validity. Regarding involvement-research, analysing dimensions of health-related food involvement and further developing its measurement might be of interest. In future claim-research, the interaction between food category and determinants of choice could be explored more in detail. The possible role of subconscious attention to claims might also be of interest, as well as the interrelation between brands and claims, thus the moderating effect of brands on claim-perception. Given the fact that the number of claim-products complying with the regulation (EC) 1924/2006 will increase at the point of sale in the years to come, an important further step in claim-research should be to analyse point of sale-behaviour and revealed preference data.

Literatur

Aldlaigan, A. H.; Buttle, F. A. (2001): Consumer involvement in financial services: an empirical test of two measures. In: International Journal of Bank Marketing, Jg. 19, Nr. 6, S. 232-245.

Alexander, A.; Nicholls, A. (2006): Rediscovering consumer-producer involvement: a network perspective on fair trade marketing. In: European Journal of Marketing, Jg. 40, Nr. 11-12, S. 1236-1253.

Alfnes, F.; Guttormsen, A. G.; Steine, G.; Kolstad, K. (2006): Consumers' willingness to pay for the color of salmon: a choice experiment with real economic incentives. In: American Journal of Agricultural Economics, Jg. 88, Nr. 4, S. 1050-1061.

Andreß, H.-J.; Hagenaars, J. A.; Kühnel, S. (1997): Analyse von Tabellen und kategorialen Daten. Log-lineare Modelle, latente Klassenanalyse, logistische Regression und GSK-Ansatz. Berlin: Springer.

Andrews, J. C.; Burton, S.; Netemeyer, R. G. (2000): Are some comparative nutrition claims misleading? The role of nutrition knowledge, ad claim type and disclosure conditions. In: Journal of Advertising, Jg. 29, Nr. 3, S. 29-42.

Andrews, J. C.; Durvasula, S.; Akhter, S. H. (1990): A framework for conceptualizing and measuring the involvement construct in advertising research. In: Journal of Advertising, Jg. 19, Nr. 4, S. 27-40.

Andrews, J. C.; Netemeyer, R. G.; Burton, S. (1998): Consumer generalisation of nutrient content claims in advertising. In: Journal of Marketing, Jg. 62, Nr. 4, S. 62-75.

Antil, J. H. (1984): Conceptualization and operationalization of involvement. In: Advances in Consumer Research, Jg. 11, Nr. 1, S. 203-209.

Arnot, C.; Boxall, P. C.; Cash, S. B. (2006): Do ethical consumers care about the price? A revealed preference analysis of fair trade coffee purchase. In: Canadian Journal of Agricultural Economics, Jg. 54, Nr. 4, S. 555-565.

Arora, R. (1982): Validation of an S-O-R model for situation, enduring and response components of involvement. In: Journal of Marketing Research, Jg. 19, Nr. 4, S. 505-516.

Assael, H. (1995): Consumer behavior and marketing action. 5. Auflage. Cincinnati, USA: South-Western College.

Backhaus, K.; Erichson, B.; Plinke, W.; Weiber, R. (2003, 2006): Multivariate Analysemethoden. 10., 11. Auflage. Eine anwendungsorientierte Einführung. Berlin: Springer.

Balasubramanian, S.; Cole, C. (2002): Consumers' search and use of nutrition information: the challenge and promise of the nutrition labeling and education act. In: Journal of Marketing, Jg. 66, Nr. 3, S. 112-127.

Baltes-Götz, B. (2008): Logistische Regressionsanalyse mit SPSS. AWS.SPSS.19. Universitäts-Rechenzentrum Trier. Online verfügbar unter http://www-alt.uni-trier.de/urt/user/baltes/docs/logist/logist.pdf, zuletzt geprüft am 11.09.2008.

Barreiro-Hurlé, J.; Colombo, S.; Cantos-Villar, E. (2008): Is there a market for functional wines? Consumer preferences and willingness to pay for resveratrol-enriched red wine. In: Food Quality and Preference, Jg. 19, Nr. 4, S. 360-371.

Beatty, S. E.; Homer, P.; Kahle, L. R. (1988): The involvement-commitment model: theory and implications. In: Journal of Business Research, Jg. 16, Nr. 2, S. 149-167.

Bech-Larsen, T.; Grunert, K. G.; Poulsen, J. (2001): The acceptance of functional foods in Denmark, Finland and the United States. A study of consumers' conjoint evaluations of the qualities of functional foods and perceptions of general health factors and cultural values. Working paper Nr. 73. The MAPP Centre, Aarhus School of Business, Dänemark.

Bech-Larsen, T.; Nielsen, N. (1999): A comparison of five elicitation techniques for elicitation of attributes of low involvement products. In: Journal of Economic Psychology, Jg. 20, Nr. 3, S. 315-341.

Bech-Larsen, T.; Scholderer, J. (2007): Functional foods in Europe: consumer research, market experiences and regulatory aspects. In: Trends in Food Science & Technology, Jg. 18, Nr. 4, S. 231-234.

Beharrell, B.; Denison, T. J. (1995): Involvement in a routine food shopping context. In: British Food Journal, Jg. 97, Nr. 4, S. 24-29.

Belk, R.; Kozinets, R. V. (2005): Videography in marketing and consumer research. In: Qualitative Market Research, Jg. 8, Nr. 2, S. 128-141.

Bell, R.; Marshall, D. W. (2003): The construct of food involvement in behaviorial research: scale development and validation. In: Appetite, Jg. 40, Nr. 3, S. 235-244.

Berekoven, L.; Eckert, W.; Ellenrieder, P. (2004): Marktforschung. Methodische Grundlagen und praktische Anwendung. 10. Auflage. Wiesbaden: Gabler.

Bettman, J. R.; Johnson, E. J.; Payne, J. W. (1991): Consumer decision making. In: Robertson, T. S.; Kassarjian H. H. (Hg.): Handbook of consumer behavior. Englewood Cliffs, USA: Prentice Hall, S. 50-84.

BEUC (2005): Report on European consumers' perception of foodstuffs labelling. Results of consumer research conducted on behalf of BEUC from February to April 2005. BEUC/X/032/2005. Bureau Européen des Unions de consommateurs, Brüssel. Online verfügbar unter http://www.vzbv.de/media-pics/beuc_foodstuffs_labelling_09_2005.pdf, zuletzt geprüft am 16.07.2008.

– (2006a): Health Claims: Slow progress in Parliament. Pressemitteilung, 22.03.2006. Bureau Européen des Unions de consommateurs, Brüssel. Online verfügbar unter http://www.eubusiness.com/press/beuc.2006-03-23, zuletzt geprüft am 30.03.2006.

– (2006b): Nutrition and health claims – questions & answers. What you need to know before taking a decision. BEUC/X/028/2006. Bureau Européen des Unions de consommateurs, Brüssel. Online verfügbar unter http://www.vzbv.de/media-pics/faqus_health_claims_beuc_05_2006.pdf, zuletzt geprüft am 18.07.2008.

– (2006c): Health Claims – BEUC Black Book. BEUC/X/013/2006 – 15/03/06. Bureau Européen des Unions de consommateurs, Brüssel. Online verfügbar unter http://docshare.beuc.org/docs/2/MBKEDNHDLGKJPLJMLDNMDHJEPDBN 9DBYTK9DW3571KM/BEUC/docs/DLS/2006-00174-01-E.pdf, zuletzt geprüft am 04.09.2008.

Bhaskaran, S.; Hardley, F. (2002): Buyer beliefs, attitudes and behaviour: foods with therapeutic health claims. In: Journal of Consumer Marketing, Jg. 19, Nr. 7, S. 591-606.

Biggs, S. F.; Rosman, A. J.; Sergenian, G. K. (1993): Methodological issues in judgement and decision-making research: concurrent verbal protocol validity and simultaneous traces of process. In: Journal of Behavioral Decision Making, Jg. 6, Nr. 3, S. 187-206.

BLL (2006a): Fachthemen: Health Claims. Bund für Lebensmittelwirtschaft und Lebensmittelkunde e. V., Bonn/Brüssel. Online verfügbar unter http://www.bll.de/themen/health_claims/, zuletzt geprüft am 18.07.2008.

– (2006b): Kompromiss zu Claims und Anreicherung bei Lebensmitteln: Viel erreicht, aber Kritik bleibt. Pressemitteilung, 17.05.2006. Bund für Lebensmittelwirtschaft und Lebensmittelkunde e. V., Bonn/Brüssel. Online verfügbar unter http://www.bll.de/presse/pressemitteilungen/pm_20060517.html, zuletzt geprüft am 18.07.2008.

– (2006c): Position zum Verordnungsvorschlag zu nährwert- und gesundheitsbezogenen Angaben über Lebensmittel. Positionspapier. Bund für Lebensmittelwirtschaft und Lebensmittelkunde e. V., Bonn/Brüssel. Online verfügbar unter http://www.bll.de/presse/positionspapiere/pp_20060420.html, zuletzt geprüft am 01.06.2006.

– (2006d): Rechtsgutachten stellt Unvereinbarkeit des Verordnungsvorschlags zu nährwert- und gesundheitsbezogenen Angaben über Lebensmittel mit dem Gemeinschaftsrecht und dem Grundgesetz fest. Bund für Lebensmittelwirtschaft und Lebensmittelkunde e. V., Bonn/Brüssel. Online verfügbar unter http://www.bll.de/themen/health_claims/03_04.html, zuletzt geprüft am 01.06.2006.

Block, L. G.; Morwitz, V. G. (1999): Shopping lists as an external memory aid for grocery shopping. In: Journal of Consumer Psychology, Jg. 8, Nr. 4, S. 343-375.

Bohnsack, R.; Marotzki, W.; Meuser M. (2003): Hauptbegriffe Qualitativer Sozialforschung. Opladen: Leske und Budrich.

Bolfing, C. P. (1988): Integrating consumer involvement and product perceptions with market segmentation and positioning strategies. In: The Journal of Consumer Marketing, Jg. 5, Nr. 2, S. 49-57.

Bradley, M.; Daly, A. (1994): Use of the logit scaling approach to test for rank-order and fatigue effects in stated preference data. In: Transportation, Jg. 21, Nr. 2, S. 167-184.

BRD (2004): Gesetz über den Verkehr mit Lebensmitteln, Tabakerzeugnissen, kosmetischen Mitteln und sonstigen Bedarfsgegenständen. Lebensmittel- und Bedarfsgegenständegesetz. 12. Juni 2004 (BGBl. I 2004, S. 934). BRD, 2004.

Brehm, J. W. (1989): Psychological reactance: Theory and applications. In: Advances in Consumer Research, Jg. 16, Nr. 1, S. 72-75.

Broderick, A.; Mueller, R. D. (1999): A theoretical and empirical exegesis of the consumer involvement construct: the psychology of the food shopper. In: Journal of Marketing Theory & Practice, Jg. 7, Nr. 4, S. 97-108.

Broderick, A.; Mueller, R. D.; Greenley, G. E. (2006): Application of the behaviourial homogeneity evaluation framework: the predictive ability of consumer involvement for international food market segmentation. In: International Review of Retail, Distribution and Consumer Research, Jg. 16, Nr. 5, S. 533-557.

Brosius, F. (2006): SPSS 14. Das mitp-Standardwerk. Heidelberg: Redline.

Bühl, A. (2006): SPSS 14. Einführung in die moderne Datenanalyse. 10. Auflage. München: Pearson Studium.

Burton, S.; Andrews, J. C.; Netemeyer, R. G. (2000): Nutrition ad claims and disclosures: interaction and mediation effects for consumer evaluations of the brand and the ad. In: Marketing Letters, Jg. 11, Nr. 3, S. 235-247.

Büttner, O. B.; Rauch, M.; Silberer, G. (2005): Consumer cognition at the point of sale: results from a process tracing study. Beitrag zur Tracking-Forschung Nr. 11. Institut für Marketing und Handel, Universität Göttingen.

CAC (2004): Codex guidelines for use of nutrition and health claims. CAC/GL 23-1997, Rev. 1-2004. Codex Alimentarius Commission, FAO/WHO, Rom.

Calfee, J. E.; Pappalardo, J. K. (1991): Public policy issues in health claims for foods. In: Journal of Public Policy & Marketing, Jg. 10, Nr. 1, S. 33-53.

Cantrup, A. (2000): Die Bedeutung von Nahrungsergänzungspräparaten in Familienhaushalten. Eine Studie zum Umgang mit 'functional food'. Dissertation. Universität Bielefeld, Fakultät für Gesundheitswissenschaften. Online verfügbar unter http://bieson.ub.uni-bielefeld.de/volltexte/2003/311/pdf/ 0023.pdf, zuletzt geprüft am 18.07.2008.

Chandon, P.; Morwitz, V. G.; Reinartz, W. J. (2005): Do intentions really predict behavior? Self-generated validity effects in survey research. In: Business Source Elite, Jg. 69, Nr. 2, S. 1-14.

Chen, M.-F. (2007): Consumer attitudes and purchase intentions in relation to organic foods in Taiwan: moderating effects of food-related personality traits. In: Food Quality and Preference, Jg. 18, Nr. 7, S. 1008-1021.

Christensen, B.; Papies, D.; Proppe, D.; Clement, M. (2008): Gütemaße der logistischen Regression bei unbalancierten Stichproben. Unveröffentlichtes Manuskript. Analytix GmbH Kiel, Universität Hamburg, Universität Kiel.

Christensen, T.; Mørkbak, M.; Denver, S.; Hasler, B. (2006): Preferences for food safety and animal welfare – a choice experiment study comparing organic and conventional consumers. Präsentiert auf Joint Organic Congress 2006, Odense, Dänemark. Online verfügbar unter http://orgprints.org/7707/, zuletzt geprüft am 02.08.2008.

Claeys, C.; Swinnen, A.; Vanden Abeele, P. (1995): Consumer's means-end chains for 'think' and 'feel' products. In: International Journal of Research in Marketing, Jg. 12, Nr. 3, S. 193-208.

Cochrane, L.; Quester, P. (2005): Fear in advertising: the influence of consumers' product involvement and culture. In: Journal of International Consumer Marketing, Jg. 17, Nr. 2-3, S. 7-32.

Costley, C. L. (1988): Meta analysis of involvement research. In: Advances in Consumer Research, Jg. 15, Nr. 1, S. 554-562.

Cowburn, G.; Stockley, L. (2005): Consumer understanding and use of nutrition labelling: a systematic review. In: Public Health Nutrition, Jg. 8, Nr. 1, S. 21-28.

Derby, B. M.; Levy, A. S. (2005): Effects of strenght of science disclaimers on the communication impacts of health claims. Working Paper No. 1. Center for Food Safety and Applied Nutrition, U.S. Food and Drug Administration.

De Shazo, J. R.; Fermo, G. (2002): Designing choice sets for stated preference methods: the effects of complexity on choice consistency. In: Journal of Environmental Economics and Management, Jg. 44, Nr. 1, S. 123-143.

Devcich, D. A.; Pedersen, I. K.; Petrie, K. J. (2007): You eat what you are: modern health worries and the acceptance of natural and synthetic additives in functional foods. In: Appetite, Jg. 48, Nr. 3, S. 333-337.

Dhar, R.; Simonson, I. (2003): The effects of forced choice on choice. In: Journal of Marketing Research, Jg. 40, Nr. 2, S. 146-160.

Dickson, P. R.; Sawyer, A. G. (1990): The price knowledge and search of supermarket shoppers. In: Journal of Marketing, Jg. 54, Nr. 3, S. 42-53.

Donnerstag, J. (1996): Der engagierte Mediennutzer. Das Involvement-Konzept in der Massenkommunikationsforschung. München: R. Fischer.

Drichoutis, A. C.; Lazaridis, P.; Nayga, R. M. (2005): Nutrition knowledge and consumer use of nutritional food labels. In: European Review of Agricultural Economics, Jg. 32, Nr. 1, S. 93-118.

– (2006): Consumers' use of nutritional labels: a review of research studies and issues. In: Academy of Marketing Science Review, Jg. 2006, Nr. 9.

Dutra Barcellos, M. de; Avila Pedrozo, E.; Lans, I. A. van der (2008): Beef lovers: a cross-cultural study on beef consumption. In: Lindgreen, A. und Hingley, M. (Hg.): Opportunities from ethnic diversity: Food marketing in the age of fusion and fragmentation. Gower Publishing: Hampshire, UK (in Druck).

Eertmans, A.; Victoir, A.; Vansant, G.; Bergh, O. van den (2005): Food-related personality traits, food choice motives and food intake: mediator and moderator relationships. In: Food Quality and Preference, Jg. 16, Nr. 8, S. 714-726.

Emord, J. W. (2000): Person v. Shalala: The beginning of the end for FDA speech suppression. In: Journal of Public Policy & Marketing, Jg. 19, Nr. 1, S. 139-143.

Enneking, U. (2003): Die Analyse von Lebensmittelpräferenzen mit Hilfe von Discrete-Choice-Modellen am Beispiel ökologisch produzierter Wurstwaren. In: Agrarwirtschaft, Jg. 52, Nr. 5, S. 254-267.

Enneking, U.; Neumann, C.; Henneberg, S. (2007): How important intrinsic and extrinsic attributes affect purchase decision. In: Food Quality and Preference, Jg. 18, Nr. 1, S. 254-267.

Epping, M. (2006): Komplizierte Lebensmittelwerbung. Die Auswirkungen der geplanten Health Claims-Verordnung auf Markennamen. In: Lebensmittel-Zeitung, 28.04.2006, S. 40.

Erdem, T.; Swait, J.; Valenzuela, A. (2006): Brands as signals: a cross-country validation study. In: Journal of Marketing, Jg. 70, Nr. 1, S. 34-49.

Ernst, O.; Sattler, H. (2000): Validität multi-medialer Conjoint-Analysen. Ein empirischer Vergleich alternativer Produktpräsentationsformen. In: Marketing ZFP, Jg. 22, Nr. 2, S. 161-172.

EU (1997): Regulation (EC) No 258/97 of the European Parliament and of the Council of 27 January 1997 concerning novel foods and novel food ingredients. L 043, 14/02/1997 P. 0001 – 0006.

– (1999): Directive 1999/21/EC of 25 March 1999 on dietary foods for special medical purposes. OJ L 91, 7.4.1999, p. 29.

– (2002): Directive 2002/46/EC of the European Parliament and of the Council of 10 June 2002 on the approximation of the laws of the Member States relating to food supplements.

– (2006): Corrigendum to Regulation (EC) No 1924/2006 of the European Parliament and of the Council of 20 December 2006 on nutrition and health claims made on foods. OJ L 404, 30.12.2006.

FDA (2008a): A food labeling guide. April 2008. U.S. Department of Health and Human Services, Food and Drug Administration, Center for Food Safety and Applied Nutrition. Online verfügbar unter http://www.cfsan.fda.gov/~dms/2lg-toc.html, zuletzt geprüft am 04.09.2008.

– (2008b): Claims that can be made for conventional foods and dietary supplements. U.S. Department of Health and Human Services, Food and Drug Administration, Center for Food Safety and Applied Nutrition. Online verfügbar unter http://www.cfsan.fda.gov/~dms/hclaims.html, zuletzt geprüft am 04.09.2008.

Felser, G. (2007): Werbe- und Konsumentenpsychologie. 3. Auflage. Heidelberg: Springer.

Ford, G. T.; Hastak, M.; Mitra, A.; Ringold, D. J. (1996): Can consumers interpret nutrition information in the presence of a health claim? a laboratory investigation. In: Journal of Public Policy & Marketing, Jg. 15, Nr. 1, S. 16-27.

Foscht, T.; Swoboda, B. (2005): Käuferverhalten. Grundlagen – Perspektiven – Anwendungen. 2. Auflage. Wiesbaden: Gabler.

Fromm, S. (2005): Binäre logistische Regression. Eine Einführung für Sozialwissenschaftler mit SPSS für Windows. Bamberger Beiträge zur empirischen Sozialforschung Nr. 11. Otto-Friedrich-Universität Bamberg. Online verfügbar unter http:// www.uni-bamberg.de/ fileadmin/ uni/ fakultaeten/sowi_lehrstuehle/ empirische_sozialforschung/ pdf/ bambergerbeitraege/ Log-Reg-BBES.pdf, zuletzt geprüft am 31.07.2008.

FSA (2002): Health claims on food packaging. Consumer-related qualitative research. Project f016. Food Standards Agency, UK.

FSANZ (2002): A qualitative consumer study related to nutrient content claims on food labels. CO3037. Food Standards Australia and New Zealand.

Garretson, J. A.; Burton, S. (2000): Effects of nutrition facts panel values, nutrition claims, and health claims on consumer attitudes, perceptions of disease-related risks, and trust. In: Journal of Public Policy & Marketing, Jg. 19, Nr. 2, S. 213-227.

Garson, D. G. (2008): Logistic Regression. Statnotes. North Carolina State University. Online verfügbar unter http://faculty.chass.ncsu.edu/garson/PA765/logistic.htm, zuletzt geprüft am 14.10.2008.

Gerpott, T. J.; Mahmudova, I. (2006): Ordinale Regression. Eine anwendungsorientierte Einführung. In: Wirtschaftswissenschaftliche Studien, Jg. 35, Nr. 9, S. 495-498.

Green, P. E.; Srinivasan, V. (1990): Conjoint analysis in marketing: new developments with implications for research and practice. In: Journal of Marketing, Jg. 54, Nr. 4, S. 3-19.

Grunert, K. G. (2003): Can we understand consumers by asking them? Kommentar zu Liefeld, J. P. (2003): Consumer research in the land of oz, Jg. 15, Nr. 1, S. 10-15. In: Marketing Research, Jg. 15, Nr. 2, S. 46.

– (2008): Pan-European consumer research on in-store behaviour, understanding and use of nutrition information on food labels, and nutrition knowledge. Results from the European Study. Mündliche Aussage. Webinar, aufgezeichnet am 05.11.2008. Online verfügbar unter http://www.focusbiz.co.uk/webinars/eufic/paneuropeanlabelresearch/europe/#01, zuletzt geprüft am 20.11.2008.

Grunert, K. G.; Wills, J. M. (2007): A review of European research on consumer response to nutrition information on food labels. In: Journal of Public Health, Jg. 15, Nr. 5, S. 384-399.

Gustafsson, Anders; Herrmann, Andreas; Huber, Frank (Hg.) (2003): Conjoint measurement. Methods and Applications. Berlin: Springer.

Haas, R. (o.J.): Functional food – emotional food. Der richtige Claim für den Konsumenten. In: Cash. Das Handelsmagazin, Jg. 10, S. 102-103. Online verfügbar unter http://www.boku.ac.at/mi/fp/texte/haas_cash_2000.pdf, zuletzt geprüft am 02.06.2006.

Haefen, R. H. von; Massey, D. M.; Adamowicz, W. L. (2005): Serial nonparticipation in repeated discrete choice models. In: American Journal of Agricultural Economics, Jg. 87, Nr. 4, S. 1061-1076.

Hagendorfer, A. (1992): Meßtheoretische Überprüfung des Zaichkowsky Personal Involvement Inventory in Österreich. In: Der Markt – Zeitschrift für Absatzwirtschaft und Marketing, Jg. 31, Nr. 121, S. 86-93.

Hartmann, M.; Lensch, A. Katrin; Simons, J.; Thrams, S. (2008): Nutrition and health claims – call for justification of governmental intervention from the consumers' perspective. In: Agrarwirtschaft, Jg. 57, Nr. 2, S. 130-140.

Havitz, M. E.; Mannell, R. C. (2005): Enduring involvement, situational involvement, and flow in leisure and non-leisure activities. In: Journal of Leisure Research, Jg. 37, Nr. 2, S. 152-177.

Hawkes, C. (2004): Nutrition labels and health claims: the global regulatory environment. World Health Organization, Genf.

Hensher, D. A.; Rose, J. M.; Greene, W. H. (2005): Applied choice analysis. a primer. Cambridge: Cambridge University Press.

Higie, R. A.; Feick, L. F. (1989): Enduring involvement: conceptual and measurement issues. In: Advances in Consumer Research, Jg. 16, Nr. 1, S. 690-696.

Hollebeek, L. D.; Jaeger, S. R.; Brodie, R. J.; Balemi, A. (2007): The influence of involvement on purchase intention for new world wine. In: Food Quality and Preference, Jg. 18, Nr. 8, S. 1033-1049.

Hosmer, D. W.; Lemeshow, S. (2000): Applied logistic regression. 2. Auflage. New York: John Wiley & Sons Inc.

Houston, M. J.; Rothschild, M. L. (1978): Conceptual and methodological perspectives on involvement. In: Jain, S.C. (Hg.): Research frontiers in marketing: dialogues and directions. 1978 Educator's Proceedings. American Marketing Association, S. 184-188.

Hu, W.; Veeman, M.; Adamowicz, W. L.; Gao, G. (2006): Consumers' food choices with voluntary access to genetic modification information. In: Canadian Journal of Agricultural Economics, Jg. 54, Nr. 4, S. 585-604.

Hughner, R.; McDonagh, P.; Prothero, A.; Shultz II, C.; Julie, S. (2007): Who are organic food consumers? A compilation and review of why people purchase organic food. In: Journal of Consumer Behaviour, Jg. 6, Nr. 2-3, S. 94-110.

Hupp, O. (2000): Seniorenmarketing. Informations- und Entscheidungsverhalten älterer Konsumenten. Hamburg: Dr. Kovaéc.

Hurt, E. (2002): International guidelines and experiences on health claims in Europe. In: Asia Pacific Journal of Clinical Nutrition, Jg. 12, Nr. 2, S. 90-93.

Hüttner, M.; Schwarting U. (2002): Grundzüge der Marktforschung. 7. Auflage. München: Oldenbourg.

Hynes, N.; Lo, S. (2006): Innovativeness and consumer involvement in the chinese market. In: Singapore Management Review, Jg. 28, Nr. 2, S. 31-46.

Ippolito, P. M.; Mathios, A. D. (1991): Health claims in food marketing: Evidence on knowledge and behavior in the cereal market. In: Journal of Public Policy & Marketing, Jg. 10, Nr. 1, S. 15-32.

Jacob, R.; Eirmbter, W. (2000): Allgemeine Bevölkerungsumfragen. Einführung in die Methoden der Umfrageforschung mit Hilfen zur Erstellung von Fragebögen. München: Oldenbourg.

Jacoby, J.; Chestnut, R. W.; Silberman, W. (1977): Consumer use and comprehension of nutrition information. In: Journal of Consumer Research, Jg. 4, Nr. 2, S. 119-128.

Jacoby, J.; Jaccard, J.; Kuß, A.; Troutman, T.; Mazursky, D. (1987): New directions in behaviorial process research: implications for social psychology. In: Journal of Experimental Social Psychology, Jg. 23, Nr. 2, S. 146-175.

Jain, K.; Srinivasan, N. (1990): An empirical assessment of multiple operationalizations of involvement. In: Advances in Consumer Research, Jg. 17, Nr. 1, S. 594-602.

JHCI (2008): Homepage. Joint Health Claim Initiative, United Kingdom. Online verfügbar unter http://www.jhci.org.uk/, zuletzt geprüft am 04.09.2008.

Johnson, F. R.; Desvousges, W. H. (1997): Estimating stated preferences with rated-pair data: environmental, health, and employment effects of energy programs. In: Journal of Environmental Economics and Management, Jg. 34, Nr. 1, S. 79-99.

Johnson, S. L.; Sommer, R.; Martino, V. (1985): Consumer behavior at bulk food bins. In: Journal of Consumer Research, Jg. 12, Nr. 1, S. 114-117.

Josiam, B. M.; Kinley, T. R.; Kim, Y.-K. (2005): Involvement and the tourist shopper: using the involvement construct to segment the American tourist shopper at the mall. In: Journal of Vacation Marketing, Jg. 11, Nr. 2, S. 135-154.

Juhl, H. J.; Poulsen, C. (2000): Antecedents and effects of consumer involvement in fish as a product group. In: Appetite, Jg. 34, Nr. 3, S. 261-267.

Kähkönen, P.; Tuorila, H. (1999): Consumer responses to reduced and regular fat content in different products: effects of gender, involvement and health concern. In: Food Quality and Preference, Jg. 10, Nr. 2, S. 83-91.

Kanther, V. (2001): Facetten hybriden Kaufverhaltens. Ein kausalanalytischer Erklärungsansatz auf Basis des Involvement-Konstrukts. Wiesbaden: Deutscher Universitäts-Verlag.

Kapferer, J.-N.; Laurent, G. (1985): Consumer involvement profiles: a new practical approach to consumer involvement. In: Journal of Advertising Research, Jg. 25, Nr. 6, S. 48-56.

Katan, M. B.; Roos, N. M. de (2003): Toward evidence-based health claims for foods. In: Science, Jg. 299, Nr. 5604, S. 206-207.

Keller, S. B.; Landry, M.; Olson, J.; Velliquette, A. M.; Burton, S.; Andrews, J. Craig (1997): The effects of nutrition package claims, nutrition facts panels, and motivation to process nutrition information on consumer product evaluations. In: Journal of Public Policy & Marketing, Jg. 16, Nr. 2, S. 256-269.

Kim, H.-S. (2005): Consumer profiles of apparel product involvement and values. In: Journal of Fashion Marketing and Management, Jg. 9, Nr. 2, S. 207-220.

Kleef, E. van; Trijp, H. C. M. van; Luning, P. (2005): Functional foods: health claim-food product compatibility and the impact of health claim framing on consumer evaluation. In: Appetite, Jg. 44, Nr. 3, S. 299-308.

Knox, S.; Walker, D. (2003): Empirical developments in the measurement of involvement, brand loyalty and their relationship in grocery markets. In: Journal of Strategic Marketing, Jg. 11, Nr. 4, S. 271-286.

Knox, S.; Walker, D.; Marshall, C. (1994): Measuring consumer involvement with grocery brands: model validation and scale-reliability test procedures. In: Journal of Marketing Management, Jg. 10, Nr. 1-3, S. 137-152.

Koletzko, B.; Pietrzik, K. (2004): Gesundheitliche Bedeutung der Folsäurezufuhr. In: Deutsches Ärzteblatt, Jg. 101, Nr. 23, S. 1670-1681.

Kozup, J. C.; Creyer, E. H.; Burton, S. (2003): Making healthful food choices: the influence of health claims and nutrition information on consumers' evaluations of packaged food products and restaurant menu items. In: Journal of Marketing, Jg. 67, Nr. 2, S. 19-34.

Krafft, M. (1997): Der Ansatz der logistischen Regression und seine Interpretation. In: Zeitschrift für Betriebswirtschaft, Jg. 67, Nr. 5-6, S. 625-642.

Kroeber-Riel, W.; Weinberg, P. (2003): Konsumentenverhalten. 8. Auflage. München: Vahlen.

Kromrey, H. (2006): Empirische Sozialforschung. Modelle und Methoden der standardisierten Datenerhebung und Datenauswertung. 11. Auflage. Stuttgart: Lucius & Lucius.

Krugman, H. E. (1968): The impact of television advertising: learning without involvement. In: Kassarjian, H. H.; Robertson, T. S. (Hg.): Perspectives in consumer behavior. Glenview, USA: Scott Foresman and Co, S. 98-103.

Kuß, A.; Tomczak, T. (2000): Käuferverhalten. 2. Auflage. Eine marketingorientierte Einführung. Stuttgart: Lucius & Lucius.

Laaksonen, P. (1994): Consumer involvement. Concepts and research. London: Routledge.

Laurent, G.; Kapferer, J.-N. (1985): Measuring consumer involvement profiles. In: Journal of Marketing Research, Jg. 22, Nr. 1, S. 41-53.

Leathwood, P. D.; Richardson, D. P.; Sträter, P.; Todd, P. M.; Trijp, H. C. M. van (2007): Consumer understanding of nutrition and health claims: Sources of evidence. In: British Food Journal, Jg. 98, Nr. 3, S. 474-484.

Lee, N.; Broderick, A. J. (2007): The past, present and future of observational research in marketing. In: Qualitative Market Research: An International Journal, Jg. 10, Nr. 2, S. 121-129.

Lee, W.-N.; Yun, T.; Lee, B.-K. (2005): The role of involvement in country-of-origin effects on product evaluation: situational and enduring involvement. In: Journal of International Consumer Marketing, Jg. 17, Nr. 2/3, S. 51-71.

Lensch, A.-K.; Hartmann, M.; Simons, J. (2008): Beeinflussung der Wirkung von Ernährungsinformation durch Framing: Analyse am Beispiel von Folsäure. Vortrag anlässlich der 48. Jahrestagung der GEWISOLA: Risiken in der Agrar- und Ernährungswirtschaft und ihre Bewältigung. Bonn, 24.–26. September 2008.

Liefeld, J. P. (2002): External (in)validity characteristics of consumer research reported in academic journals. In: Canadian Journal of Marketing Research, Jg. 20, Nr. 2, S. 84-94.

– (2003): Consumer research in the land of oz. In: Marketing Research, Jg. 15, Nr. 1, S. 10-15.

Lockshin, L.; Jarvis, W.; d'Hauteville, F.; Perrouty, J.-P. (2006): Using simulations from discrete choice experiments to measure consumer sensitivity to brand, region, price, and awards in wine choice. In: Food Quality and Preference, Jg. 17, Nr. 3-4, S. 166-178.

Loewenfeld, F. von (2003): Involvement generieren – Kundenzufriedenheit schaffen. Neue Wege zur Kundenzufriedenheit. Marburg: Tectum.

Loureiro, M. L.; McCluskey, J. J.; Mittelhammer, R. C. (2001): Assessing consumer preferences for organic, eco-labeled, and regular apples. In: Journal of Agricultural and Resource Economics, Jg. 26, Nr. 2, S. 404-416.

Loureiro, M. L.; Umberger, W. J. (2007): A choice experiment model for beef: what US consumer responses tell us about relative preferences for food safety, country-of-origin labeling and traceability. In: Food Policy, Jg. 32, Nr. 4, S. 496-514.

Louviere, J. J. (2006): What you don't know might hurt you: some unresolved issues in the design and analysis of discrete choice experiments. In: Environmental and Resource Economics, Jg. 34, Nr. 1, S. 173-188.

Louviere, J. J.; Hensher, D. A.; Swait, J. D. (2000): Stated choice methods. Analysis and application. Cambridge: Cambridge University Press.

Lusk, J. L.; Schroeder, T. C. (2004): Are choice experiments incentive compatible? A test with quality differentiated beef steaks. In: American Journal of Agricultural Economics, Jg. 86, Nr. 2, S. 467-482.

Lynch, J. G. (1982): On the external validity of experiments in consumer research. In: Journal of Consumer Research, Jg. 9, Nr. 3, S. 225-239.

Mathios, A. D. (1998): The importance of nutrition labeling and health claim regulation on product choice: an analysis of the cooking oils market. In: Agricultural and Resource Economics Review, Jg. 27, Nr. 2, S. 159-168.

Mazis, M. B.; Raymond, M. A. (1997): Consumer perceptions of health claims in advertisements. In: Journal of Consumer Affairs, Jg. 31, Nr. 1, S. 10-26.

McCarthy, M.; O'Reilly, S.; Cronin, M. (2001): Psychological, attitudinal and behaviourial characteristics of Irish specialty cheese customers. In: British Food Journal, Jg. 103, Nr. 5, S. 313-330.

McQuarrie, E. F.; Munson, J. M. (1987): The Zaichkowsky personal involvement inventory: modification and extension. In: Advances in Consumer Research, Jg. 14, Nr. 1, S. 36-40.

– (1992): A revised product involvement inventory: improved usability and validity. In: Advances in Consumer Research, Jg. 19, Nr. 1, S. 108-115.

Meffert, H. (2000): Marketing. Grundlagen marktorientierter Unternehmensführung. 9. Auflage. Wiesbaden: Gabler.

Meisterernst, A.; Haber, B. (2007): Praxiskommentar Health & Nutrition Claims. Grundwerk. Hamburg: Behr's.

Menard, S. (1995): Applied logistic regression analysis. Thousand Oaks, USA: Sage Publications.

Meyer, R.; Sauter, A. (2002): Entwicklungstendenzen von Nahrungsmittelangebot und -nachfrage und ihre Folgen. TA-Projekt, Basisanalysen, Arbeitsbericht Nr. 81. Büro für Technikfolgen-Abschätzung beim Deutschen Bundestag, Berlin.

Mitchell, A. A. (1979): Involvement: a potentially important mediator of consumer behavior. In: Advances in Consumer Research, Jg. 6, Nr. 1, S. 191-196.

Mitra, A.; Hastak, M.; Ford, G. T.; Ringold, D. J. (1999): Can the educationally disadvantaged interpret the FDA-mandated nutrition facts panel in the presence of an implied health claim? In: Journal of Public Policy & Marketing, Jg. 18, Nr. 1, S. 106-117.

Mittal, B. (1989a): A theoretical analysis of two recent measures of involvement. In: Advances in Consumer Research, Jg. 16, Nr. 1, S. 697-702.

– (1989b): Measuring purchase-decision involvement. In: Psychology and Marketing, Jg. 6, Nr. 2, S. 147-161.

– (1989c): Must consumer involvement always imply more information search? In: Advances in Consumer Research, Jg. 16, Nr. 1, S. 167-172.

Mittal, B.; Lee, M.-S. (1989): A causal model of consumer involvement. In: Journal of Economic Psychology, Jg. 10, Nr. 3, S. 363-389.

Moorman, C. (1996): A quasi experiment to assess the consumer and informational determinants of nutrition information processing activities: the case of the nutrition labeling and education act. In: Journal of Public Policy & Marketing, Jg. 15, Nr. 1, S. 28-44.

Mtimet, N.; Albisu, L. M. (2006): Spanish wine consumer behavior: a choice experiment approach. In: Agribusiness, Jg. 22, Nr. 3, S. 343-362.

Muehling, D. D.; Laczniak, R. N.; Andrews, J. C. (1993): Defining, operationalizing, and using involvement in advertising research: a review. In: Journal of Current Issues & Research in Advertising, Jg. 15, Nr. 1, S. 21-57.

Murphy, D.; Ippolito, P. M.; Pappalardo, J. (2007): Consumer perceptions of heart-health claims for cooking oils and vegetable oil spreads. Federal Trade Commission, Bureau of Economics Working Paper No. 288, Washington, USA.

Nestle, M. (2002): Food politics. How the food industry influences nutrition and health. Berkeley: Univ. of California Press.

Nieschlag, R.; Dichtl, E.; Hörschgen, H. (2002): Marketing. 19. Auflage. Berlin: Duncker & Humblot.

Niessen, J. (2008): Öko-Lebensmittel in Deutschland. Möglichkeiten und Grenzen der Tracking-Forschung auf dem Markt für Öko-Lebensmittel. Analyse von Wellenerhebungen innerhalb eines Verbraucherpanels. Hamburg: Dr. Kovač.

Niva, M.; Mäkelä, J. (2007): Finns and functional foods: socio-demographics, health efforts, notions of technology and the acceptability of health-promoting foods. In: International Journal of Consumer Studies, Jg. 31, Nr. 1, S. 34-45.

O'Connell, A. A. (2006): Logistic regression models for ordinal response variables. Series: Quantitative applications in the social sciences. Thousand Oaks, USA: Sage Publications.

Olsen, S. O. (2003): Understanding the relationship between age and seafood consumption: the mediating role of attitude, health involvement and convenience. In: Food Quality and Preference, Jg. 14, Nr. 4, S. 199-209.

Paladino, A. (2005): Understanding the green consumer: an empirical analysis. In: Journal of Customer Behaviour, Jg. 4, Nr. 1, S. 69-102.

Peduzzi, P.; Concato, J.; Kemper, E.; Holford, T. R.; Feinstein, A. R. (1996): A simulation study of the number of events per variable in logistic regression analysis. In: Journal of Clinical Epidemiology, Jg. 49, Nr. 12, S. 1373-1379.

Poiesz, T. B. C.; Bont, C. J. P. M. de (1995): Do we need involvement to understand consumer behavior? In: Advances in Consumer Research, Jg. 22, Nr. 1, S. 448-452.

Rack, O.; Christophersen, T. (2007): Experimente. In: Albers, S.; Klapper, D.; Konradt, U.; Walter, A.; Wolf, J. (Hg.): Methodik der empirischen Forschung. Wiesbaden: Gabler, S. 199-214.

Rahtz, D. R.; Moore, D. L. (1989): Product class involvement and purchase intent. In: Psychology and Marketing, Jg. 6, Nr. 2, S. 113-127.

Rese, M.; Bierend, A. (1999): Logistische Regression. Eine anwendungsorientierte Darstellung. In: Wirtschaftswissenschaftliche Studien, Jg. 28, Nr. 5, S. 235-240.

Richins, M. L.; Bloch, P. H.; McQuarrie, E. F. (1992): How enduring and situational involvement combine to create involvement responses. In: Journal of Consumer Psychology, Jg. 1, Nr. 2, S. 143-153.

Roe, B.; Levy, A. S.; Derby, B. M. (1999): The impact of health claims on consumer search and product evaluation outcomes: Results from FDA experimental data. In: Journal of Public Policy & Marketing, Jg. 18, Nr. 1, S. 89-105.

Rogdaki, E. (2000): Zur rechtlichen Situation funktioneller Lebensmittel. In: Agrarwirtschaft, Jg. 49, Nr. 8, S. 290-294.

– (2004): Präferenzen der Konsumenten für funktionelle Lebensmittel. Berlin: Logos-Verlag.

Rohrlack, C. (2007): Logistische und Ordinale Regression. In: Albers, S.; Klapper, D.; Konradt, U.; Walter, A.; Wolf, J. (Hg.): Methodik der empirischen Forschung. Wiesbaden: Gabler, S. 199-214.

Roth, A.; Schrott, P. R. (2006): Online- und traditioneller Käufer im Vergleich – eine empirische Analyse. In: Der Markt, Jg. 45, Nr. 178, S. 157-167.

Ruetsch, B. (2006): Zur Marktsegmentdynamik in unterschiedlich innovativen Märkten. Vier Längsschnittstudien in High- und Low-Involvement-Märkten. Tönning: Der Andere Verlag.

Sattler, H. (1994): Die Validität von Produkttests. Ein empirischer Vergleich zwischen hypothetischer und realer Produktpräsentation. In: Marketing ZFP, Jg. 16, Nr. 1, S. 31-41.

Sattler, H.; Hartmann, A.; Kröger, S. (2003): Number of tasks in choice-based conjoint analysis. Research Papers on Marketing and Retailing, Nr. 13. Universität Hamburg.

Scarpa, R.; Thiene, M.; Marangon, F. (2007): The value of collective reputation for environmentally-friendly production methods: the case of Val di Gresta. In: Journal of Agricultural and Food Industrial Organization, Jg. 5, Nr. 1, S. 1149, 28 Seiten.

Schneider, H. (2007): Nachweis und Behandlung von Multikollinearität. In: Albers, S.; Klapper, D.; Konradt, U.; Walter, A.; Wolf, J. (Hg.): Methodik der empirischen Forschung. Wiesbaden: Gabler, S. 183-197.

Schneider, K. C.; Rodgers, W. C. (1996): An "importance" subscale for the consumer involvement profile. In: Advances in Consumer Research, Jg. 23, Nr. 1, S. 249-254.

Schnell, R.; Hill P. B.; Esser E. (2005): Methoden der empirischen Sozialforschung. 7. Auflage. München: Oldenbourg.

Scholderer, J. (2005): Traps and pitfalls in research on healthy food choices: on selective accessibility, assimilation and contrast, and the look-in-the-fridge heuristic. In: Pitkäkoski, T.; Pajuniemi, S.; Vuorenmaa, H. (Hg.): Food choices and healthy eating: Proceedings of the international conference, 2.-3. September 2005, Kauhajoki, Finnland, S. 55-70.

Schopphoven, I. (1996): Messung von Entscheidungsqualität. Konzeptualisierung, Operationalisierung und Validierung eines Meßinstrumentariums für Entscheidungsqualität. Frankfurt am Main: Peter Lang.

Schröder, C.; Burchardi, H.; Thiele, H. (2005): Zahlungsbereitschaften für Frischmilch aus der Region: Ergebnisse einer Kontingenten Bewertung und einer experimentellen Untersuchung. In: Agrarwirtschaft, Jg. 54, Nr. 5, S. 244-257.

Schulz, F. (1997): Der Beitrag des Involvementkonstrukts zur Erklärung des Konsumentenverhaltens beim Kauf von Rindfleisch. Frankfurt am Main: Peter Lang.

Shimizu, T. (2002): Newly established regulation in Japan: foods with health claims. In: Asia Pacific Journal of Clinical Nutrition, Jg. 11, Nr. 2, S. 94-96.

Silberer, G. (2005): Die videogestützte Rekonstruktion kognitiver Prozesse beim Ladenbesuch. In: Marketing ZFP, Jg. 27, Nr. 4, S. 263-280.

Sinn, F.; Milberg, S. J.; Epstein, L. D.; Goodstein, R. C. (2007): Compromising the compromise effect: brands matter. In: Marketing Letters, Jg. 18, Nr. 4, S. 223-236.

SNF (2004): Health claims in the labelling and marketing of food products. The food industry's rules. Swedish Nutrition Foundation. Online verfügbar unter http://www.snf.ideon.se/snf/en/rh/hptextEN.pdf, zuletzt geprüft am 04.09.2008.

Stafford, M. R.; Stafford, T. F. (1993): Participant observation and the pursuit of truth: methodological and ethical considerations. In: International journal of market research, Jg. 35, Nr. 1, S. 63-76.

Statistisches Bundesamt (fortlaufend): Statistisches Jahrbuch – Für die Bundesrepublik Deutschland (mehrere Jahrgänge). Wiesbaden.

Strebinger, A.; Hoffmann, S.; Schweiger, G.; Otter, T. (2000): Zur Realitätsnähe der Conjointanalyse. Der Effekt von Präsentationsformat, Involvement und Hemisphärizität auf die subjektive Beurteilung der Aufgabe durch die Auskunftspersonen und die Vorhersagevalidität. In: Marketing ZFP, Nr. 1, S. 55-74.

Street, D. J.; Burgess, L. (2007): The construction of optimal stated choice experiments. Theory and methods. Hoboken, USA: John Wiley & Sons Inc.

Svederberg, E. (2002): Consumer's views regarding health claims on two food packages. Administrative, Economics and Social Sciences: Department of Education, Lund University. Schweden.

Swait, J.; Adamowicz, W.; Hanemann, M.; Krosnick, J.; Layton, D.; Provencher, W. et al. (2002): Context dependence and aggregation in disaggregate choice analysis. In: Marketing Letters, Jg. 13, Nr. 3, S. 195-205.

Tabachnik, B. G.; Fidell, L. S. (2007): Using multivariate statistics. 5. Auflage. Boston, USA: Pearson Education.

Tan, S.-J.; Tan, K.-L. (2007): Antecedents and consequences of scepticism toward health claims: an empirical investigation of Singaporean consumers. In: Journal of Marketing Communications, Jg. 13, Nr. 1, S. 59-82.

Teichert, T. (1999): Conjoint-Analyse. In: Herrmann, A.; Homburg, C. (Hg.): Marktforschung: Methoden, Anwendungen, Praxisbeispiele. Wiesbaden: Gabler, S. 471-511.

Temme, J. (2007): Discrete-Choice-Modelle. In: Albers, S.; Klapper, D.; Konradt, U.; Walter, A.; Wolf, J. (Hg.): Methodik der empirischen Forschung. Wiesbaden: Gabler, S. 327-342.

Trijp, H. C. M. van; Lans, I. A. van der (2005): Individual differences in the perception of nutrition and health-related food claims. Unveröffentlichtes Manuskript. Marketing and Consumer Behaviour Group, Department of Social Sciences. Universität Wageningen.

– (2007): Consumer perceptions of nutrition and health claims. In: Appetite, Jg. 48, Nr. 3, S. 305-324.

Trommsdorf, V. (2002, 2004): Konsumentenverhalten. 4., 6. Auflage. Stuttgart: Kohlhammer.

Tuorila, H.; Cardello, A. V. (2002): Consumer responses to an off-flavor in juice in the presence of specific health claims. In: Food Quality and Preference, Jg. 13, Nr. 7-8, S. 561-569.

Urala, N.; Arvola, A.; Lahteenmaki, L. (2003): Strength of health-related claims and their perceived advantage. In: International Journal of Food Science and Technology, Jg. 38, Nr. 7, S. 815-826.

Vakratsas, D.; Ambler, T. (1999): How advertising works: what do we really know? In: Journal of Marketing, Jg. 63, Nr. 1, S. 26-43.

Verbeke, W.; Vackier, I. (2004): Profile and effects of consumer involvement in fresh meat. In: Meat Science, Jg. 67, Nr. 1, S. 159-168.

Verbeke, W.; Vermeir, I.; Brunsø, K. (2007): Consumer evaluation of fish quality as basis for fish market segmentation. In: Food Quality and Preference, Jg. 18, Nr. 14, S. 651-661.

Völckner, F. (2006): An empirical comparison of methods for measuring consumers' willingness to pay. In: Marketing Letters, Jg. 17, Nr. 2, S. 137-149.

VZBV (2006): Europäisches Parlament stimmt für neue Marketingregeln. Pressemitteilung, 16.05.2006. Verbraucherzentrale Bundesverband e.V. Online verfügbar unter http://www.vzbv.de/go/presse/721/4/16/index.html\, zuletzt geprüft am 03.09.2008.

Wansink, B. (2003): How do front and back package labels influence beliefs about health claims? In: Journal of Consumer Affairs, Jg. 37, Nr. 2, S. 305-316.

Wansink, B.; Cheney, M. M. (2005): Leveraging FDA health claims. In: Journal of Consumer Affairs, Jg. 39, Nr. 2, S. 386-398.

Wansink, B.; Sonka, S. T.; Hasler, C. M. (2004): Front-label health claims: when less is more. In: Food Policy, Jg. 29, Nr. 6, S. 659-667.

Wells, W. D. (2001): The perils of N = 1. In: Journal of Consumer Research, Jg. 28, Nr. 3, S. 494-498.

Westerlund Lind, L. (2007): Consumer involvement and perceived differentiation of different kinds of pork: a means-end chain analysis. In: Food Quality and Preference, Jg. 18, Nr. 4, S. 690-700.

Weyer, F. (2005): Verbraucherverhalten und -einstellungen gegenüber Theken- und Selbstbedienungsware unter besonderer Berücksichtigung des Involvements und der Informationsnutzung. Frankfurt am Main: Peter Lang.

Williams, P. (2005): Consumer understanding and use of health claims for foods. In: Nutrition Reviews, Jg. 63, Nr. 7, S. 256-264.

Williams, P.; McHenery, J.; McMahon, A.; Anderson, H. (2001): Impact evaluation of a folate education campaign with and without the use of a health claim. In: Australian and New Zealand Journal of Public Health, Jg. 25, Nr. 2, S. 396-404.

Williamson, J.; Ranyard, R.; Cuthbert, L. (2000): A conversation-based process tracing method for use with naturalistic decisions. An evaluation study. In: British Journal of Psychology, Jg. 91, Nr. 2, S. 203-222.

Worsley, A. (1996): Which nutrition information do shoppers want on food labels? In: Asia Pacific Journal of Clinical Nutrition, Jg. 5, Nr. 2, S. 70-78.

Zaichkowsky, J. L. (1985): Measuring the involvement construct. In: Journal of Consumer Research, Jg. 12, Nr. 3, S. 341-352.

– (1987): The emotional aspects of product involvement. In: Advances in Consumer Research, Jg. 14, Nr. 1, S. 32-35.

– (1994): The personal involvement inventory: reduction, revision, and application to advertising. In: Journal of Advertising, Jg. 23, Nr. 4, S. 59-70.

Anhang

Tabelle A.1: Im Versuch verwendete Artikel und Marken

Erdbeerjoghurt		Früchte-Müsli		Spaghetti	
Almighurt	0,33€	Kölln	2,59€	Barilla	0,99€
	150g		600g		500g
Landliebe	0,49€	Dr. Oetker	2,96€	Bancetto	0,69€
	150g		600g		500g
Danone	0,25€	Schneekoppe	2,95€	Gut und Günstig	0,29€
	125g		750g		500g
Mibell	0,25€	Hahne	1,59€	Buitoni	0,99€
	150g		750g		500g
Bauer	0,29€	Brüggen Gourmet	1,85€	Kattus	1,29€
	150g		600g		500g

Weitere Erläuterungen zur Definition der Lebensmittelkategorie: Erdbeerjoghurt: Plastik-Becher, Fettgehalt 3,5-3,7%; Früchte-Müsli: Plastiktüte in Papp-Umverpackung; Spaghetti: Hartzweizengrieß, ohne Ei. Im Test war zusätzlich der Preis je 100g ausgeschildert.

Quelle: Eigene Darstellung

Tabelle A.2: Wortlaut der im Versuch verwendeten Claims

Joghurt	
Claim-Art	**Formulierung**
Nutrition Claim	„Hoher Gehalt an Calcium und Vitamin D"
Health Claim	„Hoher Gehalt an Calcium und Vitamin D. Calcium und Vitamin D stärken und fördern die Gesundheit von Knochen und Zähnen"
Health Risk Reduction Claim	„Hoher Gehalt an Calcium und Vitamin D. Eine Calcium- und Vitamin D reiche Ernährung senkt das Risiko, an Osteoporose zu erkranken"
Müsli	
Claim-Art	**Formulierung**
Nutrition Claim	„Hoher Gehalt an Folsäure (Vitamin B 9)"
Health Claim	„Hoher Gehalt an Folsäure (Vitamin B 9). Folsäure fördert und erhält die Gehirnfunktion und stärkt so die geistige Leistungskraft"
Health Risk Reduction Claim	„Hoher Gehalt an Folsäure (Vitamin B 9). Folsäure senkt das Risiko, an Altersdemenz zu erkranken"
Spaghetti	
Claim-Art	**Formulierung**
Nutrition Claim	„Hoher Ballaststoffgehalt"
Health Claim	„Hoher Ballaststoffgehalt. Eine ballaststoffreiche Ernährung fördert und erhält die Darmgesundheit"
Health Risk Reduction Claim	„Hoher Ballaststoffgehalt. Eine ballaststoffreiche Ernährung senkt das Risiko, an Darmkrebs zu erkranken"

Quelle: Eigene Darstellung

Tabelle A.3: Quotenvorgabe und Zielverteilung in der Stichprobe

Zielverteilung von Frauen/Männern und Älteren/Jüngeren in% in der Stichprobe:			
	Männer	Frauen	
18-44 Jahre	16,45	32,90	49,35
45-75 Jahre	12,66	37,99	50,65
	29,11	70,89	100,00

Berechnung beruht auf den Angaben zur Geschlechter- und Altersverteilung des statistischen Bundesamts (2007) und den Vorgaben einer Frauen/Männer-Verteilung von 30/70% insgesamt, unterschieden in eine Verteilung von 25/75% unter den Älteren und eine Verteilung von 34/66% unter den Jüngeren.

Quelle: Eigene Darstellung

Tabelle A.4: Versuchsdesign der Kaufsimulation

		Lebensmittelkategorie					
		Joghurt		Müsli		Spaghetti	
Gruppe	N	Claim auf Marken:	Claim-Art:	Claim auf Marken:	Claim-Art:	Claim auf Marken:	Claim-Art:
1	42	A + B	NC	A + B	FC	A + B	HRRC
2	42	B + C	FC	B + C	HRRC	B + C	NC
3	42	C + D	HRRC	C + D	NC	C + D	FC
4	42	D + E	NC	D + E	FC	D + E	HRRC
5	42	E + A	FC	E + A	HRRC	E + A	NC
6	42	A + B	HRRC	A + B	NC	A + B	FC
7	42	B + C	NC	B + C	FC	B + C	HRRC
8	42	C + D	FC	C + D	HRRC	C + D	NC
9	42	D + E	HRRC	D + E	NC	D + E	FC
10	42	E + A	NC	E + A	FC	E + A	HRRC
11	42	A + B	FC	A + B	HRRC	A + B	NC
12	42	B + C	HRRC	B + C	NC	B + C	FC
13	42	C + D	NC	C + D	FC	C + D	HRRC
14	42	D + E	FC	D + E	HRRC	D + E	NC
15	42	E + A	HRRC	E + A	NC	E + A	FC

Die verwendeten Claim-Arten: NC = Nutrition, HC = Health und HRRC = Health Risk Reduction Claim

Die verwendeten Marken je Lebensmittelkategorie:					
	A	B	C	D	E
Joghurt	Almighurt	Landliebe	Danone	Mibell	Bauer
Müsli	Kölln	Dr. Oetker	Schneekoppe	Hahne	Brüggen
Spaghetti	Barilla	Bancetto	Gut & Günstig	Buitoni	Kattus

Quelle: Eigene Darstellung

Abbildungen A.1-3: Beispiele für das veränderte Produktlayout der Marken

Abbildung A.1: Grafische Gestaltung des Aufklebers Joghurt

Anmerkung: Abbildung wurde verkleinert. Aufkleber wurde in Größe des Bechers gedruckt und um den Becher geklebt. Beispiel Marke Almighurt, Claim-Art Nutrition Claim. Quelle: Eigen

Abbildung A.2: Grafische Gestaltung des Aufklebers Müsli

Anmerkung: Abbildung wurde verkleinert. Aufkleber wurde in Größe der Umverpackungs-Vorderseite gedruckt und auf die Vorderseite geklebt. Beispiel Marke Brüggen Gourmet, Claim-Art Function Claim. Quelle: Eigen

Abbildung A.3: Grafische Gestaltung des Aufklebers Spaghetti

Anmerkung: Abbildung wurde verkleinert. Aufkleber wurde auf die Vorderseite der Produktverpackung geklebt (wechselweise in blau/orange und in unterschiedlichem Layout, abgebildetes Beispiel ist der Aufkleber in blau). Beispiel Claim-Art Health Risk Reduction Claim. Quelle: Eigen

Abbildungen A.4-7: Beispiele von Claim-Produkten am POS

Abbildung A.4: POS-Beispiel Spaghetti

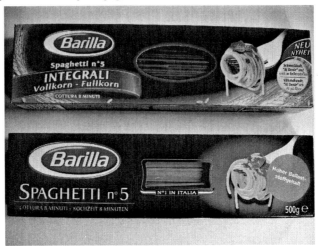

Anmerkung: Oben: Spaghetti Marke Barilla mit einem Nutrition Claim über Ballaststoffe. Unten: Im Vergleich dazu das veränderte Produkt im Versuch. Quelle: Eigen

Abbildung A.5: POS-Beispiel Müsli

Anmerkung: Rechts: Müsli Marke Schneekoppe mit einem Nutrition und einem Health Claim über Beta-Glukane und cholesterinsenkende Wirkung. Links: Im Vergleich dazu das veränderte Produkt im Versuch. Quelle: Eigen

Abbildung A.6: POS-Beispiel Claim über Calcium

Anmerkung: Haferdrink mit einem Nutrition Claim über Calcium. Quelle: Eigen

Abbildung A.7: POS-Beispiel Claim über Vitamin B

Anmerkung: Fruchtgummi mit einem Health Claim über die leistungsstärkende Wirkung des ‚Vitamin B Komplex'. Quelle: Eigen

Abbildung A.8: Erläuterungsanleitung vor dem Versuch

Erläuterungsanleitung

Ich erläutere Ihnen jetzt noch einmal kurz, um was es geht und was Ihre Aufgabe ist.

Ziel der Forschung ist es, Informationsverhalten beim Einkauf zu untersuchen.

Die Daten werden anonymisiert ausgewertet und nicht weitergegeben.

Für die Erhebung simulieren wir eine Ladensituation und bitten Sie, etwas zu kaufen.

Wir lassen die Kamera laufen, während Sie sich die Produkte anschauen, aber nicht beim nachfolgenden Interview.

Bitte stellen Sie sich vor,

1. dass Sie in einem anderen Supermarkt als sonst einkaufen, daher ist das Sortiment etwas anders als gewohnt.

2. dass auf Ihrem Einkaufszettel Erdbeerjoghurt, Früchte-Müsli und Spaghetti stehen.

Sie können je eines der fünf Produkte auswählen, müssen es aber auch nicht, wenn für Sie nicht das richtige dabei ist.

Sie erhalten von uns 5 Euro als Einkaufsgeld. Das Restgeld wird Ihnen zusammen mit der Aufwandsentschädigung hinterher ausgezahlt.

Die Produkte sind mit demselben Preis wie im Geschäft ausgezeichnet, Sie bekommen sie bei uns aber 20% günstiger.

Bitte versuchen Sie sich bei der Informationssuche und Ihrer Entscheidung so zu verhalten, wie sie es in dieser Situation normalerweise tun würden.

Quelle: Eigene Darstellung

Folgende Seiten:

Abbildung A.9: Fragebogen des Face-to-Face-Interviews

Anmerkung: Im Fragebogen wurde die Reihenfolge der produktspezifischen Fragenblöcke gleichmäßig rotiert, daher gab es drei Versionen des Fragebogens. Abgebildet ist der Fragebogen mit der Reihenfolge Joghurt, Müsli, Spaghetti (JMS).

Quelle: Eigen

(*vor* dem Interview eintragen! – Im Interview *Bleistift* verwenden!)

1. JMS **Teilnehmernummer:**   Nr. _____ Tag _____ Monat _____

    Versuchsaufstellung: Experimentalgruppenfolge (J, M, S) _____ _____ _____

Claims auf Marken: Jog's _____ _____ Müsli's _____ _____ Spaghetti's _____ _____

Ergebnis der Produktentscheidung: (*zu Beginn* des Interviews eintragen!)

2. J   Wurde ein Joghurt gewählt?   Ja   Nein

3. J   Welcher Joghurt wurde gewählt? (nur *einer* der fünf wählbar)

Al	La	Da	Mi	Ba
			.	

2. M   Wurde ein Müsli gewählt?   Ja   Nein

3. M   Welches Müsli wurde gewählt? (nur *eines* der fünf wählbar)

Kö	Oe	Sc	Ha	Go

2. S   Wurde eine Spaghetti-Packung gewählt?   Ja   Nein

3. S   Welche Spaghetti-Packung wurde gewählt? (nur *eine* der fünf wählbar)

Bar	Ban	GG	Bui	Kat

Nachbearbeitung (*nicht* während des Interviews eintragen, *Kugelschreiber* verwenden!):

4. J   Teilnehmernummer Joghurt: Nr_Tag_Monat_J   _____

4. M   Teilnehmernummer Müsli: Nr_Tag_Monat_M   _____

4. S   Teilnehmernummer Spaghetti: Nr_Tag_Monat_S   _____

5. J   Gewählter Joghurt ist ein Produkt mit Claim?   Ja   Nein

5. M   Gewähltes Müsli ist ein Produkt mit Claim?   Ja   Nein

5. S   Gewählte Spaghetti-Packung ist ein Produkt mit Claim?   Ja   Nein

6. J   Welche Experimentalgruppe Joghurt?   NC   FC   HRRC

6. M   Welche Experimentalgruppe Müsli?   NC   FC   HRRC

6. S   Welche Experimentalgruppe Spaghetti?   NC   FC   HRRC

7.-11.: Welche Marken trugen einen Claim? (je nur zwei möglich)

7. J Al	8. J La	9. J Da	10. J Mi	11. J Ba
Ja	Ja	Ja	Ja	Ja
7. M Kö	8. M Oe	9. M Sc	10. M Ha	11. M Go
Ja	Ja	Ja	Ja	Ja
7. S Bar	8. S Ban	9. S GG	10. S Bui	11. S Kat
Ja	Ja	Ja	Ja	Ja

Block A: Fragen Joghurt, a) zur Produktentscheidung

1. Frage:

Einige der Produkte hier in unserer Auswahl haben Sie vielleicht schon mal probiert, oder die Marken kommen Ihnen bekannt vor. Wie ist das z.B. bei den Joghurts: Welche der Joghurts in der Auswahl wurden in Ihrem Haushalt schon mal gekauft?

12. J Al	13. J La	14. J Da	15. J Mi	16. J Ba
Ja	Ja	Ja	Ja	Ja

2. Frage:

Überlegen Sie noch mal genau: Warum haben Sie vorhin gerade diesen Fruchtjoghurt ausgewählt? (offene Frage, evtl. Nachfragen zum Verständnis stellen)

(Wenn *keiner* gewählt wurde: **Warum haben Sie keinen ausgewählt?**)

17. J _____

_____

_____

3. Frage:

Welche Joghurts wären gar nicht in Frage gekommen?

(ggf. durch Frage 17 beantwortet) (Ja = wäre nicht in Frage gekommen)

18. J Al	19. J La	20. J Da	21. J Mi	22. J Ba
Ja	Ja	Ja	Ja	Ja

4. Frage:

Ist die gewählte Marke auch die Joghurt-Marke, die Sie am Meisten kaufen?

(*nicht* fragen, wenn keiner gewählt) (ggf. durch Frage 17 beantwortet)

23. J   Ja   Nein

Nachbearbeitung (*nicht* während des Interviews eintragen, *Kugelschreiber* verwenden!):

24. J *Anzahl* der bereits im Haushalt gekauften Joghurts: _____ (Zahl 0-5 eingeben)

25. J *Anzahl* der gar nicht in Frage gekommenen Joghurts:_____ (Zahl 0-5 eingeben)

– Bitte sauber nachtragen, was als Antwort für 17. J eingetragen wurde, und noch unklare Notizen konkreter formulieren! –

5. Frage:

Wenn Sie die Joghurts hier in unserer Auswahl sehen, für wie <u>gesund</u> halten Sie die einzelnen Produkte im Vergleich zueinander?

Erläuterungen:

- Ich habe hierfür diese Punkte aufgeklebt und mit Nummern bezeichnet. Bitte ordnen Sie die Produkte auf dieser Skala an. Sie können auch mehreren Packungen <u>denselben</u> Rang geben und einen Rang „leer" lassen.

- Die 5 steht dabei für das aus Ihrer Sicht <u>gesündeste</u> Produkt, die 1 für das am wenigsten gesunde.

(Produkte stehen dafür auf dem Tisch, bunte vorgeklebte Punkte mit den Zahlen 1-5 auf der Tischplatte zur Orientierung)

Erinnerung:

Bitte denken Sie daran: Sie sollen einschätzen, für wie <u>gesund</u> Sie die Joghurts im Vergleich halten!

26. J Al	27. J La	28. J Da	29. J Mi	30. J Ba
Rang: ___ (1-5)	Rang: ___ (1-5)	Rang: ___ (1-5)	Rang: ___ (1-5)	Rang: ___ (1-5)

Nachbearbeitung (*nicht* während des Interviews eintragen, *Kugelschreiber* verwenden!):

Zahl mit Vorzeichen +/- und zwei Kommastellen eingeben:

31. J   Rang des *gewählten* in Relation zu den nicht gewählten: _____

(nur, *wenn* ein Joghurt gewählt wurde!)

Berechnung: ((Rang gewähltes) – (übrige Rangnummern addiert / 4)

32. J   Rang der Joghurts mit Claim in Relation zu den ohne Claims: _____
Berechnung:

(addierte Rangnummern mit Claim / 2) – (addierte Rangnummern ohne Claim / 3)

225

Block A: Fragen Joghurt, b) zum Produkt

Ich geben Ihnen jetzt eine Liste mit Aussagen und eine Skala.

Die 1 steht für „Stimme überhaupt nicht zu" und die 7 für „Stimme voll zu".

Bitte überlegen Sie, inwieweit die folgenden Aussagen auf Sie <u>ganz persönlich</u> zutreffen!

Nennen Sie mir dann die jeweilige Zahl auf der Skala, die zutrifft.

(bitte *umkringeln!*)

A									
Ich interessiere mich sehr für Fruchtjoghurt.								33. J	
Ich stimme überhaupt nicht zu	1	2	3	4	5	6	7	Ich stimme voll zu	

B									
Ich gönne mir gerne einen besonders guten Fruchtjoghurt.								34. J	
Ich stimme überhaupt nicht zu	1	2	3	4	5	6	7	Ich stimme voll zu	

C									
Ich wähle meinen Fruchtjoghurt sehr sorgfältig aus.								35. J	
Ich stimme überhaupt nicht zu	1	2	3	4	5	6	7	Ich stimme voll zu	

D									
Es verrät mir sehr viel über eine Person, wenn ich weiß, <u>ob</u> eine Person Fruchtjoghurt isst oder nicht.								36. J	
Ich stimme überhaupt nicht zu	1	2	3	4	5	6	7	Ich stimme voll zu	

E									
Ich halte Fruchtjoghurt für einen sehr wichtigen Bestandteil einer gesunden Ernährung.								37. J	
Ich stimme überhaupt nicht zu	1	2	3	4	5	6	7	Ich stimme voll zu	

F									
Ich glaube, dass man an Fruchtjoghurts verschiedener Marken unterschiedlich viel Freude hat.								38. J	
Ich stimme überhaupt nicht zu	1	2	3	4	5	6	7	Ich stimme voll zu	

G								39. J	
Es sagt mir eine Menge über eine Person aus, <u>welche</u> Marken sie bei Fruchtjoghurt kauft.									
Ich stimme überhaupt nicht zu	1	2	3	4	5	6	7	Ich stimme voll zu	

H									
Ich finde es ärgerlich, wenn man einen Fruchtjoghurt kauft, der nicht den eigenen Vorstellungen entspricht.								40. J	
Ich stimme überhaupt nicht zu	1	2	3	4	5	6	7	Ich stimme voll zu	

1. Frage:

Einige der Produkte hier in unserer Auswahl haben Sie vielleicht schon mal probiert, oder die Marken kommen Ihnen bekannt vor. Wie ist das z.B. bei den Müsli: Welche der Müsli in der Auswahl wurden in Ihrem Haushalt schon mal gekauft?

12. M Kö	13. M Oe	14. M Sc	15. M Ha	16. M Go
Ja	Ja	Ja	Ja	Ja

2. Frage:

Überlegen Sie noch mal genau: Warum haben Sie vorhin gerade dieses Früchte-Müsli ausgewählt? (offene Frage, evtl. Nachfragen zum Verständnis stellen)

(Wenn *keines* gewählt wurde: **Warum haben Sie keines ausgewählt?**)

17. J _____

_____

_____

3. Frage:

Welche Müsli wären gar nicht in Frage gekommen?

(ggf. durch Frage 17 beantwortet) (Ja = wäre nicht in Frage gekommen)

18. M Kö	19. M Oe	20. M Sc	21. M Ha	22. M Go
Ja	Ja	Ja	Ja	Ja

4. Frage:

Ist die gewählte Marke auch die Müsli-Marke, die Sie am Meisten kaufen?

(*nicht* fragen, wenn keines gewählt) (ggf. durch Frage 17 beantwortet)

23. M   Ja   Nein

Nachbearbeitung (*nicht* während des Interviews eintragen, *Kugelschreiber* verwenden!):

24. M   *Anzahl* der bereits im Haushalt gekauften Müsli: _____ (Zahl 0-5 eingeben)

25. M   *Anzahl* der gar nicht in Frage gekommenen Müsli: _____ (Zahl 0-5 eingeben)

    – Bitte sauber nachtragen, was als Antwort für 17. M eingetragen wurde, und noch unklare Notizen konkreter formulieren! –

5. Frage:

Wenn Sie die Müsli hier in unserer Auswahl sehen, für wie <u>gesund</u> halten Sie die einzelnen Produkte im Vergleich zueinander?

Erläuterungen:

• Ich habe hierfür diese Punkte aufgeklebt und mit Nummern bezeichnet. Bitte ordnen Sie die Produkte auf dieser Skala an. Sie können auch mehreren Packungen <u>denselben</u> Rang geben und einen Rang „leer" lassen.

• Die 5 steht dabei für das aus Ihrer Sicht <u>gesündeste</u> Produkt, die 1 für das am wenigsten gesunde.

(Produkte stehen dafür auf dem Tisch, bunte vorgeklebte Punkte mit den Zahlen 1-5 auf der Tischplatte zur Orientierung)

Erinnerung:

Bitte denken Sie daran: Sie sollen einschätzen, für wie <u>gesund</u> Sie die Müsli im Vergleich halten!

26. M Kö	27. M Oe	28. M Sc	29. M Ha	30. M Go
Rang: ___ (1-5)	Rang: ___ (1-5)	Rang: ___ (1-5)	Rang: ___ (1-5)	Rang: ___ (1-5)

Nachbearbeitung (*nicht* während des Interviews eintragen, *Kugelschreiber* verwenden!):

Zahl mit Vorzeichen +/- und zwei Kommastellen eingeben:

31. M Rang des *gewählten* in Relation zu den nicht gewählten: _____

(nur, *wenn* ein Müsli gewählt wurde!)

Berechnung: ((Rang gewähltes) – (übrige Rangnummern addiert / 4)

32. M Rang der Müsli mit Claim in Relation zu den ohne Claims: _____
Berechnung:

(addierte Rangnummern mit Claim / 2) – (addierte Rangnummern ohne Claim / 3)

Block B: Fragen Müsli, b) zum Produkt

Ich geben Ihnen jetzt eine Liste mit Aussagen und eine Skala.

Die 1 steht für „Stimme überhaupt nicht zu" und die 7 für „Stimme voll zu".

Bitte überlegen Sie, inwieweit die folgenden Aussagen auf Sie ganz persönlich zutreffen!

Nennen Sie mir dann die jeweilige Zahl auf der Skala, die zutrifft.

(bitte *umkringeln*!)

A **Ich interessiere mich sehr für Früchte-Müsli.**								33. M
Ich stimme überhaupt nicht zu	1	2	3	4	5	6	7	Ich stimme voll zu
B **Ich gönne mir gerne ein besonders gutes Früchte-Müsli.**								34. M
Ich stimme überhaupt nicht zu	1	2	3	4	5	6	7	Ich stimme voll zu
C **Ich wähle mein Früchte-Müsli sehr sorgfältig aus.**								35. M
Ich stimme überhaupt nicht zu	1	2	3	4	5	6	7	Ich stimme voll zu
D **Es verrät mir sehr viel über eine Person, wenn ich weiß, ob eine Person Früchte-Müsli isst oder nicht.**								36. M
Ich stimme überhaupt nicht zu	1	2	3	4	5	6	7	Ich stimme voll zu
E **Ich halte Früchte-Müsli für einen sehr wichtigen Bestandteil einer gesunden Ernährung.**								37. M
Ich stimme überhaupt nicht zu	1	2	3	4	5	6	7	Ich stimme voll zu
F **Ich glaube, dass man an Früchte-Müslis verschiedener Marken unterschiedlich viel Freude hat.**								38. M
Ich stimme überhaupt nicht zu	1	2	3	4	5	6	7	Ich stimme voll zu
G **Es sagt mir eine Menge über eine Person aus, welche Marken sie bei Früchte-Müsli kauft.**								39. M
Ich stimme überhaupt nicht zu	1	2	3	4	5	6	7	Ich stimme voll zu
H **Ich finde es ärgerlich, wenn man ein Früchte-Müsli kauft, das nicht den eigenen Vorstellungen entspricht.**								40. M
Ich stimme überhaupt nicht zu	1	2	3	4	5	6	7	Ich stimme voll zu

Block C: Fragen Spaghetti, a) zur Produktentscheidung

1. Frage:

Einige der Produkte hier in unserer Auswahl haben Sie vielleicht schon mal probiert, oder die Marken kommen Ihnen bekannt vor. Wie ist das z.B. bei den Spaghetti: Welche der Spaghetti in der Auswahl wurden in Ihrem Haushalt schon mal <u>gekauft</u>?

12. S Bar	13. S Ban	14. S GG	15. S Bui	16. S Kat
Ja	Ja	Ja	Ja	Ja

2. Frage:

Überlegen Sie noch mal genau: Warum haben Sie vorhin gerade <u>diese</u> Spaghetti ausgewählt? (offene Frage, evtl. Nachfragen zum Verständnis stellen)

(Wenn *keine* gewählt wurde: **Warum haben Sie <u>keine</u> ausgewählt?**)

17. S _____

_____

_____

3. Frage:

Welche Spaghetti wären <u>gar nicht</u> in Frage gekommen?

(ggf. durch Frage 17 beantwortet) (Ja = wäre nicht in Frage gekommen)

18. S Bar	19. S Ban	20. S GG	21. S Bui	22. S Kat
Ja	Ja	Ja	Ja	Ja

4. Frage:

Ist die gewählte Marke auch die Spaghetti -Marke, die Sie am Meisten kaufen?

(*nicht* fragen, wenn keiner gewählt) (ggf. durch Frage 17 beantwortet)

23. S   Ja   Nein

Nachbearbeitung (*nicht* während des Interviews eintragen, *Kugelschreiber* verwenden!):

24. S *Anzahl* der bereits im Haushalt gekauften Spaghetti: _____ (Zahl 0-5 eingeben)

25. S *Anzahl* der gar nicht in Frage gekommenen Spaghetti: _____ (Zahl 0-5 eingeben)

– Bitte sauber nachtragen, was als Antwort für 17. S eingetragen wurde, und noch unklare Notizen konkreter formulieren! –

5. Frage:

Wenn Sie die Spaghetti hier in unserer Auswahl sehen, für wie <u>gesund</u> halten Sie die einzelnen Produkte im Vergleich zueinander?

Erläuterungen:

- Ich habe hierfür diese Punkte aufgeklebt und mit Nummern bezeichnet. Bitte ordnen Sie die Produkte auf dieser Skala an. Sie können auch mehreren Packungen <u>denselben</u> Rang geben und einen Rang „leer" lassen.

- Die 5 steht dabei für das aus Ihrer Sicht <u>gesündeste</u> Produkt, die 1 für das am wenigsten gesunde.

(Produkte stehen dafür auf dem Tisch, bunte vorgeklebte Punkte mit den Zahlen 1-5 auf der Tischplatte zur Orientierung)

Erinnerung:

Bitte denken Sie daran: Sie sollen einschätzen, für wie <u>gesund</u> Sie die Spaghetti im Vergleich halten!

26. S Bar	27. S Ban	28. S GG	29. S Bui	30. S Kat
Rang: ___ (1-5)	Rang: ___ (1-5)	Rang: ___ (1-5)	Rang: ___ (1-5)	Rang: ___ (1-5)

Nachbearbeitung (*nicht* während des Interviews eintragen, *Kugelschreiber* verwenden!):

Zahl mit Vorzeichen +/- und zwei Kommastellen eingeben:

31. S Rang des *gewählten* in Relation zu den nicht gewählten: _____

(nur, *wenn* eine Spaghetti-Packung gewählt wurde!)

Berechnung: ((Rang gewähltes) – (übrige Rangnummern addiert / 4)

32. S Rang der Spaghetti mit Claim in Relation zu den ohne Claims: _____

Berechnung:

(addierte Rangnummern mit Claim / 2) – (addierte Rangnummern ohne Claim / 3)

Block C: Fragen Spaghetti, b) zum Produkt

Ich geben Ihnen jetzt eine Liste mit Aussagen und eine Skala.

Die 1 steht für „Stimme überhaupt nicht zu" und die 7 für „Stimme voll zu".

Bitte überlegen Sie, inwieweit die folgenden Aussagen auf Sie <u>ganz persönlich</u> zutreffen!

Nennen Sie mir dann die jeweilige Zahl auf der Skala, die zutrifft.

(bitte *umkringeln*!)

A									33. S
Ich interessiere mich sehr für Spaghetti.									
Ich stimme überhaupt nicht zu	1	2	3	4	5	6	7	Ich stimme voll zu	

B									34. S
Ich gönne mir gerne besonders gute Spaghetti.									
Ich stimme überhaupt nicht zu	1	2	3	4	5	6	7	Ich stimme voll zu	

C									35. S
Ich wähle meine Spaghetti sehr sorgfältig aus.									
Ich stimme überhaupt nicht zu	1	2	3	4	5	6	7	Ich stimme voll zu	

D									36. S
Es verrät mir sehr viel über eine Person, wenn ich weiß, <u>ob</u> eine Person Spaghetti isst oder nicht.									
Ich stimme überhaupt nicht zu	1	2	3	4	5	6	7	Ich stimme voll zu	

E									37. S
Ich halte Spaghetti für einen sehr wichtigen Bestandteil einer gesunden Ernährung.									
Ich stimme überhaupt nicht zu	1	2	3	4	5	6	7	Ich stimme voll zu	

F									38. S
Ich glaube, dass man an Spaghetti verschiedener Marken unterschiedlich viel Freude hat.									
Ich stimme überhaupt nicht zu	1	2	3	4	5	6	7	Ich stimme voll zu	

G									39. S
Es sagt mir eine Menge über eine Person aus, <u>welche</u> Marken sie bei Spaghetti kauft.									
Ich stimme überhaupt nicht zu	1	2	3	4	5	6	7	Ich stimme voll zu	

H									40. S
Ich finde es ärgerlich, wenn man Spaghetti kauft, die nicht den eigenen Vorstellungen entsprechen.									
Ich stimme überhaupt nicht zu	1	2	3	4	5	6	7	Ich stimme voll zu	

Block D: Involvement Lebensmittel/Ernährung allgemein (bitte *umkringeln*!)

Bitte überlegen Sie, inwieweit die folgenden Aussagen auf Sie <u>ganz persönlich</u> zutreffen!

A Bei sehr billigen Lebensmitteln bin ich skeptisch, ob diese auch gesundheitlich unbedenklich sind.								41. JMS
Ich stimme überhaupt nicht zu	1	2	3	4	5	6	7	Ich stimme voll zu

B Ich finde es sehr gut, dass immer mehr spezielle Lebensmittel mit besonderem Nutzen für die Gesundheit entwickelt werden.								42. JMS
Ich stimme überhaupt nicht zu	1	2	3	4	5	6	7	Ich stimme voll zu

C Meine Ernährung hat einen sehr großen Einfluss auf meine Gesundheit.								43. JMS
Ich stimme überhaupt nicht zu	1	2	3	4	5	6	7	Ich stimme voll zu

D Ich achte sehr darauf, welche Marke ein gesundes Image hat oder nicht.								44. JMS
Ich stimme überhaupt nicht zu	1	2	3	4	5	6	7	Ich stimme voll zu

E Was auf den Lebensmitteln draufsteht, ist wahr – sonst wäre es nicht erlaubt.								45. JMS
Ich stimme überhaupt nicht zu	1	2	3	4	5	6	7	Ich stimme voll zu

F Ich denke, die Lebensmittelkontrolle sorgt für eine ausreichende gesundheitliche Qualität aller Lebensmittel.								46. JMS
Ich stimme überhaupt nicht zu	1	2	3	4	5	6	7	Ich stimme voll zu

G Ich mache mir oft Gedanken darüber, wie ich mich am Besten gesund ernähren kann.								47. JMS
Ich stimme überhaupt nicht zu	1	2	3	4	5	6	7	Ich stimme voll zu

H Ich empfinde es als sehr große Verantwortung, für mich und andere Lebensmittel einzukaufen.								48. JMS
Ich stimme überhaupt nicht zu	1	2	3	4	5	6	7	Ich stimme voll zu

I Ich finde, es wird zu viel Wirbel um eine gesunde Ernährung gemacht.								49. JMS
Ich stimme überhaupt nicht zu	1	2	3	4	5	6	7	Ich stimme voll zu

J Ich kann mich nicht immer gesund ernähren, deswegen finde ich mit Vitaminen angereicherte Lebensmittel als Ergänzung sehr praktisch.								50. JMS
Ich stimme überhaupt nicht zu	1	2	3	4	5	6	7	Ich stimme voll zu

K Was die Lebensmittelhersteller alles über die gesundheitliche Wirkung ihrer Produkte schreiben, ist nur ein Marketing-Trick.								51. JMS
Ich stimme überhaupt nicht zu	1	2	3	4	5	6	7	Ich stimme voll zu

Nachbearbeitung (*nicht* während des Interviews eintragen): Für die Bewertungen 45, 46, und 49 die angekringelte Nummer in das Gegenteil umdrehen, da die Aussage revers skaliert ist (also für 1=7, 2=6, 3=5, 4=4, 5=3, 6=2, 7=1) (mit *Kugelschreiber*)

Block E: Fragen zum Claim – Joghurt –

1. Frage:

Zwei Joghurts in unserem Test tragen diese Aussage.

(die beiden Verpackungen mit den Claims holen)

Haben Sie das gelesen?

52. J   Ja   Nein   Keine Erinnerung

_____

Ich lege Ihnen jetzt eine Skala vor. Bitte nennen Sie mir die Zahl, die zutrifft.

(Skala vorlegen)

2. Frage:

Für wie glaubwürdig halten Sie diese Aussage auf Joghurt?

53. J Angabe der Zahl _____ (1-7)

1	2	3	4	5	6	7
Sehr un-glaubwürdig	Ziemlich un-glaubwürdig	Eher un-glaubwürdig	Teils / teils	Eher glaubwürdig	Ziemlich glaubwürdig	Sehr glaubwürdig

Evtl. *Anmerkungen* notieren: _____

_____

3. Frage:

Ist Ihnen der Zusammenhang, der in dieser Aussage beschrieben wird, bekannt? (wenn *nur* Hinweis auf Calcium & Vitamin D: „**Ist Ihnen das bekannt?**")

54. J   Ja   Nein   (ggf. durch 53 beantwortet)

_____

4. Frage:

Glauben Sie, dass dieser Zusammenhang wissenschaftlich erwiesen ist? (wenn *nur* Hinweis auf Calcium und Vitamin D: „**Glauben Sie, dass dies ...?**")

55. J   Ja   Nein   Weiß ich nicht   (ggf. durch 53 und 54 beantwortet)

_____

Ich lege Ihnen jetzt eine Skala vor. Bitte nennen Sie mir die Ziffer, die zutrifft.
(Skala vorlegen)

5. Frage:

Für wie wichtig halten Sie diese Aussage für Ihre Einkaufsentscheidung von Joghurt?

56. J Angabe der Zahl _____ (1-7)

1	2	3	4	5	6	7
Sehr unwichtig	Ziemlich unwichtig	Eher unwichtig	Teils / teils	Eher wichtig	Ziemlich wichtig	Sehr wichtig

Evtl. *Anmerkungen* notieren: _____

_____

234

Block E: Fragen zum Claim – Müsli –

1. Frage:

Zwei Müsli in unserem Test tragen diese Aussage.

(die beiden Verpackungen mit den Claims holen)

Haben Sie das gelesen?

52. M   Ja   Nein   Keine Erinnerung

_____

Ich lege Ihnen jetzt eine Skala vor. Bitte nennen Sie mir die Zahl, die zutrifft.

(Skala vorlegen)

2. Frage:

Für wie glaubwürdig halten Sie diese Aussage auf Müsli?

53. M   Angabe der Zahl _____ (1-7)

1	2	3	4	5	6	7
Sehr un- glaubwürdig	Ziemlich un- glaubwürdig	Eher un- glaubwürdig	Teils / teils	Eher glaubwürdig	Ziemlich glaubwürdig	Sehr glaubwürdig

Evtl. *Anmerkungen* notieren: _____

_____

3. Frage:

Ist Ihnen der Zusammenhang, der in dieser Aussage beschrieben wird, bekannt?

(wenn *nur* Hinweis auf Folsäure: „**Ist Ihnen das bekannt?**")

54. M   Ja   Nein   (ggf. durch 53 beantwortet)

_____

4. Frage:

Glauben Sie, dass dieser Zusammenhang wissenschaftlich erwiesen ist? (wenn *nur* Hinweis auf Folsäure: „**Glauben Sie, dass dies …?**")

55. M   Ja   Nein   Weiß ich nicht (ggf. durch 53 und 54 beantwortet)

_____

Ich lege Ihnen jetzt eine Skala vor. Bitte nennen Sie mir die Ziffer, die zutrifft.

(Skala vorlegen)

5. Frage:

Für wie wichtig halten Sie diese Aussage für Ihre Einkaufsentscheidung von Müsli?

56. M   Angabe der Zahl _____ (1-7)

1	2	3	4	5	6	7
Sehr unwichtig	Ziemlich unwichtig	Eher unwichtig	Teils / teils	Eher wichtig	Ziemlich wichtig	Sehr wichtig

Evtl. *Anmerkungen* notieren: _____

_____

Block E: Fragen zum Claim – Spaghetti –

1. Frage:

Zwei Spaghetti in unserem Test tragen diese Aussage.

(die beiden Verpackungen mit den Claims holen)

Haben Sie das gelesen?

52. S   Ja   Nein   Keine Erinnerung

_____

Ich lege Ihnen jetzt eine Skala vor. Bitte nennen Sie mir die Zahl, die zutrifft.

(Skala vorlegen)

2. Frage:

Für wie glaubwürdig halten Sie diese Aussage auf Spaghetti?

53. S Angabe der Zahl _____ (1-7)

1	2	3	4	5	6	7
Sehr un-glaubwürdig	Ziemlich un-glaubwürdig	Eher un-glaubwürdig	Teils / teils	Eher glaubwürdig	Ziemlich glaubwürdig	Sehr glaubwürdig

Evtl. *Anmerkungen* notieren: _____

_____

3. Frage:

Ist Ihnen der Zusammenhang, der in dieser Aussage beschrieben wird, bekannt?

(wenn *nur* Hinweis auf Ballaststoffe: „**Ist Ihnen das bekannt?**")

54. S   Ja   Nein   (ggf. durch 53 beantwortet)

_____

4. Frage:

Glauben Sie, dass dieser Zusammenhang wissenschaftlich erwiesen ist? (wenn *nur* Hinweis auf Ballaststoffe: „**Glauben Sie, dass dies …?**")

55. S   Ja   Nein   Weiß ich nicht   (ggf. durch 53 und 54 beantwortet)

_____

Ich lege Ihnen jetzt eine Skala vor. Bitte nennen Sie mir die Ziffer, die zutrifft.

(Skala vorlegen)

5. Frage:

Für wie wichtig halten Sie diese Aussage für Ihre Einkaufsentscheidung von Spaghetti?

56. S Angabe der Zahl _____ (1-7)

1	2	3	4	5	6	7
Sehr unwichtig	Ziemlich unwichtig	Eher unwichtig	Teils / teils	Eher wichtig	Ziemlich wichtig	Sehr wichtig

Evtl. *Anmerkungen* notieren: _____

_____

Block F: Soziodemografische und sonstige Angaben (Ggf. im *Vorraum* zu Ende fragen!)

1. Frage:

Ich lege Ihnen jetzt eine Skala vor. Bitte nennen Sie mir die Ziffer, die zutrifft.

(Skala vorlegen)

Wie gut wissen Sie Ihrer Einschätzung nach über Fragen gesunder Ernährung Bescheid?

57. JMS Angabe der Zahl _____ (1-7)

1	2	3	4	5	6	7
Sehr wenig	Ziemlich wenig	Eher wenig	Teils / teils	Eher gut	Ziemlich gut	Sehr gut

2. Frage:

Wie viele Personen wohnen in Ihrem Haushalt?

58. JMS (umkringeln) (WG = 1 Person)

1	2	3	4	5	6	7 und mehr

3. Frage:

Leben in Ihrem Haushalt Kinder im Alter von 0 bis 18 Jahren?

59. JMS   Ja   Nein

4. Frage:

Welchen höchsten Bildungsabschluss haben Sie?

60. JMS   Hauptschule   Realschule   (Fach-)Abitur

Hochschulabschluss   Sonstiges, und zwar _____

Vielen Dank für das Interview!

Den *Fragebogen* mit raus geben, damit dort klar ist, welche Produkte gewählt wurden.

Nachbearbeitung: *Daten aus dem Akquirierungsbogen eintragen:*

61. JMS   Geschlecht?   weiblich   männlich

62. JMS   Alter?   (Zahl (2007 – Geburtsjahr) errechnen und eingeben) _____

63.-67.   Marken im Test in Akquirierung angegeben:

63. J Al	64. J La	65. J Da	66. J Mi	67. J Ba
Ja	Ja	Ja	Ja	Ja
63. M Kö	64. M Oe	65. M Sc	66. M Ha	67. M Go
Ja	Ja	Ja	Ja	Ja
63. S Bar	64. S Ban	65. S GG	66. S Bui	67. S Kat
Ja	Ja	Ja	Ja	Ja

Anzahl der in Akquirierung genannten Marken:

68. J _____   68. M _____   68. S _____

Ob ein oder mehr Bio-Produkte in Akquirierung genannt wurden:

69. J   Ja   Nein   69. M   Ja   Nein   69. S   Ja   Nein

Daten aus der Beobachtung eintragen:

70. JMS   Dauer der Informationssuche umgerechnet in Sekunden (von dem Stehen vor dem Regal bis zum Hinwenden zur Interviewenden Person) _____

71. J   Anzahl der berührten Joghurt (Zahl 0-5) _____

71. M   Anzahl der berührten Müsli (Zahl 0-5) _____

71. S   Anzahl der berührten Spaghetti (Zahl 0-5) _____

Ausmaß der Informationssuche: (0 = nicht berührt, 1= = berührt und Vorderseite betrachtet, 2 = berührt und gedreht)								
Al	0	1	2	Kö	0	1	2	Bar	0	1	2
La	0	1	2	Oe	0	1	2	Ban	0	1	2
Da	0	1	2	Sc	0	1	2	GG	0	1	2
Mi	0	1	2	Ha	0	1	2	Bui	0	1	2
Ba	0	1	2	Go	0	1	2	Kat	0	1	2
72. J _____ (Summe)				72. M _____ (Summe)				72. S _____ (Summe)

Anzahl der Produkte, von dem die Nährwertinformation dem Anschein nach gelesen wurde:

73. J _____ (Zahl 0-5) 73. M _____ (Zahl 0-5) 73. S _____ (Zahl 0-5)

Dauer der Informationssuche in Sekunden je Produktgruppe (von dem Stehen vor der Produktgruppe bis zum Griff zum Produkt)

74. J _____ (sec) 74. M _____ (sec)   74. S _____ (sec)

Tabelle A.5: Kennzahlen der berechneten Modelle und signifikante unabhängige Variablen

Modellbezeichnung	Stichprobe/Modell			Pseudo R²		Güte-Tests		Klassifikation		
	N	Anzahl UV	EVP	Cox & Snell R²	Nagelkerke R²	LR-Test	HL-Test	MCC	PCC	% richtig
Produktspezifisch	534	12	**19,85**	,120	,160	**,000**	**,174**	55,8	50,6	**63,5**
Personenspezifisch	209	7	**11,64**	,054	,073	,115	,123	61,2	52,4	**64,1**
Joghurt	182	12	*6,46*	,334	**,449**	**,000**	,169	59,9	51,1	**76,9**
Müsli	164	12	*6,34*	,174	,233	**,003**	,421	54,3	50,3	**65,9**
Spaghetti	178	12	*6,63*	,211	,282	**,000**	,423	55,6	50,6	**72,5**
Marke gewechselt	325	12	**14,65**	,091	,121	**,003**	,005	50,5	50,0	**63,4**
Claim gelesen	271	12	**12,22**	,178	,237	**,000**	,620	51,7	50,0	**67,5**
MW-Joghurt	106	12	*4,45*	,304	**,406**	**,000**	,581	50,9	50,0	**79,2**
MW-Müsli	109	12	*4,37*	,161	,214	,086	,795	50,5	50,0	**64,2**
MW-Spaghetti	110	12	*4,62*	,144	,192	,147	,157	51,8	50,0	**65,5**
CL-Joghurt	47	12	1,84							
CL-Müsli	96	12	3,73							
CL-Spaghetti	128	12	*5,51*	,197	,263	**,005**	,263	53,9	50,0	**70,3**

MW = Marke gewechselt; CL = Claim gelesen; EVP = Events per variable; LR = Likelihood-Ratio; HL = Hosmer-Lemeshow; MCC = maximum change criterium; PCC = proportional change criterium. Interpretation der Werte in Grautönen und fettgedruckter Schrift: EVP: Dunkelgrau ≤ 4, nicht interpretierbar, Hellgrau kursiv ≥ 4 und < 10, akzeptabel, Hellgrau fettgedruckt ≥ 10, Gut. – Pseudo R²: Dunkelgrau ≤ 0,2, nicht akzeptabel; Hellgrau kursiv ≥ 0,2 und < 0,4, akzeptabel; Hellgrau fettgedruckt ≥ 0,4, gut. LR-Test: Dunkelgrau = p > ,01, nicht von Null-Modell verschieden; Hellgrau fettgedruckt = p ≤ ,01, von Null-Modell verschieden. HL-Test: Hellgrau fettgedruckt = p > ,01, von Null-Modell verschieden. % richtig klassifiziert: Hellgrau fettgedruckt => als MCC und PCC. HL-Test wird nur bei einem Stichprobenumfang von > 400 N interpretiert; Bei den Pseudo-R²–Statistiken wird nur Nagelkerke R² interpretiert.

Modellbezeichnung	Signifikante UV				
	UV***	UV**	UV*	UV (*)	Nur bivariat
Produktspezifisch	claim-gesund	habit-marke suche		glauben	lesen*, erwiesen(*), wichtig*
Personenspezifisch		ges-inv			alter*, ff-pro(*), skepsis*
Joghurt	claim-gesund suche	habit-marke ern-wiss! ges-inv	claim-art! prod-inv skepsis	glauben	alter*, lm-ges(*), ff-pro(*), wichtig*
Müsli	claim-gesund		skepsis	ern-wiss ges-inv!	
Spaghetti		lesen	claim-gesund suche bldg-hoch	habit-marke	erwiesen(*), alter(*)
Marke-gewechselt	claim-gesund suche				glauben(*), wichtig(*)
Claim-gelesen	claim-gesund		lm! suche prod-inv	habit-marke	glauben*, erwiesen*, wichtig***
MW-Joghurt	suche	claim-gesund	ern-wiss!		skepsis*, prod-inv(*)
MW-Müsli			claim-gesund ern-wiss skepsis!		
MW-Spaghetti			lesen	suche bldg-hoch!	
CL-Spaghetti		claim-gesund	habit-marke!	prod-inv	glauben(*), bldg-hoch*

UV = unabhängige Variablen. MW = Marke gewechselt; CL = Claim gelesen. Es gilt: p ≤ ,001 = ***; p ≤ ,01 = **; p ≤ ,05 = * und p ≤ ,1 = (*); ! = Im Modell festgestellter Zusammenhang kann bivariat nicht bestätigt werden.

Quelle: Eigene Darstellung

Folgende Seiten: Ergänzende Angaben zu den Modellrechnungen in Kapitel 5.4

Anmerkung: Für den Text der Arbeit wurden andere Variablennamen verwendet als ursprünglich in der SPSS-Datendatei definiert wurden (siehe Tab. A.6). Zur Berechnung der VIF-Werte mit Hilfe einer linearen Regression wurden in Tabelle A.6 nicht aufgeführte, zusätzliche Dummy-Variablen für die kategorialen Variablen definiert, deren Bezeichnungen in der VIF-Wert-Tabelle jedoch selbst erklärend sind. Für die Modelle ‚Marke gewechselt' und ‚Claim gelesen' wird die vollständige Variablentabelle aus dem SPSS-Output als Abbildung wiedergegeben. Für jedes Modell werden die Korrelationsmatrix und die Abbildung mit den VIF-Werten aus dem SPSS-Output aufgeführt. Die Pearson-Residuen und Cook-Werte können nicht in sinnvoller Weise dargestellt werden, da es jeweils einen Wert für jeden einzelnen Fall gibt und diese Werte in der SPSS-Datentabelle direkt eingesehen wurden. Für jedes Modell werden die im Text erwähnten bivariaten Tests wiedergegeben. Alle im Folgenden dargestellen Tabellen und Abbildungen stammen aus eigener Darstellung/Erhebung, daher wird die Quelle nicht weiter genannt.

Tabelle A.6: Namen der Variablen im Text der Arbeit und in SPSS

Variable (VARIABLENNAME) im Text	Variablenname in SPSS
Auswahl eines Claim-Produktes (OB-CLAIM)	5obclaim
Gesundheitswirkung der Claim-Produkte (CLAIM-GESUND)	32healthclaim
Glaubwürdigkeit des Claims (GLAUBEN)	53glauben
Wichtigkeit des Claims für die Kaufentscheidung (WICHTIG)	56wichtig
Ausmaß des Informationssuchverhaltens (SUCHE)	108Infoverhalten
Kenntnis des Ernährungs-Gesundheits-Zusammenhangs (KENNEN)	54kennen
Einschätzung der wissenschaftlichen Erwiesenheit des Ernährungs-Gesundheits-Zusammenhangs (ERWIESEN)	55erwiesen
Produkt-Involvement (PROD-INV)	83prodinv
Gesundheitliche Bewertung der Lebensmittelkategorie (LM-GESUND)	37inv
Angabe, Claim gelesen zu haben (LESEN)	52lesen
Angabe, die gewohnte Marke ausgewählt zu haben (HABIT-MARKE)	23brandmeist
Lebensmittelkategorie (LM)	81prod, 81prod(1), 81prod(2)
Claim-Art (CLAIM-ART)	expgrup, expgrup(1), expgrup(2)
Präferenz für Claim-Produkte (PRÄF-CLAIM)	5obclaimAnzahl2oder3
Geschlecht: männlich (MÄNNLICH)	61geschlecht
Alter (ALTER)	62alter
Bildungsstand: mindestens (Fach-)Abitur (BLDG-HOCH)	94bldghoch
Ernährungswissen (ERN-WISS)	57ernwiss
Positive Einstellung gegenüber Functional Food (FF-PRO)	85ffpro
Skepsis gegenüber Herstelleraussagen auf Lebensmitteln (SKEPSIS)	86skepsis
Gesundheitsbezogenes Lebensmittel-Involvement (GES-INV)	84gesinv

Abbildung A.10: Korrelationsmatrix für das produktbezogene Gesamtmodell

Korrelationsmatrix

		Constant	@6expgrup(1)	@6expgrup(2)	@23bran dmeist	@32healt hclaim	@37rnv	@52lesen	@53glauben	@54kennen	@55erwiesen	@56wichtig	@81prod(1)	@81prod(2)	@83prodrnv	@108 Infoverhalten
Schritt 1	Constant	1.000	-.125	-.223	-.090	-.109	-.062	-.044	-.316	-.138	-.159	.099	-.215	-.354	-.494	-.445
	@6expgrup(1)	-.125	1.000	.515	.021	-.036	-.012	.083	.141	-.182	-.120	-.094	-.107	-.053	-.013	-.009
	@6expgrup(2)	-.223	.515	1.000	.004	-.048	-.003	.058	.196	-.062	-.107	-.104	-.053	-.031	.023	.005
	@23brandmeist	-.090	.021	.004	1.000	-.061	-.113	-.051	.035	-.078	.124	-.029	.065	-.014	-.106	.219
	@32healthclaim	-.109	-.036	-.048	-.061	1.000	.042	-.070	.031	.046	.010	-.129	.040	.077	.045	.093
	@37rnv	-.062	-.012	-.003	-.113	.042	1.000	.050	-.010	.035	-.039	-.093	-.182	.091	.513	.026
	@52lesen	-.044	.083	.058	-.051	-.070	.050	1.000	.084	-.056	-.021	-.169	-.286	-.377	-.016	-.073
	@53glauben	-.316	.141	.196	.035	.031	-.010	.084	1.000	-.133	-.233	-.332	-.088	-.044	-.064	.067
	@54kennen	-.138	-.182	-.062	-.078	.046	.035	-.056	-.133	1.000	-.189	-.043	.444	.159	-.036	.008
	@55erwiesen	-.159	-.120	-.107	.124	.010	-.039	-.021	-.233	-.189	1.000	-.102	.047	.067	.053	.028
	@56wichtig	.099	-.094	-.104	-.029	-.129	-.093	-.169	-.332	-.043	-.102	1.000	.012	-.024	-.113	-.006
	@81prod(1)	-.215	-.107	-.053	.065	.040	-.182	-.286	-.088	.444	.047	.012	1.000	.512	.082	.011
	@81prod(2)	-.354	-.053	-.031	-.014	.077	.091	-.377	-.044	.159	.067	-.024	.512	1.000	.144	.040
	@83prodrnv	-.494	-.013	.023	-.106	.045	.513	-.016	-.064	-.036	.053	-.113	.082	.144	1.000	-.020
	@108Infoverhalten	-.445	-.009	.005	.219	.093	.026	-.073	.067	.008	.028	-.006	.011	.040	-.020	1.000

241

Abbildung A.11: VIF-Werte für das produktbezogene Gesamtmodell

Koeffizienten[a]

Modell		Korrelationen			Kollinearitätsstatistik	
		Nullter Ordnung	Partiell	Teil	Toleranz	VIF
1	@6expgrupD1 hat Yog 0, Müs 0, Spag 1	-,040	-,002	-,002	,714	1,401
	@6expgrupD2 hat Yog 0, Müs 1, Spag 0	,064	,044	,042	,695	1,439
	@81prodD1 hat NC 0, HC 0, HRRC 1	-,102	-,195	-,187	,588	1,700
	@81prodD2 hat NC 0, HC 1, HRRC 0	-,206	-,222	-,213	,521	1,918
	23brandmeist	,038	,026	,024	,852	1,173
	32healthclaim	-,044	-,043	-,041	,954	1,048
	37inv - Ich halte X für einen sehr wichtige Bestandteil einer gesunden Ernährung	-,015	-,063	-,060	,576	1,737
	52lesen	-,084	,027	,025	,790	1,265
	synth.Var. Informationsverhalten	,029	,046	,043	,913	1,095
	53glauben	,044	,022	,021	,711	1,407
	54kennen	,186	,040	,038	,677	1,476
	55erwiesen	,092	,040	,037	,793	1,262
	56wichtig	,009	-,027	-,026	,710	1,409
	83prodinv	,107	,102	,096	,601	1,664

a. Abhängige Variable: 68brandzahlak

Tabelle A.7: Bivariate Zusammenhänge im produktbezogenen Gesamtmodell

Bivariate Zusammenhänge in der Stichprobe für das produktspezifische Gesamtmodell				
Variable 5obclaim und	χ^2 / Z / T	FG	p	Abgeleitete Beschreibung der Claim-Käufer im Vergleich zu den Nicht-Claim-Käufern
expgrup	χ^2 =,324	2	,850	
23brandmeist	χ^2 = 9,908	1	,002	Wählen mit geringerer Wahrscheinlichkeit die gewohnte Marke (32% gegenüber 68%)
52lesen	χ^2 = 5,447	1	,020	Lesen mit höherer Wahrscheinlichkeit den Claim (58% gegenüber 42%)
54kennen	χ^2 = ,434	1	,510	
55erwiesen	χ^2 = 3,081	1	,079	Halten den Claim mit höherer Wahrscheinlichkeit für erwiesen (82% gegenüber 18%)
81prod	χ^2 = ,525	2	,769	
32healthclaim	Z = -5,997		,000	Ordnen Produkte mit Claim als vergleichsweise gesünder ein
37inv	Z = -,587		,557	
53glauben	Z = -2,637		,008	Bewerten Claims als glaubwürdiger
56wichtig	Z = -2,307		,021	Halten Claims für wichtiger für ihre Kaufentscheidung
83prodinv	Z = -1,187		,235	
108Infoverhalten	Z = -2,916		,004	Suchen extensiver nach Informationen
N = 595				

Abbildung A.12: Korrelationsmatrix für das personenbezogene Gesamtmodell

Korrelationsmatrix

		Constant	@57ernwiss	@61geschlecht	@62alter	@84gesinv	@85ffpro	@86skepsis	@94bldghoch
Schritt 1	Constant	1,000	-,248	-,381	-,202	-,428	-,420	-,526	-,171
	@57ernwiss	-,248	1,000	-,015	-,255	-,287	,096	,020	-,051
	@61geschlecht	-,381	-,015	1,000	-,009	,185	,028	-,049	-,231
	@62alter	-,202	-,255	-,009	1,000	-,210	-,008	,147	,347
	@84gesinv	-,428	-,287	,185	-,210	1,000	-,134	-,069	-,114
	@85ffpro	-,420	,096	,028	-,008	-,134	1,000	,273	,281
	@86skepsis	-,526	,020	-,049	,147	-,069	,273	1,000	,019
	@94bldghoch	-,171	-,051	-,231	,347	-,114	,281	,019	1,000

Abbildung A.13: VIF-Werte für das personenbezogene Gesamtmodell

Koeffizienten[a]

Modell		Korrelationen			Kollinearitätsstatistik	
		Nullter Ordnung	Partiell	Teil	Toleranz	VIF
1	57ernwiss	-,136	-,110	-,108	,833	1,201
	61geschlecht	,090	,096	,093	,887	1,127
	62alter	-,129	-,073	-,071	,640	1,562
	84gesinv	-,079	,010	,010	,810	1,234
	85ffpro	-,112	-,092	-,089	,795	1,258
	86skepsis	,134	,092	,090	,869	1,150
	94bldghoch	-,019	-,124	-,121	,709	1,411

a. Abhängige Variable: 68brandzahlak

Tabelle A.8: Bivariate Zusammenhänge im personenbezogenen Gesamtmodell

Bivariate Zusammenhänge in der Stichprobe für das produktspezifische Gesamtmodell				
Variable 5obclaim und	χ^2 / Z / T	FG	p	Abgeleitete Beschreibung der Claim-Käufer im Vergleich zu den Nicht-Claim-Käufern
61geschlecht	χ^2 =,009	1	,923	
94bldghoch	χ^2 = 1,678	1	,195	
57ernwiss	Z = -,237	1	,813	
84gesinv	Z = -2,779		,005	Zeigen höheres gesundheitsbezogenes Lebensmittel-Involvement
62alter	T = -1,793	195	,074	Weisen ein höheres Alter auf
85ffpro	Z = 1,756		,079	Sind positiver gegenüber Functional Food eingestellt
86skepsis	Z = -2,530		,011	Zeigen eine geringere Skepsis gegenüber Herstelleraussagen auf Lebensmitteln
N = 209				

Korrelationsmatrix

		Constant	@6expgrup(1)	@6expgrup(2)	@23bran dmeist.	@32heat hclaim	@52lesen	@53glauben	@55erwiesen	@83prodinv	@108 Infoverhalten	@57erwiss	@84gesinv	@86skepsis	@94bldghoch
Schritt 1	Constant	1,000	,038	-,014	-,077	-,129	,009	-,196	-,150	-,507	-,368	,059	-,496	-,384	-,139
	@6expgrup(1)	,038	1,000	,543	,040	-,076	-,003	,133	-,370	-,091	-,082	,057	-,125	,029	,000
	@6expgrup(2)	-,014	,543	1,000	,104	-,208	-,073	,132	-,284	-,025	-,185	,118	-,185	,129	-,024
	@23brandmeist	-,077	,040	,104	1,000	-,202	,007	-,134	,068	,179	-,011	,180	-,100	,086	,021
	@32healthclaim	-,129	-,076	-,208	-,202	1,000	-,051	,060	-,127	-,052	,186	-,047	,069	-,095	,111
	@52lesen	,009	-,003	-,073	,007	-,051	1,000	-,074	-,036	,049	-,114	-,005	-,083	,095	,021
	@53glauben	-,196	,133	,132	-,134	,060	-,074	1,000	-,376	-,093	,103	-,230	,102	-,039	,175
	@55erwiesen	-,150	-,370	-,284	,068	-,127	-,036	-,376	1,000	-,078	-,077	,011	,155	,139	-,129
	@83prodinv	-,507	-,091	-,025	,179	-,052	,049	-,093	-,078	1,000	,202	-,234	-,021	,091	,108
	@108Infoverhalten	-,368	-,082	-,185	-,011	,186	-,114	,103	-,077	,202	1,000	-,296	,284	-,129	-,016
	@57erwiss	,059	,057	,118	,180	-,047	-,005	-,230	,011	-,234	-,296	1,000	-,468	,101	-,030
	@84gesinv	-,496	-,125	-,185	-,100	,069	-,083	,102	,155	-,021	,284	-,468	1,000	-,167	,063
	@86skepsis	-,384	,029	,129	,086	-,095	,095	-,039	,139	,091	-,129	,101	-,167	1,000	-,205
	@94bldghoch	-,139	,000	-,024	,021	,111	,021	,175	-,129	,108	-,016	-,030	,063	-,205	1,000

Abbildung A.15: VIF-Werte für das Joghurt-Modell

Koeffizienten[a]

Modell		Korrelationen			Kollinearitätsstatistik	
		Nullter Ordnung	Partiell	Teil	Toleranz	VIF
1	@6expgrupD1 hat Yog 0, Müs 0, Spag 1	-,086	-,036	-,034	,693	1,444
	@6expgrupD2 hat Yog 0, Müs 1, Spag 0	,073	,035	,033	,670	1,492
	23brandmeist	-,074	-,107	-,103	,953	1,049
	32healthclaim	-,090	-,088	-,084	,930	1,075
	52lesen	,033	,056	,053	,949	1,054
	53glauben	,037	,053	,050	,793	1,261
	55erwiesen	,034	,044	,042	,729	1,371
	83prodinv	,085	,112	,107	,815	1,227
	synth.Var. Informationsverhalten	-,016	,002	,002	,919	1,088
	57ernwiss	-,162	-,191	-,186	,830	1,204
	84gesinv	-,079	-,040	-,039	,791	1,264
	86skepsis	,104	,141	,136	,898	1,114
	94bldghoch	-,033	-,057	-,054	,885	1,130

a. Abhängige Variable: 68brandzahlak

Tabelle A.9: Bivariate Zusammenhänge im Joghurt-Modell

Bivariate Zusammenhänge in der Stichprobe für das Joghurt-Modell				
Variable 5obclaim und	χ^2 / Z / T	FG	p	**Abgeleitete Beschreibung der Claim-Käufer im Vergleich zu den Nicht-Claim-Käufern**
61geschlecht	χ^2 =,012	1	,913	
94bldghoch	χ^2 = 1,235	1	,267	
expgrup	χ^2 = 2,529	2	,282	
52lesen	χ^2 = ,460	1	,498	
54kennen	χ^2 = ,341	1	,559	
23brandmeist	χ^2 =,8,278	1	,004	Wählen mit geringerer Wahrscheinlichkeit die gewohnte Marke (31% gegenüber 69%)
55erwiesen	χ^2 = ,090	1	,764	
57ernwiss	Z = -,302		,762	
62alter	T = -2,141	189	,034	Weisen ein höheres Alter auf
84gesinv	Z = -3,453		,001	Zeigen höheres gesundheitsbezogenes Lebensmittel-Involvement
85ffpro	Z = -1,668		,095	Sind positiver gegenüber Functional Food eingestellt
86skepsis	Z = -2,616		,009	Zeigen eine geringere Skepsis gegenüber Hersteller-aussagen auf Lebensmitteln
32healthclaim	Z = -3,584		,000	Ordnen Produkte mit Claim als vergleichsweise ge-sünder ein
37inv	Z = -1,850		,064	Bewerten die Lebensmittelkategorie als gesünder ein
53glauben	Z = -2,078		,038	Bewerten Claims als glaubwürdiger
56wichtig	Z = -2,543		,011	Halten Claims für wichtiger für ihre Kaufentscheidung
83prodinv	Z = -2,601		,009	Zeigen ein höheres Produkt-Involvement
108Infoverhalten	Z = -2,730		,006	Suchen extensiver nach Informationen
N = 191				

Korrelationsmatrix

		Constant	@6expgrup(1)	@6expgrup(2)	@23brandmeist	@32healthclaim	@52lesen	@53glauben	@55erwiesen	@83prodinv	@108infoverhalten	@57erwiss	@84gesinv	@86skepsis	@94bldghoch
Schritt 1	Constant	1.000	-.169	-.325	-.100	-.221	.006	-.416	-.205	-.221	-.210	-.186	-.413	-.558	-.221
	@6expgrup(1)	-.169	1.000	.505	-.077	.049	.059	.024	.046	-.023	.028	-.019	.078	.007	-.040
	@6expgrup(2)	-.325	.505	1.000	-.063	.076	.051	.287	.092	-.003	.055	-.088	.088	.143	.034
	@23brandmeist	-.100	-.077	-.063	1.000	.032	-.181	.173	.153	-.238	.356	.168	-.101	-.092	.158
	@32healthclaim	-.221	.049	.076	.032	1.000	-.132	.177	-.065	-.041	.136	.019	.135	.090	.129
	@52lesen	.006	.059	.051	-.181	-.132	1.000	-.092	-.090	-.080	-.060	.090	-.127	.084	-.128
	@53glauben	-.416	.024	.287	.173	.177	-.092	1.000	-.291	-.152	.148	-.055	.027	.272	.170
	@55erwiesen	-.205	.046	.092	.153	-.065	-.090	-.291	1.000	.027	.011	.045	.131	.030	.036
	@83prodinv	-.221	-.023	-.003	-.238	-.041	-.080	-.152	.027	1.000	-.242	-.111	-.209	.018	.081
	@108infoverhalten	-.210	.028	.055	.356	.136	-.060	.148	.011	-.242	1.000	-.026	.021	.030	-.115
	@57erwiss	-.186	-.019	-.088	.168	.019	.090	-.055	.045	-.111	-.026	1.000	-.338	-.091	-.018
	@84gesinv	-.413	.078	.088	-.101	.135	-.127	.027	.131	-.209	.021	-.338	1.000	.115	.140
	@86skepsis	-.558	.007	.143	-.092	.090	.084	.272	.030	.018	.030	-.091	.115	1.000	-.102
	@94bldghoch	-.221	-.040	.034	.158	.129	-.128	.170	.036	.081	-.115	-.018	.140	-.102	1.000

Abbildung A.17: VIF-Werte für das Müsli-Modell

Koeffizienten[a]

Modell		Korrelationen			Kollinearitätsstatistik	
		Nullter Ordnung	Partiell	Teil	Toleranz	VIF
1	@6expgrupD1 hat Yog 0, Müs 0, Spag 1	,014	,059	,054	,667	1,500
	@6expgrupD2 hat Yog 0, Müs 1, Spag 0	,095	,143	,132	,740	1,351
	23brandmeist	,047	,096	,088	,659	1,517
	32healthclaim	-,188	-,180	-,166	,888	1,125
	52lesen	,108	,070	,064	,825	1,212
	53glauben	-,001	-,078	-,071	,599	1,670
	55erwiesen	,031	,067	,061	,756	1,324
	83prodinv	,146	,072	,066	,804	1,244
	synth.Var. Informationsverhalten	,260	,252	,237	,796	1,257
	57ernwiss	,072	,024	,022	,816	1,225
	84gesinv	,099	,027	,025	,766	1,305
	86skepsis	-,140	-,146	-,134	,805	1,243
	94bldghoch	-,006	-,022	-,021	,793	1,261

a. Abhängige Variable: 68brandzahlak

Tabelle A.10: Bivariate Zusammenhänge im Müsli-Modell

Bivariate Zusammenhänge in der Stichprobe für das Müsli-Modell				
Variable 5obclaim und	χ^2 / Z / T	FG	p	Abgeleitete Beschreibung der Claim-Käufer im Vergleich zu den Nicht-Claim-Käufern
61geschlecht	χ^2 =,042	1	,838	
94bldghoch	χ^2 = ,028	1	,866	
expgrup	χ^2 = ,198	2	,906	
52lesen	χ^2 = ,021	1	,885	
54kennen	χ^2 = ,025	1	,875	
23brandmeist	χ^2 = 1,049	1	,306	
55erwiesen	χ^2 = ,526	1	,468	
57ernwiss	Z = -1,822		,068	Schätzen ihr Ernährungswissen als vergleichsweise geringer ein
62alter	T = ,323	187	,747	
84gesinv	Z = -,242		,809	
85ffpro	Z = -,673		,501	
86skepsis	Z = -1,752		,080	Zeigen eine höhere Skepsis gegenüber Herstelleraussagen auf Lebensmitteln
32healthclaim	Z = -3,616		,000	Ordnen Produkte mit Claim als vergleichsweise gesünder ein
37inv	Z = -1,119		,263	
53glauben	Z = -,949		,343	
56wichtig	Z = -,133		,895	
83prodinv	Z = -1,281		,200	
108Infoverhalten	Z = -,289		,772	
N = 193				

Korrelationsmatrix

Schritt 1	Constant	@6expgrup(1)	@6expgrup(2)	@23brandmeist	@32healthclaim	@52lesen	@53glauben	@55erwiesen	@83prodinv	@108 Infoverhalten	@57ernwiss	@84gesinv	@86skepsis	@94bldghoch
Constant	1,000	-,107	-,159	-,144	,012	-,339	-,424	-,015	-,199	-,186	-,260	-,342	-,553	-,172
@6expgrup(1)	-,107	1,000	,505	,119	-,185	,064	,055	-,225	-,059	-,041	,027	,010	,016	-,030
@6expgrup(2)	-,159	,505	1,000	,018	-,085	,141	,105	-,180	,065	,143	-,069	,028	-,094	-,036
@23brandmeist	-,144	,119	,018	1,000	-,074	-,035	,007	-,006	-,272	,164	,095	,073	,062	,008
@32healthclaim	,012	-,185	-,085	-,074	1,000	-,147	-,144	,127	-,035	,097	,116	-,045	,015	-,098
@52lesen	-,339	,064	,141	-,035	-,147	1,000	,226	-,007	,082	,013	,034	-,028	,040	,052
@53glauben	-,424	,055	,105	,007	-,144	,226	1,000	-,315	-,131	,013	,030	,107	,162	,119
@55erwiesen	-,015	-,225	-,180	-,006	,127	-,007	-,315	1,000	,062	,159	-,140	-,141	,069	-,130
@83prodinv	-,199	-,059	,065	-,272	-,035	,082	-,131	,062	1,000	,071	-,108	-,262	,001	,178
@108Infoverhalten	-,186	-,041	,143	,164	,097	,013	,013	,159	,071	1,000	-,074	-,182	-,013	-,199
@57ernwiss	-,260	,027	-,069	,095	,116	,034	,030	-,140	-,108	-,074	1,000	-,328	,063	-,031
@84gesinv	-,342	,010	,028	,073	-,045	-,028	,107	-,141	-,262	-,182	-,328	1,000	,039	,101
@86skepsis	-,553	,016	-,094	,062	,015	,040	,162	,069	,001	-,013	,063	,039	1,000	-,056
@94bldghoch	-,172	-,030	-,036	,008	-,098	,052	,119	-,130	,178	-,199	-,031	,101	-,056	1,000

Abbildung A.19: VIF-Werte für das Spaghetti-Modell

Koeffizienten[a]

Modell		Korrelationen			Kollinearitätsstatistik	
		Nullter Ordnung	Partiell	Teil	Toleranz	VIF
1	@6expgrupD1 hat Yog 0, Müs 0, Spag 1	-,005	,005	,004	,670	1,493
	@6expgrupD2 hat Yog 0, Müs 1, Spag 0	,038	,022	,022	,674	1,484
	23brandmeist	,100	,091	,089	,836	1,197
	32healthclaim	,074	,050	,049	,884	1,132
	52lesen	,020	,027	,027	,873	1,145
	53glauben	,080	,031	,031	,763	1,310
	55erwiesen	,094	,109	,107	,781	1,281
	83prodinv	,069	,068	,066	,738	1,355
	synth.Var. Informationsverhalten	-,010	,054	,053	,843	1,187
	57ernwiss	-,086	-,069	-,068	,801	1,248
	84gesinv	-,066	-,068	-,067	,733	1,365
	86skepsis	,028	,064	,063	,902	1,109
	94bldghoch	-,035	-,030	-,030	,865	1,156

a. Abhängige Variable: 68brandzahlak

Tabelle A.11: Bivariate Zusammenhänge im Spaghetti-Modell

Bivariate Zusammenhänge in der Stichprobe für das Spaghetti-Modell				
Variable 5obclaim und	χ^2 / Z/ T	FG	p	Abgeleitete Beschreibung der Claim-Käufer im Vergleich zu den Nicht-Claim-Käufern
61geschlecht	χ^2 =,333	1	,594	
94bldghoch	χ^2 = 4,663	1	,031	Weisen mit geringerer Wahrscheinlichkeit ein hohes Bildungsniveau auf (43% gegenüber 58%)
expgrup	χ^2 = 1,637	2	,441	
52lesen	χ^2 = 14,212	1	,000	Geben mit höherer Wahrscheinlichkeit an, den Claim gelesen zu haben (71% gegenüber 29%)
54kennen	χ^2 = ,485	1	,486	
23brandmeist	χ^2 = 3,665	1	,056	Wählen mit geringerer Wahrscheinlichkeit die gewohnte Marke (36% gegenüber 56%)
55erwiesen	χ^2 = 2,709	1	,100	Halten mit höherer Wahrscheinlichkeit den Claim für erwiesen (84% gegenüber 17%)
57ernwiss	Z = -,296		,767	
62alter	T = - 1,729	199	,085	Weisen ein höheres Alter auf
84gesinv	Z = - 1,700		,207	
85ffpro	Z = - ,128		,898	
86skepsis	Z = - 1,264		,206	
32healthclaim	Z = -3,178		,001	Ordnen Produkte mit Claim als vergleichsweise gesünder ein
37inv	Z = - ,240		,810	
53glauben	Z = - 1,380		,168	
56wichtig	Z = - 1,544		,123	
83prodinv	Z = - ,392		,695	
108Infoverhalten	Z = -2,571		,010	Suchen extensiver nach Informationen
Anmerkung: N = 201				

Abbildung A.20: Modellrechnung für das Modell ‚Marke gewechselt'

Variablen in der Gleichung

		Regressionskoeffizient B	Standardfehler	Wald	df	Sig.	Exp(B)	95,0% Konfidenzintervall für EXP(B)	
								Unterer Wert	Oberer Wert
Schritt 1[a]	@6expgrup			,831	2	,660			
	@6expgrup(1)	,199	,296	,450	1	,503	1,220	,683	2,180
	@6expgrup(2)	,266	,303	,771	1	,380	1,305	,721	2,362
	@32healthclaim	,396	,109	13,239	1	,000	1,485	1,200	1,838
	@37inv	,024	,087	,075	1	,784	1,024	,863	1,215
	@52lesen	,249	,262	,898	1	,343	1,282	,767	2,144
	@53glauben	,144	,092	2,430	1	,119	1,155	,964	1,384
	@54kennen	-,201	,304	,435	1	,510	,818	,450	1,486
	@55erwiesen	,056	,325	,030	1	,862	1,058	,560	1,999
	@56wichtig	-,014	,078	,031	1	,861	,986	,847	1,149
	@81prod			,585	2	,746			
	@81prod(1)	-,249	,360	,480	1	,488	,779	,385	1,578
	@81prod(2)	-,021	,332	,004	1	,951	,980	,511	1,879
	@83prodinv	,006	,019	,115	1	,735	1,006	,970	1,044
	@108Infoverhalten	,257	,076	11,318	1	,001	1,293	1,113	1,503
	Konstante	-2,142	,747	8,222	1	,004	,117		

a. In Schritt 1 eingegebene Variablen: @6expgrup, @32healthclaim, @37inv, @52lesen, @53glauben, @54kennen, @55erwiesen, @56wichtig, @81prod, @83prodinv, @108Infoverhalten.

Abbildung A.21: Korrelationsmatrix für das Modell ‚Marke gewechselt'

Korrelationsmatrix

		Constant	@6expgrup(1)	@6expgrup(2)	@32healthclaim	@37inv	@52lesen	@53glauben	@54kennen	@55erwiesen	@56wchtg	@81prod(1)	@81prod(2)	@83prodinv	@108infoverhalten
Schritt 1	Constant	1,000	-,129	-,274	-,062	-,048	-,048	-,330	-,096	-,221	,123	-,199	-,353	-,466	-,425
	@6expgrup(1)	-,129	1,000	,525	,022	-,009	,153	,111	-,216	-,115	-,088	-,131	-,110	-,005	,014
	@6expgrup(2)	-,274	,525	1,000	,034	,010	,117	,200	-,109	-,138	-,107	-,069	-,057	,059	,054
	@32healthclaim	-,062	,022	,034	1,000	,036	,024	,058	-,027	-,034	-,132	-,045	,002	,002	,097
	@37inv	-,048	-,009	,010	,036	1,000	,030	,016	-,010	-,053	-,074	-,252	,050	-,533	,079
	@52lesen	-,048	,153	,117	,024	,030	1,000	,106	-,053	-,056	-,188	-,218	-,376	-,022	-,080
	@53glauben	-,330	,111	,200	,058	,016	,106	1,000	-,144	-,150	-,314	-,148	-,050	-,104	,077
	@54kennen	-,096	-,216	-,109	-,027	-,010	-,053	-,144	1,000	-,111	-,060	,501	,119	-,080	,008
	@55erwiesen	-,221	-,115	-,138	-,034	-,053	-,056	-,150	-,111	1,000	-,136	,041	-,057	-,124	,062
	@56wchtg	,123	-,088	-,107	-,132	-,074	-,188	-,314	-,060	-,136	1,000	,023	-,057	,056	-,043
	@81prod(1)	-,199	-,131	-,069	-,045	-,252	-,218	-,148	,501	,041	,023	1,000	,496	,153	-,084
	@81prod(2)	-,353	-,110	-,057	,002	,050	-,376	-,050	,119	-,057	-,057	,496	1,000	,217	-,090
	@83prodinv	-,466	-,005	,059	,002	-,533	-,022	-,104	-,080	-,124	,056	,153	,217	1,000	-,090
	@108infoverhalten	-,425	,014	,054	,097	,079	-,080	,077	,008	,062	-,043	-,084	-,090	-,090	1,000

Abbildung A.22: VIF-Werte für das Modell ‚Marke gewechselt'

Koeffizienten[a]

Modell		Korrelationen			Kollinearitätsstatistik	
		Nullter Ordnung	Partiell	Teil	Toleranz	VIF
1	@6expgrupD1 hat Yog 0, Müs 0, Spag 1	-,066	-,024	-,022	,687	1,456
	@6expgrupD2 hat Yog 0, Müs 1, Spag 0	,097	,068	,063	,678	1,475
	@81prodD1 hat NC 0, HC 0, HRRC 1	-,129	-,213	-,200	,540	1,851
	@81prodD2 hat NC 0, HC 1, HRRC 0	-,201	-,231	-,218	,461	2,169
	32healthclaim	-,080	-,095	-,088	,957	1,045
	37inv - Ich halte X für einen sehr wichtige Bestandteil einer gesunden Ernährung	,030	-,004	-,004	,563	1,775
	52lesen	-,106	-,006	-,006	,786	1,272
	synth.Var. Informationsverhalten	,047	,077	,071	,958	1,044
	53glauben	-,022	-,052	-,048	,740	1,351
	54kennen	,193	,052	,048	,624	1,604
	55erwiesen	,057	,039	,036	,849	1,178
	56wichtig	,009	-,006	-,006	,667	1,500
	83prodinv	,153	,085	,079	,553	1,807

a. Abhängige Variable: 68brandzahlak

Tabelle A.12: Bivariate Zusammenhänge im Modell ‚Marke gewechselt'

Bivariate Zusammenhänge in der Stichprobe Teilstichprobe ‚Marke gewechselt'				
Variable 5obclaim und	χ^2 / Z / T	FG	p	Abgeleitete Beschreibung der Claim-Käufer im Vergleich zu den Nicht-Claim-Käufern
expgrup	χ^2 =,648	2	,723	
52lesen	χ^2 = 2,357	1	,125	
54kennen	χ^2 = ,008	1	,929	
55erwiesen	χ^2 = 424	1	,515	
81prod	χ^2 = ,201	2	,904	
32healthclaim	Z = -3,969		,000	Ordnen Produkte mit Claim als vergleichsweise gesünder ein
37inv	Z = -,507		,612	
53glauben	Z = - 1,804		,071	Bewerten Claims als glaubwürdiger
56wichtig	Z = - 1,815		,069	Halten Claims für wichtiger für ihre Kaufentscheidung
83prodinv	Z = -1,081		,280	
108Infoverhalten	Z = -2,635		,008	Suchen extensiver nach Informationen
N = 363				

Abbildung A.23: Modellrechnung für das Modell ‚Claim gelesen'

Variablen in der Gleichung

		Regressionskoeffizient B	Standardfehler	Wald	df	Sig.	Exp(B)	95,0% Konfidenzintervall für EXP(B)	
								Unterer Wert	Oberer Wert
Schritt 1[a]	@6expgrup			1,837	2	,399			
	@6expgrup(1)	-,025	,337	,006	1	,940	,975	,504	1,888
	@6expgrup(2)	,398	,344	1,340	1	,247	1,488	,759	2,918
	@32healthclaim	,547	,139	15,568	1	,000	1,728	1,317	2,267
	@37inv	-,110	,105	1,097	1	,295	,896	,730	1,100
	@23brandmeist	-,529	,302	3,061	1	,080	,589	,326	1,066
	@53glauben	,165	,108	2,353	1	,125	1,180	,955	1,457
	@54kennen	-,534	,331	2,601	1	,107	,586	,306	1,122
	@55erwiesen	,523	,381	1,888	1	,169	1,687	,800	3,557
	@56wichtig	,102	,089	1,306	1	,253	1,107	,930	1,318
	@81prod			7,195	2	,027			
	@81prod(1)	-,042	,427	,010	1	,921	,959	,415	2,214
	@81prod(2)	,808	,405	3,990	1	,046	2,244	1,015	4,960
	@83prodinv	,051	,022	5,578	1	,018	1,052	1,009	1,097
	@108Infoverhalten	,209	,088	5,684	1	,017	1,232	1,038	1,463
	Konstante	-3,698	,933	15,721	1	,000	,025		

a. In Schritt 1 eingegebene Variablen: @6expgrup, @32healthclaim, @37inv, @23brandmeist, @53glauben, @54kennen, @55erwiesen, @56wichtig, @81prod, @83prodinv, @108Infoverhalten.

Abbildung A.24: Korrelationsmatrix für das Modell ‚Claim gelesen'

Korrelations matrix

Schritt		Constant	@6expgrup(1)	@6expgrup(2)	@32healthclaim	@37inv	@23brandmeist	@53glauben	@54kennen	@55erwiesen	@56wichtig	@81prod(1)	@81prod(2)	@83prodinv	@108infoverhalten
1	Constant	1,000	-,086	-,277	-,129	-,031	-,116	-,298	-,002	-,204	,022	-,307	-,563	-,459	-,472
	@6expgrup(1)	-,086	1,000	,472	-,116	,020	,011	,128	-,167	-,061	-,094	-,069	-,042	-,078	,032
	@6expgrup(2)	-,277	,472	1,000	-,101	,007	-,030	,223	-,071	-,110	-,020	,017	,070	,026	,061
	@32healthclaim	-,129	-,116	-,101	1,000	-,078	-,083	,012	-,004	,086	-,117	,036	,076	,127	,119
	@37inv	-,031	,020	,007	-,078	1,000	-,060	-,074	,101	-,036	-,074	-,164	,060	-,547	,032
	@23brandmeist	-,116	,011	-,030	-,083	-,060	1,000	-,001	-,078	,160	-,020	,023	-,009	-,138	,281
	@53glauben	-,298	,128	,223	,012	-,074	-,001	1,000	-,175	-,183	-,348	-,067	,034	-,012	,067
	@54kennen	-,002	-,167	-,071	-,004	,101	-,078	-,175	1,000	-,243	-,101	,265	,027	-,090	-,040
	@55erwiesen	-,204	-,061	-,110	,086	-,036	,160	-,183	-,243	1,000	-,133	,040	,111	,034	,080
	@56wichtig	,022	-,094	-,020	-,117	-,074	-,020	-,348	-,101	-,133	1,000	,040	,023	-,069	-,057
	@81prod(1)	-,307	-,069	,017	,036	-,164	,023	-,067	,265	,040	,040	1,000	,640	,046	,025
	@81prod(2)	-,563	-,042	,070	,076	,060	-,009	,034	,027	,111	,023	,640	1,000	,160	,070
	@83prodinv	-,459	-,078	,026	,127	-,547	-,138	-,012	-,090	,034	-,069	,046	,160	1,000	-,026
	@108infoverhalten	-,472	,032	,061	,119	,032	,281	,067	-,040	,080	-,057	,025	,070	-,026	1,000

Abbildung A.25: VIF-Werte für das Modell 'Claim gelesen'

Koeffizienten[a]

Modell		Korrelationen			Kollinearitätsstatistik	
		Nullter Ordnung	Partiell	Teil	Toleranz	VIF
1	@6expgrupD1 hat Yog 0, Müs 0, Spag 1	-,024	,009	,008	,701	1,426
	@6expgrupD2 hat Yog 0, Müs 1, Spag 0	,070	,081	,076	,701	1,427
	@81prodD1 hat NC 0, HC 0, HRRC 1	-,081	-,218	-,210	,466	2,144
	@81prodD2 hat NC 0, HC 1, HRRC 0	-,136	-,254	-,246	,437	2,289
	32healthclaim	-,032	-,046	-,044	,903	1,107
	37inv - Ich halte X für einen sehr wichtige Bestandteil einer gesunden Ernährung	,027	,000	,000	,521	1,920
	23brandmeist	,103	,141	,134	,829	1,206
	synth.Var. Informationsverhalten	,068	,106	,100	,883	1,132
	53glauben	,077	,045	,043	,651	1,536
	54kennen	,109	-,020	-,019	,711	1,407
	55erwiesen	,134	,095	,089	,753	1,328
	56wichtig	,050	-,031	-,029	,656	1,525
	83prodinv	,085	,027	,025	,551	1,815

a. Abhängige Variable: 68brandzahlak

Tabelle A.13: Bivariate Zusammenhänge im Modell 'Claim gelesen'

Bivariate Zusammenhänge in der Stichprobe Teilstichprobe 'Claim gelesen'				
Variable 5obclaim und	χ^2 / Z / T	FG	p	Abgeleitete Beschreibung der Claim-Käufer im Vergleich zu den Nicht-Claim-Käufern
expgrup	$\chi^2 = 1,321$	2	,517	
23brandmeist	$\chi^2 = 3,435$	1	,064	Wählen mit geringerer Wahrscheinlichkeit die gewohnte Marke (33% gegenüber 67%)
54kennen	$\chi^2 = ,028$	1	,867	
55erwiesen	$\chi^2 = 4,221$	1	,040	Halten den Claim mit höherer Wahrscheinlichkeit für erwiesen (84% gegenüber 16%)
81prod	$\chi^2 = 1,375$	2	,503	
32healthclaim	$Z = -4,273$		,000	Ordnen Produkte mit Claim als vergleichsweise gesünder ein
37inv	$Z = -,275$		,783	
53glauben	$Z = -2,355$		,019	Bewerten Claims als glaubwürdiger
56wichtig	$Z = -3,438$		,001	Halten Claims für wichtiger für ihre Kaufentscheidung
83prodinv	$Z = -1,936$		,053	Zeigen ein höheres Produkt-Involvement
108Infoverhalten	$Z = -2,291$		,022	Suchen extensiver nach Informationen
N = 309				